新编 酒水知识与调酒

Xinbian Jiushui Zhishi yu Tiaojiu

◉ 主　编　徐　明
◉ 副主编　文黎晖　梁宗晖

BOOK
廣東旅游出版社
GUANGDONG TRAVEL AND TOURISM PRESS

图书在版编目（CIP）数据

新编酒水知识与调酒/徐明主编. —广州：广东旅游出版社，2009. 7
（新思维中职中专系列教材）
ISBN 978 -7 -80766 -086 -6

Ⅰ. 新…　Ⅱ. 徐…　Ⅲ. ①酒—基本知识—专业学校—教材 ②酒—勾兑—学校—教材　Ⅳ. TS971　TS972. 19

中国版本图书馆 CIP 数据核字（2009）第 046680 号

广东旅游出版社出版发行
（广州市中山一路 30 号之一　　邮编：510600）
深圳市彩美印刷有限公司印刷
（深圳市龙岗区布吉镇坂田光雅园彩美印刷大厦）
广东旅游出版社图书网
www. tourpress. cn
邮购地址：广州市中山一路 30 号之一
联系电话：020-87347994　邮编：510600
787 毫米 ×1092 毫米　16 开　16 印张　207 千字
2009 年第 1 版第 1 次印刷
印数：1 -5000 册
定价：26. 00 元

中国果酒

中国果酒

中国黄酒

中国黄酒

中国黄酒

中国配制酒

中国配制酒

中国配制酒

中国啤酒

中国啤酒

中国白酒

中国葡萄酒

中国葡萄酒

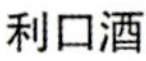
利口酒

干邑

白兰地

法国葡萄酒

伏特加

金酒

朗姆酒

特基拉

威士忌

外国啤酒

Xinbian Jiushui Zhishi yu Tiaojiu

甜食酒

比特酒

鸡尾酒

日本清酒

味美思

出版前言

近年来，随着旅游产业的兴起，中国已经成为一个旅游大国，旅游经济发展十分迅速，旅游从业人员的规模日益壮大。与此同时，旅游教育事业也得到了空前的发展，尤其体现在旅游职业教育上，职业学校的数量和规模发展都非常迅猛，据不完全统计，到目前为止全国已有近千所中等职业旅游学校，在校学生达到40万人之多。

然而，在职业教育发展迅速的同时，我们也应该看到当前的中职旅游教育还存在一些不足之处，主要体现在几个方面：一是中职课程目标定位模糊，缺乏社会岗位的针对性，不少学校过于重视学科理论的系统性，而忽视了对学生综合素质和能力的培养，造成人才培养与需求的脱节；二是课程模式缺乏实践性，背离了职业教育培养技能型应用型人才的初衷，导致学生动手能力不强，职业意识低下；三是教材内容过于陈旧，缺乏时代性和一定的前瞻性，旅游业发展日新月异，教师如果不注重知识更新，不关注教学内容的行业应用前景，学生就无法“学以致用”，更谈不上成为合乎国际化标准的高素质复合型人才。

为适应当前旅游职业教育的发展和需要，加强中职中专旅游学科的建设，完善旅游课程的课堂教学知识体系，我社特组织了广东省旅游学校、广州市旅游商贸职业学校、广州市旅游学校等相关院校的专业教师编写了这套“新思维中职中专旅游精品教材”。

本套教材立足于最新中等职业旅游课程教学大纲，采取有新意、重实用、高标准的编写原则，力求体现出以下特点：一是职业教育性，以提高学生的职业素质和能力为出发点，使其通过学习获得相关技术等级和职业资格，提升就业竞争力；二是内容的先进、精简和实用性，结合发展潮流，体现最新趋向，以实用为中心，力戒臃肿深奥，少涉空洞理论，合理设置案例和趣味内容；三是适用于课堂教学，突出中职教学的特点，在教材的内容编排上既充分考虑学生的参与和互动，又兼顾教师的授课效率，统一而又灵活。

本套教材适合于中等职业旅游学校（包括开设有旅游专业的综合性中职学校）相关专业学生作为教材，也可作为旅游业从业人员培训、自修的参考用书。

广东旅游出版社

编写前言

我国的旅游业自改革开放后得到迅速发展，对人才的需求量不断上升，旅游教育事业也随之蓬勃发展起来，各地职业院校纷纷开办旅游服务专业，“酒水知识与调酒”这一课程已成为各个旅游院校学生的必修课之一，学生学好这门课有很强的现实意义。但多年来，我们使用的教材始终有个问题，就是专业性太强，它们大多是以培养调酒师为主要目标，事实上，以我校为例，每年真正去酒吧里实习或工作的学生很少，真正在吧台里从事调酒的就更少了。所以编写一本针对旅游业任何工作岗位都能适用的大众化的“酒水知识与调酒”迫在眉睫。

本书在编写过程中坚持理论联系实际，并根据旅游业的现状和发展趋势，力图反映国内外酒水服务与管理的先进经验，侧重于酒水的基础知识和基本技能，既可作为旅游中等职业学校的专业教材和高等旅游职业院校（系）的辅助教材，也可作为酒店服务员的岗位培训用书和旅游从业人员的自学用书。

本书由广东省旅游职业技术学校酒店专业教研室组织编写，徐明任主编，文黎晖和梁宗晖二位老师任副主编，符金莹、麦浪杰参与了部分章节的编写。

书中参考了大量的文献和资料，在此对原作者表示衷心感谢。由于本书编写时间紧凑，缺点错误在所难免，恳请广大读者批评指正，我们将在再版时更正，谢谢！

编　者

目　录

第一章
酒水概述

导语 ★★★★★

1. 酒水与饮料的概念界定。
2. 酒对人体的功用。
3. 按制造方法分类的各种酒及其代表酒品。
4. 酒的酿造过程。
5. 几种主要的酒品的质量鉴定和识别及其储存保管的知识。
6. 饮酒的一般知识。

第一节　酒水的定义与特点

一、酒水的定义

所谓酒水就是人们日常生活中所说的饮料（Beverage），是指所有可供人类饮用的经过生产工艺加工制造的液态食品。按照饮料中是否含有酒精（乙醇）成分，习惯上分为酒精饮料（酒）和无酒精饮料（水）两大类。

酒精饮料也就是人们常说的酒，是指饮料中的食用酒精（乙醇）浓度超过0.5%（容量比）以上的饮品。酒是以含淀粉或糖质的谷物或水果为原料，经过发酵、蒸馏、勾兑等工艺酿制而成的饮料。人们饮用酒精饮料的主要目的不是为了解渴补充水分，而是为了获取酒精饮料中所含有的乙醇成分。乙醇是一种能够刺激和麻痹人神经系统的物质，少量摄入能够使人出现兴奋和欢快感。

无酒精饮料又称“软饮料”（Soft Drink），是对乙醇浓度不超过0.5%（容量比）的饮料的泛称。绝大多数无酒精饮料是不含有任何乙醇成分的，但也有极少数软饮料中含有微量乙醇成分，但作用也仅是调剂饮品的口味或改善饮品的风味而已。软饮料是日常生活中人类提神解渴、补充水分的主要来源之一，主要品种包括茶、咖啡、矿泉水、功能性保健饮料、果蔬汁和奶及奶制饮品等。

二、酒类术语

（一）酒精

任何含有糖分的液体，经过发酵便会产生醇，醇分甲醇、乙醇等几种。甲醇有毒性，饮用后会中毒而亡；乙醇无毒性，能刺激人的神经和血液循环，但过量饮用也会引起中毒。酒类的主要成分是乙醇，俗称酒精，是一种无色透明、气味飘逸的易燃、易挥发液体，其沸点为78℃，冰点为-114℃。

（二）酒度

酒精在酒液中的含量用酒度来表示，通常有公制和美制两种表示法。

1．公制酒度

也称欧制酒度、国际标准酒度。国际标准酒度缩写为GL，公制酒度以百分比（%）或度（°）表示，它是由法国著名化学家盖·吕萨克（Gay·Lussac）发明的，是指在20℃条件下，酒精含量在酒液内所占的体积比例。如某种酒在20℃时含酒精38%，即称为38°。

2．美制酒度

美制酒度以Proof表示，是指在20℃条件下，酒精含量在酒液内所占的体积比例达到 50% 时，酒度为 100Proof。如某种酒在 20℃ 时含酒精 38%，即为 76Proof。

另外，还有英制酒度，以 Sikes 表示，但较少见。

三种酒度表示方法之间是可以换算的，具体的换算方法为：

公制酒度 ×1.75 = 英制酒度

公制酒度 ×2 = 美制酒度

英制酒度 ×8/7 = 美制酒度

或 1° = 2Proof = 1.75Sikes

（三）酒精饮料

酒精饮料（Alcoholic Drinks）是指含有 0.5% ~75.5% 乙醇的任何适宜饮用的饮料。主要的酒品有：啤酒、黄酒、葡萄酒、中国白酒、威士忌、白兰地、伏特加、朗姆酒、金酒等。

（四）无酒精饮料

与酒精饮料相对的是无酒精饮料（Non - alcoholic Drinks），俗称“软饮料”（Soft Drinks）。是指所有不含酒精成分的无酒精饮料，乙醇浓度不超过 0.5%。此类饮品品种繁多，不可胜数。在酒吧中通常使用的有：茶、咖啡、碳酸饮料、果蔬汁、奶及奶制饮品和矿泉水。

三、酒的功用

酒是世界四大饮料之一。酒之所以为古今中外人民普遍喜爱，与酒的许多功能是分不开的。

（一）使人兴奋

由于酒中含有各种醇类物质，对人的精神有刺激作用，所以适量饮用可以起到兴奋神经、舒筋活血、祛寒发热、消除疲劳的作用。

（二）营养丰富

酒中含有人体所需要的糖分、蛋白质、盐类和丰富的维生素等物质，特别是啤酒，素有“液体面包”之称。酒对身体有很好的滋补作用，是一种营养价值很高的饮料。

（三）医疗保健

酒是中药的重要辅助原料，中药常用酒，特别是用黄酒作“药引”，经过其浸泡、炒煮、蒸炙的各种药材能增加疗效。外科中，用白酒推拿按摩也能提高疗效。另外，人们还饮用和擦用各种药酒以治疗各种疾患。

（四）情感宣泄

酒是酒席及宴会上的必备饮料。俗语说“无酒不成宴”，这充分说明了酒在酒席宴会中的重要地位。在日常餐饮中，一壶或一杯酒也常增添无数风味。

（五）去腥调香

酒，特别是黄酒，还是烹调中的上好调料，它不仅可以辟腥去腻，而且还可以增加菜肴的美味。

（六）交际礼仪

酒在人们的交际中也起着重要作用，借酒而观其性，边饮边谈。

酒虽有很多好处，但是“物极必反”，饮酒过量往往增加意外，尤其是交通事故；酒精也会造成营养不良、肝脏疾病等健康的危害，孕妇饮用可能形成畸形胎，所以新的国民饮食指标特别强调饮酒要节制。

● 小贴士

酒与健康

喝啤酒可保骨本。因为啤酒中富含一种一直被我们所忽略的元素——硅，研究人员最近针对1200多名男性及1500名女性的骨盆及脊椎骨骨质密度进行测量，并就他们所摄取硅含量之间的关系加以分析，发现人体所摄取的硅含量跟骨骼的强健有直接关联。而硅是植物（尤其是大麦及小麦等谷类）从土壤中所吸收矿物质之一，那么啤酒则是现代人饮食当中含硅最丰富来源之一，每天喝啤酒，正可以提供大量天然来源的硅元素，对于骨骼健康非常地有帮助。

第二节 酒水分类

酒水分类很多，可按以下方式来进行分类。

一、按制造方法分类

（一）酿造酒

酿造酒又称“发酵酒”、“原汁酒”，是指以水果、谷物等为原料，经发酵后过滤或压榨而得的酒。一般都在20°以下，刺激性较弱，如葡萄酒、啤酒、黄酒等。根据原料的不同，酿造酒又分为以下三种类型：

1. 水果类酿造酒

是指以水果为主要原材料酿制而成的酒品，此类酒品以葡萄酒为主要代表，另外还有山楂酒、苹果酒、橘子酒等多种酒品。

2. 谷物类酿造酒

是指以富含淀粉质的粮食类作物，如大麦、稻米等，作为酿酒用的原材料生产的酒品，主要有啤酒、中国黄酒和日本清酒等三大类。

3. 其他类酿造酒

是指除了使用谷物、水果以外，以其他原材料作为酿酒原料的发酵酒品，如使用蜂蜜为原材料的蜜酒，使用牛奶为原材料的奶酒等等。

（二）蒸馏酒

蒸馏酒又称“烈性酒”，是指以水果、谷物等为原料先进行发酵，加以蒸馏，并经过稀释、调香、陈酿、勾兑等一系列生产工艺精制而成的酒。蒸馏酒酒度较高，一般均在20°以上，刺激性较强，如白兰地、威士忌、中国的各种白酒等。

蒸馏酒因其酒精含量高、杂质含量少，可以在常温下长期保存（一般情况下可存放5~10年，即使在开瓶使用后，也可以存放一年以上的时间而不变质），所以在酒吧里，蒸馏酒可以散卖、调酒甚至经常开盖而不必考虑其是否很快会变质。蒸馏酒的酒味十足，气味香醇，可以纯饮，也可以与冰块、无酒精饮料等混合后饮用，它还是配制鸡尾酒不可缺少的原料。

（三）配制酒

配制酒又称“混成酒”，是指以葡萄酒、蒸馏酒或食用酒精为酒基在成品酒或食用酒精中加入药材、香料等原料浸泡后，经过滤或蒸馏精制而成的酒精饮料，如杨梅烧酒、竹叶青、三蛇酒、人参酒、利口酒、味美思等。

其配制方法一般有浸泡法、蒸馏法、精炼法三种。浸泡法是指将药材、香料等原料浸没于成品酒中陈酿而制成配制酒的方法；蒸馏法是指将药材、香料等原料放入成品酒中进行蒸馏而制成配制酒的方法；精炼法是指将药材、香料等原料提炼成香精后加入成品酒中而制成配制酒的方法。

二、按酒精含量分类

（一）高度酒

高度酒是指酒精含量在40°以上的酒，如白兰地、朗姆酒、茅台酒、五粮液等。

（二）中度酒

中度酒是指酒精含量在20°~40°之间的酒，如孔府家酒、五加皮等。

（三）低度酒

低度酒是指酒精含量在20°以下的酒，如黄酒、葡萄酒、日本清酒等。

（四）无酒精饮料

是指所有不含酒精成分的饮料，如茶、咖啡、碳酸饮料、果汁和矿泉水等。

三、按商业经营分类

中国酒通常是按此种方法来分类，将酒分为下列五类：

（一）白酒

白酒是以谷物为原料的蒸馏酒，因酒度较高而又被称为“烧酒”。其特点是无色透明，质地纯净，醇香浓郁，味感丰富。

（二）黄酒

黄酒是中国生产的传统酒类，是以糯米、大米（一般是粳米）、黍米等为原料的酿造酒，因其酒液颜色黄亮而得名。其特点是醇厚幽香，味感谐和，越陈越香，营养丰富。

（三）果酒

果酒是以水果、果汁等为原料的酿造酒，大都以果实名称命名，如葡萄酒、山楂酒、苹果酒、荔枝酒等。其特点是色泽娇艳，果香浓郁，酒香醇美，营养丰富。

（四）药酒

药酒是以成品酒（以白酒居多）为原料加入各种中草药材浸泡而成的一种配制酒。药酒是一种具有较高滋补、营养和药用价值的酒精饮料。

（五）啤酒

啤酒是以大麦、啤酒花等为原料的酿造酒。其特点是具有显著的麦芽和酒花清香，味道纯正爽口，营养价值较高，能促进食欲，帮助消化。

四、按配餐方式分类

外国酒通常按此方法进行分类。

（一）开胃酒

开胃酒是以成品酒或食用酒精为原料加入香料等浸泡而成的一种配制酒，如味美思、比特酒、茴香酒等。

（二）佐餐酒

佐餐酒主要是指葡萄酒，因西方人就餐时一般只喝葡萄酒而不喝其他酒类（不像中国人可以用任何酒佐餐），如红葡萄酒、白葡萄酒、玫瑰葡萄酒和有汽葡萄酒等。

（三）餐后酒

餐后酒主要是指餐后饮用的可帮助消化的酒类，如白兰地、利口酒等。

（四）甜食酒

是在西餐就餐过程中佐助甜食时饮用的酒品。其口味较甜，常以葡萄酒为基酒加葡萄蒸馏酒配制而成。常用的甜食酒的品种有砵酒、雪利酒等。

五、按酒水原料分类

（一）粮食类

粮食类酒精饮料主要是指以谷物为原料，经过发酵或蒸馏等工艺酿制而成的酒品，例如啤酒、黄酒、中国白酒、威士忌等。

（二）水果类

水果类酒精饮料主要有以富含糖分的水果为原料，经过发酵或蒸馏等工艺酿制而成的酒品，例如葡萄酒、苹果酒、白兰地等。水果类非酒精饮料是指植物的果实经过压榨、调配等工艺获取的果汁饮品，包括原果汁、果汁饮料、果粒果汁饮料、果浆饮料等。

（三）其他类

其他类的酒精饮料泛指那些以非谷物、水果为原料酿制的酒，如使用奶、蜂蜜、植物的根和茎等含淀粉或糖的物质酿制的酒，主要有：朗姆酒、特奇拉酒、马奶酒等。其他类的非酒精饮料主要是指乳饮料、茶、咖啡、可可、蜂蜜等。

六、按酒水的物理形态分类

（一）固态饮料

主要包括茶、咖啡、可可以及速溶饮品等。

（二）液态饮料

泛指呈液态的所有饮品，如各种酒类、果蔬汁类等等。

七、按是否含有二氧化碳分类

（一）碳酸类饮料

泛指所有含有二氧化碳气体的软饮料饮品，如可乐、柠檬汽水等等。

（二）非碳酸饮料

特指所有不含二氧化碳气体的饮料。

（三）汽酒

泛指所有含二氧化碳气体的酒精饮料，如啤酒、香槟酒、苹果汽酒等。

第三节　酒的酿造

人类对酒的认识、利用和创造经历了一个极其漫长的过程，至今仍未停止。但在很长一段时间内，人类的酿酒活动仅仅停留在继承前辈的传统和运用自身的经验方面，无法全面控制和提高酒的品质，没有解决酿酒过程中的关键难题。随着科学技术的发展和人类认识能力的增强，借助科学实验，人们对酒的认识逐渐深入到微观世界，并形成了有关酿酒过程中诸多变化的理性认识，在此基础上酿酒的生产工艺不断完善和提高，并积极地指导酿酒活动的实践。酿酒基本原理的形成，生产工艺和科技的飞跃，始终是贯穿于酒的发展历程中的一条主干线。

酿酒基本原理主要包括：酒精发酵、淀粉糖化、制曲、原料处理、蒸馏取酒、老熟陈酿、勾兑调校等。

一、酒精发酵

酒精发酵是酿酒的主要阶段，糖质原料如水果、糖蜜、蜂蜜等，其本身含有大量能被酵母直接发酵的葡萄糖、果糖、蔗糖、麦芽糖等成分（也称为可发酵性糖），经酵母或细菌等微生物的作用可直接转变为酒精。

糖质原料只需使用含酵母等微生物的发酵剂便可进行发酵；而含淀粉质的谷物原料，如大米、高粱、大麦、小米、玉米、马铃薯等，由于酵母本身不含糖化酶，淀粉又是由许多葡萄糖分子组成，所以采用含淀粉质的谷物酿酒时，还需将淀粉糊化，使之变为糊精、低聚糖和可发酵性糖的糖化剂。因而，以淀粉质为原料的发酵，原料需经“糖化”工序，将淀粉分解为“可发酵性糖”之后，才由酵母等微生物进行发酵。那么这一过程式是怎么完成的呢?

二、淀粉糖化

我们知道，酒是含有乙醇的饮料，而乙醇（俗称酒精）是一种有特殊气味的可燃性液体有机化合物，可以谷类和果类发酵蒸馏制得，工业上，也可用乙烯水合法或乙醛还原法制取。乙醇是制造合成橡胶、塑料、染料的原料，也是化学工业中常用的溶剂，有杀菌、消毒、防腐之功效。但工业合成酒精不能直接饮用。常用的乙醇制造方法有以下几种：

工业制法：

$CH_2 = CH_2 + H_2O \longrightarrow CH_3CH_2OH$（乙烯水合法）

$CH_3CHO + H_2 \xrightarrow{催} CH_3CH_2OH$（乙醛还原法制取）

食用制法：

$(C_6H_{10}O_5)_n$（淀粉）$\xrightarrow{液化}$ $(C_6H_{10}O_5)_n$（糊精）$\xrightarrow{糖化}$ $(C_6H_{12}O_6)_n$（葡萄糖）$\xrightarrow{酒化} C_2H_5OH + CO_2 \xrightarrow{勾兑、调配}$ 成品

从化学方程式中我们可以明白我们所指的淀粉糖化主要是这样一个过程。

首先，将淀粉糊化即液化过程：淀粉吸水膨胀，加热使它进一步吸水并糊化，在α-淀粉酶作用下，长链的淀粉分子被切割为较短的葡萄糖链。

其次，重要的步骤即糖化过程：在α-淀粉酶的作用下，糊精被进一步切断，成为两个葡萄糖分子组成的麦芽糖或单个的葡萄糖分子。

最后，由酵母及微生物进行发酵即酒化过程也称发酵过程：葡萄糖通过脱羧酶等多种酶的催化分解，逐步分解变成乙醇和CO_2。

酿酒的发酵形式主要有两大类：其一是单式发酵，是糖质原料的发酵，无“糖化”工序；其二是复式发酵，是淀粉质原料的发酵，原料要经“糖化”工序，将

淀粉水解为“可发酵性糖”之后，才能由酵母等微生物进行发酵。复式发酵又分单行复式发酵（先糖化后发酵）和平行复式发酵（糖化、发酵同时进行）两种。

三、制曲

酒曲亦称“酒母”，多以含淀粉的谷类（大麦、小麦、麸皮）、豆类、薯类及含葡萄糖的果类为原料和培养基，经粉碎加水成块或饼状，在一定温度下培育而成。简言之，酿酒离不开微生物，通过曲培养微生物用于酿酒，是我国具有民族特色的独创，曲的质量直接影响到酒的质量和产量，故曲有“酒之母”、“酒之骨”、“酒之魂”的说法。

中国是曲糵的故乡，远在3000多年前，中国人不仅发明了曲糵，而且运用曲糵进行酿酒。中国的曲种大概可分为五类：大曲、小曲、红曲、麦曲、麸曲。

（一）大曲

用含淀粉质的粮食（小麦、大麦或豌豆等）为培养基，微生物为曲霉菌和酵母菌混合，不同的环境，不同的原料比，不同的培养条件，可以培养出风格迥然不同的大曲，从而酿出不同风格的大曲。

（二）小曲

用大米或米糠为培养基，微生物有霉菌和酵母，因此兼有糖化和发酵的双重作用。

（三）红曲

红曲是酿制黄酒的特殊曲种，它以大米为原料，接种曲母培养制成。红曲中主要微生物有红曲霉菌和酵母菌，也是一种兼有糖化和发酵作用的曲。

（四）麦曲

又称“桂花曲”、“草包曲”，是我国最古老的曲种之一。它以小麦为原料，压碎加冰成型，经培养制成。麦曲是有许多微生物共生在一起的曲，主要是霉菌，也有少量酵母和细菌。

（五）麸曲

以麸皮为原料，接入纯种的糖化霉菌，经人工控制温度、湿度培养而成。

中国以谷物为原料制成的各种曲，不仅使用方便，而且是利用固态培养基培育并保存微生物，是优良的工艺和方法。在低温干燥条件下，曲中的微生物处于休眠状态，糖化力和发酵力都极其微小，而且在长期的贮存过程中，曲中的微生物得以进一步纯化。19世纪末期，法国人卡尔麦特利用中国的酒曲分离出高糖化高酒化的霉菌菌株，用于酒精的生产，从而改变了欧洲人历来用麦芽、谷芽为糖化剂的酿造法，与中国制曲的历史相比迟了2000多年。

中国制曲的工艺各具传统和特色，即使在酿酒科技高度发展的今天，传统作坊式的制曲工艺仍保持着原先的本色，尤其是对于名酒，传统的制曲工艺奠定了酒的卓越品质。

四、原料处理

无论是酿造酒，还是蒸馏酒，以及两者的派生酒品，制酒用的主要原料均为糖质原料或淀粉质原料。为了充分利用原料，提高糖化能力和出酒率，并形成特有的酒品风格，酿酒的原料都必须经过一系列特定工艺的处理，主要包括原料的选择配比及其状态的改变等，环境因素的控制也是关键的环节。

（一）糖质原料

糖质原料以水果为主，原料处理主要包括根据成酒的特点选择品种、采摘分类、除去腐烂果品和杂质、破碎果实、榨汁去梗、澄清抗氧、杀菌等。以葡萄酒为例，优质的葡萄酒都必须选用特定的葡萄品种，如酿制红葡萄酒的 Caberet Sauvignon、Gamay、Merlot 等，酿制白葡萄酒的 Chardonnay、Riesling 等。每年的 9、10 月份是葡萄收获的季节，果农们进园采摘酿酒的葡萄，在 24 小时内送至酒厂进行处理。通过分类，选择优良的果实进行破碎、压榨、除梗等，以获得优质的葡萄原汁。酒种和酒质不同决定了破碎压榨工艺的区别，制红葡萄酒所选用的葡萄品种在破碎压榨后，果肉、果皮、果汁一同参与发酵，而制白葡萄酒所选用的葡萄品种破碎压榨后，只采用葡萄汁进行发酵。即使酿酒科技自动化的今天，一些著名的葡萄酒庄园仍然采用传统的人工操作并对原料进行处理，在欧洲的葡萄园仍然采用人工采摘葡萄，并将葡萄装入木桶中，男女老少用脚踩踏葡萄以榨取葡萄汁。

（二）淀粉质原料

淀粉质原料以麦芽、米类、薯类、杂粮等为主，采用复式发酵法，先糖化、后发酵或糖化发酵同时进行。原料品种及发酵方式的不同，原料处理的过程和工艺也有差异性。中国广泛使用酒曲酿酒，其原料处理的基本工艺和程序是精碾或粉碎，润料（浸米）、蒸煮（蒸饭）、摊凉（淋水冷却）、翻料、入缸或入窖发酵等。西洋以淀粉原料制酒，制麦芽是核心。啤酒的生产从精选大麦开始，其原料处理的基本工艺和程序是浸麦，使其充分吸收水分，在特定的环境下大麦发芽；干燥麦芽使其停止发芽；粉碎麦芽同酿造用水混合制成麦芽浆，加入淀粉糊煮成糊状，开始糖化。苏格兰威士忌是世界著名的谷物蒸馏酒，其独特的原料处理工艺使酒质卓越超群。苏格兰威士忌以大麦为主要原料，大麦洒水发芽后，用苏格兰特有的泥炭熏烤，从而使麦芽常有独特浓烈的烟熏味，并使酒质具有这一显著的特点；熏烤的麦芽经粉碎加入不同温度的酿造用水制成麦芽浆，并使淀粉分离，泵入发酵罐待冷却后进行发酵。

五、蒸馏取酒

所谓蒸馏取酒就是通过加热，利用沸点的差异使酒精从原有的酒液中浓缩分离，冷却后获得高酒精含量酒品的工艺。在正常的大气压下，水的沸点是

100℃，酒精的沸点是78.3℃。将酒液加热至两种温度之间时，就会产生大量的含酒精的蒸汽，将这种蒸汽收入管道并进行冷凝，就会与原来的酒液分开，从而形成高酒精含量的酒品。在蒸馏的过程中，原汁酒液中的酒精被蒸馏出来予以收集，并控制酒精的浓度。原汁酒中的味素也将一起被蒸馏，从而使蒸馏的酒品中带有独特的芳香和口味。

蒸馏酒液的设备称为蒸馏器，最简单的蒸馏器称为蒸馏锅（罐），铜质制成。自蒸馏技术用于制酒，这种设备一直用至19世纪，现在法国的干邑地区、苏格兰、爱尔兰仍采用这种传统的蒸馏设备蒸馏酒品。这种蒸馏设备又称为单式蒸馏机。使用单式蒸馏设备能够保持较好的酒味，但蒸馏过程中诸环节繁琐，较难控制。目前广泛用于酿酒业的是连续式蒸馏机，并且其性能也不断提高。其设备通常制成塔形，所以又被称为塔式蒸馏机，由一个酒液塔和数个精馏塔连接在一起。采用连续式蒸馏设备所获得的酒液酒精含量较高，但酒体不够丰满，缺乏酯类、酸类、醛类等成分，与单式蒸馏设备相比，所获得的酒液酒香不足。

六、酒的老熟和陈酿

酒是具有生命力的，糖化、发酵、蒸馏等一系列工艺的完成并不能说明酿酒全过程就已终结，新酿制成的酒品并没有完全完成体现酒品风格的物质转化，酒质粗劣淡寡，酒体欠缺丰满，故新酒必须经过特定环境的窖藏。经过一段时间的贮存后，醇香和美的酒质才最终形成并得以深化。通常将这一新酿制成的酒品窖香贮存的过程称为老熟和陈酿。

人们通常把酒品老熟陈酿的年限称为“酒龄”，并把它作为衡量酒品质量的标准。苏格兰威士忌在酒标上明确标明酒龄，干邑白兰地酒标上的字母及其组合标明了参与调配的白兰地的酒龄。

酒在老熟和陈酿过程中所发生的一系列复杂的变化至今还未能完全解释清楚。酒质在此过程中，主要发生下列几种转变。

1. 酒在老熟陈酿的过程中，适度接触空气，空气中的氧气徐徐渗入酒液，酒液经过氧化还原、酯化等化学反应以及聚合等作用，可减少酒液中粗劣的物质成分，突出生成的奇香物质，从而改善酒的风味。

2. 刺激辛辣的成分挥发，酒液的精华得以浓缩，使之愈加丰腴醇美。

3. 酒中的有机物质如醇类、酸类、酯类、醛类等彼此化合，使酒的芳香和味道丰富协调，酒质纯正圆满。

4. 酒精分子和水分子互相亲合，酒精刺激味道减少，酒品有回味。

5. 酒液在陈酿过程中吸收贮存器尤其是橡木桶桶材的成分（木质素、鞣酸、色素、氮化合物等），这些成分渗解析出，从而使酒液获得色、香、味等典型的酒体风格特征。

七、勾兑调校

勾兑调校工艺，是将不同种类、陈年和产地的原酒液半成品（白兰地、威士忌等）或选取不同档次的原酒液半成品（中国白酒、黄酒等）按照一定的比例，参照成品酒的酒质标准进行混合、调整和校对的工艺。勾兑调校能不断获得均衡协调、质量稳定、风格传统地道的酒品。

酒品的勾兑调校被视为酿酒的最高工艺，创造出酿酒活动中的一种精神境界。从工艺的角度来看，酿酒原料的种类、质量和配比存在着差异性，酿酒过程中包含着诸多工序，中间发生许多复杂的物理、化学变化，转化产生几十种甚至几百种有机成分，其中有些机理至今还未研究清楚，而勾兑师的工作便是富有技巧地将不同酒质的酒品按照一定的比例进行混合调校，在确保酒品总体风格的前提下，以得到整体均衡一致的市场品种标准。

第四节　酒品的评价

一、酒品的风格形成和语言描述

酒品的风格就是指酒品的色、香、味、体作用于人的感官，并给人留下的综合印象。不同酒品有其不同的风格，同样的酒品也会有不同的风格。

（一）色

酒液中的自然色泽主要来源于酿制酒品的原料，酿制时应尽量保持原料的本色。自然的色彩会给人以新鲜、纯美、朴实、自然的感觉，在语言描述上称之为正色。因为酒品一般在正常光线下观察带有亮光，所以色和泽是同时感观于人的视觉的。

好的酒液像水晶体一样高度透明，优良的酒品都具有澄清透明的液相。不同的酒品色泽表现出不同的风格情调，良好的酒色能充分表现出酒品的内在品质和特性，给人以美好的感觉。无论古今中外，饮者对酒品的要求都是十分严格的，并根据酒品的色泽对酒进行评价。《古今酒事》一书中选《坚瓠集》有述：“酒有以绿为贵者，所谓倾如竹叶盈槽绿”，“以黄为贵者，所谓鹅儿黄似酒”，“以白为贵者，所谓玉液黄金后”，“以红为贵者，所谓小糟液滴珍珠红”；《天香楼偶得》中记：梁武帝诗云“金杯盛白酒”，正言白酒之色美。说明古代饮者早已对酒色有了严格的要求，认为只有色泽纯正的酒品才是上乘佳品。

观察、评价酒品的色泽是评酒的一个重要部分，在正常情况下，众多评酒者是可以在一定的品评标准下对酒品的色泽作出统一、正确的评价的。

（二）香

酒品的香气历来是人们评价酒品时十分注意的，一般都以香气浓郁清雅者为佳品。《成都古今记》中对酒香的赞美有“馨香达于林外”之说，证明酒香在古代就已经成为人们评价酒品的一项指标了。

酒品的香气非常复杂，不同的酒品香气各不相同，同一种酒品的香气也会出现各种变化，人们一般习惯对酒香的程度和特点进行评价。

表示各类不同酒品的香气有各自不同的术语。表示酒品香气程度的则有无香气、似无香气、微有香气、香气不足、浮香、清雅、细腻、纯正、浓郁谐调、完满、芳香等词语；描述酒香释放情况的词语有暴香、放香、喷香、入口香、回香、余香、绵长等；描述有不正常气味用异气、臭气、焦糊气、金属气、腐败气、酸气、霉气等。

（三）味

酒的味感是关系酒品优劣的最重要的品评标准，古今中外的名酒佳酿都具备优美的味道，令饮者赞叹不已，长饮不厌，甚至产生偏爱。唐代诗人杜甫诗曰：“人生几何春与夏，不放醇酒如蜜甜。”说明他喜欢饮甜酒。而李白诗曰：“甘露太甜非正味，睡泉虽洁不芳馨。”又曰：“瓮揭开时香酷烈，瓶封贮后味甘辛。”表明李白是不喜爱甜酒的，他所称赞的是酒味的醇厚、甘辛。宋代诗人苏轼诗云：“酸酒如藤汤，甜酒如蜜汁。”以东坡之见，酸酒、甜酒均是酒品之美味。

一般说来，酸、甜、苦、涩（微涩）对于不同的酒品来说均属正常味道。酸味酒给人以醇厚、甘洌、清爽、干净的感觉；甜味给人以舒适、滋润、圆正、纯美、丰满、浓郁的感觉；苦味在一些酒品中也并非劣味；适量的涩味对于一些特定酒品可以提高品质。

酒品中的辛辣味是不受欢迎的，给人以冲头、刺鼻等不良感觉。咸味也不是酒品的正常口味，常因生产中工艺处理不当而产生。怪味也称“异味”，是酒品中不应出现的气味，产生原因很复杂，一般表现为油味、糠味、糟味等。

酒类中的各种产品都含有不同比重的酒精，但各类酒品都要求消除酒精味道，只有酒中的各种味感相互配合、酒味协调、酒质肥硕、酒体柔美的酒品才能称得上是美味佳酿。

（四）体

酒体是品评酒品的一个项目，是对酒品的色泽、香气、口味的综合评价，但不等于酒的风格。酒品的色、香、味溶解在水和酒精中，并和挥发物质、固态物质混合在一起构成了酒品的整体。评价酒体常用精美醇良、酒体完满、酒体幽雅、酒体甘温、酒体娇嫩、酒体瘦弱、酒体粗劣等词语进行评述。

（五）风格

酒品的风格是对包括酒品的色、香、味、体的全面品质的评价。同一类酒中的每个品种之间都存在差别，每种酒的独特风格应是稳定的、定型的。各种名贵的酒品无一不是以上乘的质量和独特的风格而受到广大饮用者的喜爱的。品评酒品风格常使用突出、显著、明显、不突出、不明显、一般等词语进行评价。

二、酒品的质量鉴定和识别

酒虽然宜于保存，但由于生产日期不同和各厂家生产的质量标准参差不齐，其质量也有所不同。作为酒店服务员，有必要了解和掌握各种酒的质量鉴别方法。

（一）白酒

1．白酒的质量鉴定

（1）色。酒应透明无色，质地纯净，无悬浮物及沉淀物，将白酒倒入杯中，杯壁上不能出现环状污物。

（2）香。白酒有清香、浓香、酱香、米香和兼香五大香型，表现虽各不相同，但香气应该协调、突出，有个性风格，回香悠久舒适。可将酒倒入杯中闻嗅，按其香气的高低来确定其质量。

（3）味。白酒甘洌清晰，醇厚无异味，平和柔绵无强烈刺激性。

2．白酒酒病的识别

（1）失光。酒液失去应有的晶莹透亮感，原因可能是酒中掺水或酒瓶洗刷不净混入杂质等。

（2）浑浊。白酒发生浑浊现象，有时起因于病害，也可能是受温度影响，处于低温下的白酒（0℃以下）常有絮状物产生，一旦温度上升，絮状物便自动消失。

（3）变色。这是白酒常见的一种酒病。发黄的原因可能是生产操作不当，成品酒感染铁锈，用含有铁质的容器盛酒，使用橡胶用具提酒，贮存时间过长等；发棕红的原因主要是用铁器盛酒；发黑往往有毒，原因是混入铅物质，原料甘薯已经病变等；发蓝也是有毒，原因是感染铜锈所致。

（4）变味。酒液失去应有的味道而变为腥臭味、油脂味或霉味。原因可能是酿酒时水质不净，酒液被污染，与挥发油气的物质共同贮存，酒液中油脂氧化后发生油腻味，又或者保管不妥，瓶塞霉变等。

（二）黄酒

1．黄酒的质量鉴定

（1）色。黄酒色泽应浅黄澄清，老酒陈酒应呈黄、红色，透亮有光泽，无悬浮物，无沉淀物。

（2）香。浓郁芳香，常带有曲香和药香，或者甜香、酸香，不刺鼻，香味协调。

（3）味。口感鲜美醇厚，甜甘者多见，平和柔绵，圆正滑润，无酸涩味。

2．黄酒酒病的识别

（1）失光。酒液明亮度降低，失去原有的光泽。

（2）浑浊。有浑浊或悬浮物质，有时会结成皮或薄膜。

（3）变味。酒液失去原有的浓郁醇厚味，气味酸臭；有腐烂时的刺鼻味，酸度超过0.6%，不堪入口等。

出现以上问题的原因可能是酒瓶、酒罐封口不牢，光线长期直接照射，贮酒温度过高，封口后细菌侵入，感染其他霉变物质等。

（三）啤酒

1. 啤酒的质量鉴定

（1）透明度。酒液透明有光泽，不得有悬浮物和沉淀物。

（2）色泽。啤酒色泽的深浅度因品种而异，一般消费者喜好浅色啤酒。

（3）泡沫。啤酒的泡沫以洁白细腻者为佳，并能持久挂杯（不低于3分钟）为好。

（4）香气和滋味。应具有显著的麦芽清香和酒花微苦而爽适的口感，不得有其他味道。

2. 啤酒酒病的识别

（1）浑浊。贮存温度低于0℃以下时，酒液中出现絮状物产生，当温度上升后，絮状物会自动消失。如啤酒长期在低温条件下贮存，絮状物则由白变为褐色，温度上升后也不能完全消失，使啤酒发生病变。另外，啤酒与空气长时间接触也会发生浑浊现象。凡浑浊的啤酒不能出售给顾客。

（2）变味。啤酒变味成氧化味（老化味）、金属味、酸苦味等，原因是酒液的氧化和贮存期过久，或酒液受到金属或细菌的污染；苦味不正主要是生产过程中原料、技术没有达到应有的标准所致。所有变成怪异滋味和气味的啤酒都不应再饮用。

（四）葡萄酒

1. 葡萄酒的质量鉴定

（1）色泽。红葡萄酒的酒液应为紫红色，白葡萄酒的酒液应呈淡黄色。不管哪种颜色，酒液都应透明，有光泽，不浑浊。

（2）香气。具有一般果香，更具有浓郁的醇香，不应有杂气。

（3）滋味。应酸甜适度，纯净、醇厚，无过大的酒精味。

2. 葡萄酒酒病的识别

（1）微生物病害。酒液表面结薄膜，酒味酸涩发苦，酒液挥发，原因是盛酒器皿不净，酒液长期与空气接触，或酒花菌在酒液表面繁殖，使酒精变成水和碳酸物质。

（2）化学物质。酒液浑浊，触氧变色，红葡萄酒发棕褐色，白葡萄酒发黄色有沉淀，原因是原料霉变或过于成熟。

（3）工作事故。由于贮存不当，导致有霉味、腐味、塞味、汽油味、烟草味、香精味、肥皂味、奶酪味等。

● 延伸阅读

真假泸州老窖特曲酒的区别

泸州老窖特曲酒是我国浓香型白酒的发源地，泸州老窖特曲酒产于四川泸州曲酒厂，这个厂有很多百年以上的老窖，经过这些窖池的发酵，酿出的酒香气特别浓郁。

1.商标鉴别

在选购时，应该认准真酒商标上的“中国四川泸州曲酒厂”或“四川省泸州曲酒厂”字样，外销酒为“中国四川泸州酒厂”8个字，没有分厂的名称。假酒为达到以假乱真的目的，常常标注与真酒字音雷同的厂名，如“泸州老窖曲酒”等。真酒为全瓶贴注商标，中间有“泸州老窖”4个小字和“特曲酒”3个大字，上面中央还有用麦穗组成的圆形商标图案与颜色。

2.封口鉴别

真酒在瓶盖封口胶套上印有“泸州曲酒厂”的字样。金属防盗盖上印有“中国四川泸州曲酒厂特曲（头曲）”的字样。假酒没有封口胶套，即使用真瓶装假酒也可以用这个方法鉴别出来，另外也可以从商标的新旧程度加以区别。

3.口感鉴别

真酒具有“浓香、醇和、甜润、回味”四大特点。开瓶拔塞以后，芬芳飘逸，轻咽慢品，韵味无穷，饮后余香经久不绝，嗝噎回味，浓香犹存，不容易上头，尤其是饮后的回味有一股特殊的水果香气，使人感到心情愉快。假酒多为劣质酒，浑浊而有沉淀，味道与真酒相差很大。

怎样识别真假“五粮液”？

“五粮液”产于四川省宜宾市五粮液酒厂，以小麦、高粱、玉米、糯米、粳米等5种粮食为主要原料，故称“五粮液”，属浓香型。其特点：酒液醇厚甘美，香气扑鼻，落喉净爽，各味谐调，满口溢香。虽为60°的烈酒，但沾唇触舌并无强烈刺激感。

1.商标鉴别

真品为全瓶贴注册商标。以醒目的“五粮液”三个草体大字为标志，图案底部以黄色谷穗映衬，谷穗以上全部套红。“五粮液”和谷穗图形采用凸印制，商标背面印有出厂日期，透过酒瓶可以看清。

2.瓶形鉴别

有鼓形和麦穗形两种，瓶上有烧制的厂名；瓶底呈圆形，底中央有一个凸起的三角形，周围有规则的凸出条纹。瓶盖为金属盖，瓶盖与内盖分离。

3.酒的质量

“五粮液”真酒晶莹透明，香气长久，入口甘美。厂家除生产60°的“五粮液”外，还有38°的“五粮液”，它保留了原来60°的香、甜、醇、净的特点。

第五节 酒的保管与储藏

酒的贮藏保管过程中常见的变质、损耗现象有：挥发（俗称“跑度”）、渗漏、浑浊、沉淀、酸败变质和变色、变味。由于不同的酒所含的酒精与其他成分比例不同，又因贮藏保管条件不同，因而可能发生的变质、损耗现象也有所不同。白酒的酒精含量多，有杀菌能力，不会酸败变质，但会因其挥发性、渗透性强而易燃、易渗漏；还会因含杂醇油过多，或加浆用水硬度大而出现浑浊沉淀现象；此外，还会因包装、保管不当而出现变色、变味。黄酒、啤酒等低度酒酒精含量少，酸类、糖分等物质含量较多，易受细菌感染。如保管温度过高，会使酒液再次发酵而浑浊沉淀，酸败或者变色、变味。因此，保管贮存酒类应注意方法，对酒库的建立应讲究科学性，切不能因陋就简地行事。

一、贮存的一般要求

（一）贮酒库的基本条件

理想的酒库应符合下述几个基本条件：有足够的贮存空间和活动空间；通风性能良好，库内凉爽干燥，有相对的恒温条件；隔绝自然采光照明；防震动、防巨声干扰，设有各种不同的尺寸酒架。

一般地下酒库在恒温、避光、防震等方面都具有得天独厚的条件，设在地面上的酒库应采取一定的保护措施，以使酒品贮存的安全得到保障。

（二）酒类贮存要领

1. 必须针对各类酒的不同特点，因地制宜地选择清洁卫生、避光、干燥、温度适宜的仓库贮存酒类。对于白酒，保管温度以较低为好，这样可以减少挥发、防止渗漏，但要注意加强防火措施。

2. 要控制好保管温度，对黄酒、啤酒、果酒等低度酒，一般以 5～25℃ 为宜，不能过高或过低，更不能忽冷忽热。

3. 勿使阳光直接照射酒品。

4. 密封箱装酒勿常搬动。

5. 标签、瓶盖保持完好无缺。

6. 不可与有特殊气味的物品并存。

二、各种酒类的贮存

（一）葡萄酒类

葡萄酒装瓶销售以后，发酵熟化过程还在继续延续，如果将它贮存在适宜的条件状态下，它将会慢慢地熟化和成长，如果贮存不当，会使葡萄酒很快变质。传统方式认为，阴暗湿冷的地窖是储存葡萄酒的最佳场所，但如今现代化的城市是很难找到这样的储酒空间的。酒水采购回来后，除了积极促销迅速销售以外，装置自动调节的电子储酒柜可能是最好的解决办法。以下是贮存葡萄酒的条件要求：

1. 温度

葡萄酒最理想的贮存温度约在11℃，但最重要的是保持温度的恒久稳定，因为温度变化所造成的热胀冷缩最易让葡萄酒渗出软木塞外使葡萄酒加速氧化，所以只要能保持恒温5～20℃都可以接受。不过温度太冷的酒窖会使葡萄酒的成长速度缓慢，必须等更久的时间才能消费；而太热则又使葡萄酒成熟太快，口味就不够丰富细腻。通常地下酒窖的恒温效果最好，入口处最好设置在背阳处，以免进出时影响温度。

2. 湿度

70%左右的湿度对酒的储存是最佳的，太湿容易使软木塞及酒的标签腐烂，太干则让软木塞失去弹性，无法紧封瓶口。

3. 光度

酒窖中最好不要留下任何的光线，因为光线容易造成葡萄酒的变质，特别是日光灯和霓虹灯易让酒产生还原变化，发出浓重难闻的味道。香槟酒和白酒对光线最敏感，所以要特别小心。

4. 通风

葡萄酒像海绵一样，能够将周围的味道吸附到酒瓶里去，酒窖中最好能够通风以防止霉味太重。此外也须避免将洋葱、大蒜等味道重的东西和葡萄酒放在一起。另外将葡萄酒藏在冰箱中最好也不要放太久，以免冰箱的味道渗透到葡萄酒里。

5. 振动

过度振动会影响到葡萄酒的品质，例如长途运输后的酒须经数日的时间才能稳定其品质就是最好的证明。所以还要尽量避免将酒搬来搬去，或置于经常振动的地方，尤其是贮存年份久的葡萄酒更应注意。

6. 摆放

传统摆放葡萄酒的方式习惯将酒平放，使葡萄酒和软木塞接触以保持其湿润，否则干燥皱缩的软木塞不能完全紧闭瓶口，容易使酒氧化。但最近的研究发现，留存瓶内的空气是造成因热胀冷缩使酒流出瓶外的主因，而传统平放方式会加大这种效应。最好是将酒摆成45°让瓶塞同时和葡萄酒以及瓶中空气接触而避免两项危险。但此种方法操作比较不方便，还未被普遍采用。

（二）啤酒类

啤酒的最佳贮存温度在5～10℃之间，温度过低会使啤酒发生浑浊现象，温度过高酒花会逐渐丧失。由于啤酒极易吸收异味，怕强光，因此，应单独贮存在干净通风的仓库中，同时注意啤酒的保质期。

（三）黄酒类

黄酒类的存放应分品种堆放，对坛装酒，若气温高，地面干燥时，应在地上洒些水，以免坛口的泥头裂开。

（四）蒸馏酒类

蒸馏酒类酒度较高，有较好的杀菌能力，不易酸败变质。蒸馏酒对温度的要求相对低一些，但也不可有大起大落的变化，否则酒品的色、香、味将会受到干扰。

三、酒品的保管

（一）入库的酒品要进行登记

每一类酒品要立一卡片，对酒的名称、产地、酒龄、标价、日期、数量等登记在案。

（二）酒品放置后不要随意挪动

在行的管理人员从不清扫酒瓶外面的尘灰，对高级酒品尤其如此，一是防止酒瓶摇晃、沉淀物泛起，二是证明酒品的古老名贵。

（三）酒库切勿与其他仓库混用

不少酒品呼吸较强烈，外来异味极易透过瓶塞而进入瓶内，以致酒液吸收异味而变味。因此，不可将其他货物存入酒库中。

（四）在消费场所设立“日用酒库”

在大型企业中，除建立酒库外，还应在消费场所设立日用酒品贮存处，在那里存放一定数量的酒品，以应付每日的消费，减少和避免对酒库重地过多的干扰。

第六节 饮酒知识

一、品酒方法

品酒时首先应注意：酒品的颜色、透明度、醇味、香味、酸味、口味、收缩性、甜度和平顺度；其次要视觉、嗅觉、味觉齐用。另外，品酒前请留意保持口腔的干净卫生和周围空气清新。酒的温度也要调至适宜。

品酒步骤。

1. 使用高脚酒杯（原因：其透明和可以抓杯脚能减少手温对酒的影响）；
2. 斟入约30毫升酒；

3. 拿起酒杯，先看色再闻香后尝味；

4. 呷一小口酒；

5. 让酒慢慢流过舌头面，使其与味蕾充分接触；

6. 最后把酒咽下去，细品余味。如不下咽可备一个吐酒桶。

二、最佳饮酒时间

每天下午两点以后饮酒较安全。因为上午的几个小时中，胃中分解酒精的酶——酒精脱氢酶浓度低，饮用等量的酒较下午更易吸收，使血液中的酒精浓度升高，易对肝、脑等器官造成较大伤害，因此上午不宜饮酒。此外，空腹、睡前、感冒或情绪激动时也不宜饮酒，尤其是白酒，以免心血管受害。

三、最佳饮酒量

人体肝脏每天能代谢的酒精量约为每公斤体重1克。一个60公斤体重的人每天允许摄入的酒精量应限制在60克以下。低于60公斤体重者应相应减少，最好掌握在45克左右。换算成各种成品酒应为：60°白酒50克、啤酒1公斤、威士忌4杯（250毫升）。红葡萄酒虽有益健康，但也不可饮用过量，以每天2~3小杯为佳。

四、最佳佐菜

空腹饮酒不利于健康，选择理想的佐菜既可饱口福，又可减少酒精之害。从酒精的代谢规律看，最佳佐菜当推高蛋白和含维生素多的食物。因为酒精经肝脏分解时需要多种酶与维生素参与，酒的度数越高酒精含量越大，所消耗的酶与维生素就越多，故应及时补充。富含蛋氨酸与胆碱的食品尤为有益，如新鲜蔬菜、鲜鱼、瘦肉、豆类、蛋类等。注意：切忌用咸鱼、香肠、腊肉下酒，因为此类熏腊食品含有大量色素与亚硝胺，与酒精发生反应，不仅伤肝，而且损害口腔与食道黏膜，甚至诱发癌症。

五、饮酒的最佳温度

（一）黄酒

适当加温后饮用，口味倍佳，但是究竟多少温度为宜，还没有人做过系统研究。古代用注子和注碗，注碗中注入热水，注子中盛酒后，放在注碗中。近代用锡制酒壶盛酒，放在锅内温酒。一般以不烫口为宜，这个温度为45~50℃左右。

（二）白酒

一般是在室温下饮用，但是稍稍加温后再饮，口味会较为柔和，香气也浓郁，邪杂味消失。其主要原因是，在较高的温度下，酒中的一些低沸点的成分如乙醛、甲醇等较易挥发，这些成分通常都含有较辛辣的口味。

（三）葡萄酒

不同的葡萄酒适宜的饮用温度有所不同。

1. 白葡萄酒和桃红葡萄酒：8～12℃。
2. 香槟酒、汽酒和甜型白葡萄酒：6～8℃。
3. 新鲜红葡萄酒：12～14℃。
4. 陈年红葡萄酒：15～18℃。
5. 啤酒：啤酒是一种低酒度的饮料酒，较适宜的饮用温度在7～10℃之间，有的甚至在5℃左右。如果喝黑啤酒，温度更低些，较为流行的做法是将酒置于冰箱内冻至表面有一层薄霜时才拿出来喝。

六、酒精在血液中的不同含量对人产生的不同影响

酒精浓度对人体行为影响的8等级见下表。

血液中酒精含量	感觉程度	行 为
0.02%～0.04%	爽 快	心情舒畅
0.05%	激 动	情绪激动
0.1%	微 醉	脚步不稳
0.2%	小 醉	话多重复、走路歪斜
0.3%	大 醉	语言不清、易哭易笑
0.4%	酩 酊	呕吐、动作迟缓、欲睡
0.5%	泥 醉	睡倒、失去知觉
0.8%～1%	死 亡	失去反应，心跳呼吸停止

七、解酒方法

饮酒过度最简便有效的解决方法是饮用温开水来稀释乙醇，使体内乙醇通过排尿排出体外，或者饮用果汁类饮料如西瓜汁等；民间用糖水盐水、米醋解酒，效果不错；某些药物如维生素B_1、B_6等对解酒也有一定益处；有些中药如泽兰根、山茶花等可以拦截酒精，在酒精被血液吸收前将之导入消化系统；其他如枳椇子、葛花、赤豆花、绿豆花等都具有一定的解酒作用。

（一）食醋解酒

用食醋烧1碗酸汤，服下；食醋1小杯（20～25毫升），徐徐服下；食醋与白糖浸渍过的萝卜丝（1大碗），吃服；食醋与白糖浸渍过的大白菜心（1大碗），吃服；食醋浸渍过的松花蛋2个，吃服；食醋50克，红糖25克，生姜3片，煎水服。食醋能解酒，主要是由于酒中的乙醇与食醋中的机酸会随着消化吸收，在人体的胃肠内相遇而起醋化反应，降低乙醇浓度，从而减轻了酒精的

毒性。

（二）豆腐解酒

饮酒时宜多以豆腐类菜肴作下酒菜。因为豆腐中的半胱氨酸是一种主要的氨基酸，它能解乙醛毒，食后能使之迅速排出。

（三）“醒酒茶”解酒

据报道，杭州市临安县理化研究所根据唐代宫廷“醒酒汤”秘方，以现代工艺研制出一种醒酒灵丹——“醒酒茶”，对酒后头痛、头晕及身体不适等症状有良好效果。

（四）生梨解酒

吃梨或挤梨汁饮服。

（五）酸枣葛花根解酒

酸枣、葛花根各10～15克，一同煎服，具有很好的醒酒、清凉、利尿作用。

（六）绿豆、小红豆、黑豆解酒

三种豆各50克，加甘草15克，煮烂，豆、汤一起服下，能提神解酒，减轻酒精中毒。

（七）生蛋清、鲜牛奶、霜柿饼解酒

将三者煎汤服，可消渴、清热、解醉。

（八）葛花解酒

葛花10克，加水煎服，解酒效果甚佳。

（九）糖茶水解酒

糖茶水可冲淡血液中的酒精浓度，并加速排泄。

（十）芹菜解酒

芹菜挤汁服下，可去醉后头痛、脑涨和颜面潮红。

（十一）绿豆解酒

绿豆适量，用温开水洗净，捣烂，开水冲服或煮汤服。

（十二）甘蔗解酒

甘蔗1根，去皮，榨汁服。

（十三）食盐解酒

饮酒过量，胸膜难受，可在白开水里加少许食盐，喝下去，立刻就能醒酒。

（十四）柑橘皮解酒

将柑橘皮焙干、研末，加食盐1.5克，煮汤服。

（十五）白萝卜解酒

白萝卜1公斤，捣成泥取汁，1次服下。也可在白萝卜汁中加红糖适量饮服；也可食生萝卜。

（十六）鲜橙解酒

鲜橙（鲜橘亦可）3～5个，榨汁饮，或嚼食。

（十七）橄榄（青果）解酒

橄榄10枚，取肉煎服。

（十八）甘薯解酒

将生甘薯绞碎，加白糖适量搅拌服下。

（十九）鲜藕解酒

鲜藕洗净，捣成藕泥，取汁饮服。

对酩酊大醉者，如果用上述方法仍不能使其解酒醒转，可用干净鸡毛一支轻轻摩擦其喉咙或用手捏其喉咙，使其呕吐残留在胃中的酒液，可使醉状缓解。若仍无效果，则应就医诊治。

其实，空腹喝酒最容易醉，因此，最好在喝前2～3小时内吃饱，再喝杯加柠檬或薄荷的浓茶。在喝酒之初，吃一些油腻的、对酒精有中和作用的食物。如果喝得烂醉如泥，民间常用的解酒方法是喝各种腌菜汤和酸奶。采购年货时，别忘了买些薄荷汁、山楂汁或柠檬汁，以备不时之需。醉酒后，可以就着半杯水喝30～50滴上述三种汁中的任何一种。另外，西红柿汁、放盐的生鸡蛋、红莓果汁、带蜂蜜和柠檬的茶水也都有帮助。尽可能多喝一些，这有助于将酒精从体内迅速排出。

同时，下述方法也行之有效：在一杯水中放入30～50滴薄荷汁、2～3滴氨水或柠檬汁，喝下去。接着，洗个热水澡，再喝一杯自制饮料。一般啤酒喝多了可以喝腌菜汤或薄荷汁；伏特加喝多了可以喝柠檬汁、薄荷汁或红莓果汁；而葡萄酒喝多了可以喝水果汁和浆果汁。

● **延伸阅读**

饮酒几大误区

啤酒解暑

炎夏酷暑，嗜酒者常以饮啤酒代之，然而啤酒不但不能消暑，而且如果一次喝上几斤，进入人体的酒精量也与喝白酒差不多。再说，夏天气候炎热，如果再饮啤酒更易出汗，消耗大，易于疲乏，而且思维能力、工作效率都将受到影响，易造成差错事故。因此，切勿用啤酒来解渴消暑。

白酒御寒

在气候寒冷的冬天，人们习惯饮用白酒来抵御寒气，因为白酒可以使皮肤血管扩张，血流量增加，使人体有一种暖烘烘的感觉。实际上，这只是使人暂时消除了冷的感觉，并不是真正的御寒。而且，由于皮肤血管扩张和血流量增加，通过皮肤散去的热量也大大增加，非但不能保温，反而会引起体温下降，也容易感冒。

以酒壮骨

许多老人都相信饮酒有强筋壮骨的作用，而事实恰恰相反。因为酒精对骨质有直接的破坏作用，所以在过度饮酒的人当中，骨折的发生率比一般人要高得多。此外，酒精还能阻止促进骨骼生长的药物发挥药效。

● 小贴士

老人饮酒忌讳

1.以饮低浓度、高营养的保健酒类为宜；

2.少喝粗制滥造的劣性酒；

3.掌握适量，量力而行，以每次不超过150毫升为宜；

4.忌喝闷酒。

新婚夫妇应忌酒

经科学研究发现，酒精的影响将危害下一代的健康。男性在同房前饮酒，会使精子发生异常，影响胎儿的正常形成和生长；女性在受孕前饮酒，会损伤受精卵，使染色体异常，引起自然流产、胎儿发育不良以及婴孩智力障碍，反应迟钝，性格异常等，医学上称之为“胎儿酒精综合症”。

本章小结

酒水在人们的日常生活中不仅是补充水分和营养的一种物质，而且已经成为社交的一种重要媒介，掌握酒水的知识，不仅对人们的社交有一定的帮助，也给生活带来了更多的乐趣，提高了人们的生活质量。

● 思考与练习

1. 酒水的定义是什么？如何区分酒精饮料和无酒精饮料？

2. 按制造方法分，酒可以分为哪几种？它们的代表名酒分别有哪些？

3. 酿酒的基本原理有哪些？

4. 何谓酒度？酒度的三种表示方法是什么？它们之间的换算关系是什么？

5. 如何鉴别白酒和红酒？分别举例说明。

6. 如何储存葡萄酒？如果给个酒柜让你来储存葡萄酒，你会对酒柜及其放置的环境有何要求？

7. 说说你知道的各种酒水的最佳饮用温度，看谁熟悉得更多更全面。

第二章
中国酒

导语 ★★★★★

1. 中国酒的发展历史。
2. 中国黄酒、啤酒、葡萄酒、果酒、白酒以及配制酒的特点、饮用方法和服务要求。
3. 各类中国酒的产地、代表名品。

第一节　中国酒的起源与发展

一、中国酒的起源

关于中国酒的起源，晋代文人江统的《酒诰》中有段介绍："酒之所兴，肇自上皇；或云仪狄，一曰杜康。有饭不尽，委之空桑，积郁成味，久蓄气芳，本出于此，不由奇方。"

上皇：指远古神话传说中的伏羲氏、燧人氏、神农氏。

仪狄：仪狄是夏禹的一个属下，时间上晚于上皇时代。《世本》有"仪狄始作酒醪"的说法。

杜康：许慎《说文解字》说他是夏朝第五世君主，张华《博物志》说他是汉朝的酒泉太守，民间传说他是周王朝王宫的酿酒师。现在学术界的看法是：杜康可能是周秦之间的一个著名的酿酒家。

这段话说酒的起源是由于把剩饭倒在桑树林，粮食郁积，久蓄则变味成酒，而不是由某个人发明的。

那么酒到底是怎样又是何时酿出来的呢？有以下几种说法。

（一）仪狄酿酒

仪狄是夏禹的一个属下，《世本》相传"仪狄始作酒醪"。公元前 2 世纪《吕氏春秋》云："仪狄作酒。"汉代刘向的《战国策》说："昔者，帝女令仪狄作酒而美，进之禹，禹饮而甘之，曰：'后世必有饮酒而亡国者。'遂疏仪狄而绝旨酒。"

但《黄帝内经》已有黄帝与医家岐伯讨论"汤液醪醴"的记载，《神农本草》又肯定神农时代就有了酒，都早于仪狄的夏禹时代。

（二）杜康酿酒

另一则传说认为酿酒始于杜康，杜康也是夏朝时代的人。东汉许慎《说文解字》中解释"酒"字的条目中有："杜康作秫酒。"《世本》也有同样的说法："杜康造酒。"

经过曹操"何以解忧，唯有杜康"的咏唱，在人们心目中杜康已经成了酒的发明者，也有了各种传说。

陕西白水县康家卫村，传说是杜康的出生地；河南汝阳县的杜康矾、杜康河，传说是杜康酿酒处；河南伊川县皇得地村的上皇古泉，传说是杜康汲水酿酒之泉。

（三）酿酒始于黄帝时期

另一种传说则表明在黄帝时代人们就已开始酿酒。汉代成书的《 黄帝内经·素问》中有黄帝与医家岐伯讨论“汤液醪醴”的记载，书中还提到一种古老的酒——醴酪，即用动物的乳汁酿成的甜酒。但《黄帝内经》一书是后人托名黄帝之作，可信度尚待考证。

（四）考古中的酒的发现

考古的发现，说明酿酒早在夏朝（4000 多年前）或者夏朝以前就存在了，这一点已被大量考古事实所证实。

1. 磁山文化时期（7355 ~ 7235 年前）

磁山文化时期，发现了一些形状类似于后世酒器的陶器和大量谷物，谷物酿酒的可能性很大。

2. 河姆渡文化时期（公元前 5000 年 ~ 公元前 3300 年）

发现有陶器和农作物遗存，具备酿酒的物质条件。

3. 三星堆遗址（公元前 4800 年 ~ 公元前 2870 年）

该遗址地处四川省广汉市，出土了大量的陶器和青铜酒器，其器形有杯、觚、壶等。

4. 大汶口文化（公元前 4300 年 ~ 公元前 2400 年）

该遗址地处山东莒县，随葬 80 多件陶器中，有 25 件洁白的白陶器，主要是成套的酒器，计有贮酒的背壶、温酒的陶规、注酒的陶瓮和饮酒用的规杯。

（五）蒸馏酒的起源

用特制的蒸馏器将酒液加热，由于酒中所含的物质挥发性不同，在加热蒸馏时，在蒸汽和酒液中，各种物质的相对含量就有所不同。酒精（乙醇）较易挥发，则加热后产生的蒸汽中含有的酒精浓度增加，而酒液中酒精浓度就下降。收集酒气并经过冷却，其酒度比原酒液的酒度要高得多，一般的酿造酒，酒度低于 20%，蒸馏酒则可高达 60% 以上。

现代人们所熟悉的中国蒸馏酒为白酒（也称“烧酒”），外国蒸馏酒有白兰地、威士忌、伏特加、朗姆酒等。

蒸馏酒与酿造酒相比，在制造工艺上多了一道蒸馏工序，关键是蒸馏器。蒸馏器的发明是蒸馏酒起源的条件，但也可能用来蒸馏其他物质，如香料、水银等。

1. 蒸馏酒起源于东汉

上海博物馆收藏了东汉时期的青铜蒸馏器。用此蒸馏器作蒸馏实验，蒸出了酒度为 26.6° ~ 20.4° 的蒸馏酒。在安徽滁州也出土了一件类似的青铜蒸馏器。所以有人认为东汉已有蒸馏酒。

2. 蒸馏酒起源于唐代

白居易（772 ~ 846 年）的“荔枝新熟鸡冠色，烧酒初开琥珀光”中提到了烧酒。陶雍有“自到成都烧酒熟，不思身更入长安”的诗句。有些人认为这里所提到的烧酒即是蒸馏酒。

但唐代的《投荒杂录》中记载了烧酒的方法："南方饮既烧，即实酒满瓮，泥其上，以火烧方熟，不然不中饮。"显然不是蒸馏酒的操作，所以也很难判断唐代的烧酒是否就是蒸馏酒。

3. 蒸馏酒起源于宋代

宋代的《丹房须知》中描述了蒸馏器"抽汞器"；南宋周去非在1178年写成的《岭外代答》中记载了一种广西人练"银朱"的用具，基本结构与《丹房须知》中的描述大致相同；南宋张世南的《游宦纪闻》卷五记载了一例蒸馏器，用于蒸馏花露。所以蒸馏酒也可能起源于宋代。

4. 蒸馏酒起源于元代

明代医学家李时珍在《本草纲目》中写道："烧酒非古法也，自元时始创。其法用浓酒和糟，蒸令汽上，用器承取滴露，凡酸坏之酒，皆可蒸烧。近时惟以糯米或粳米或黍或大麦蒸熟，以普瓦蒸取。其清如水，味极浓烈，盖酒露也。辛、甘、大热、有大毒。过饮败胃伤胆，丧心损寿，甚则黑肠腐胃而死。与姜、蒜同食，令人生痔。盐、冷水、绿豆粉解其毒。"清代檀萃的《滇海虞衡志》中说："盖烧酒名酒露，元初传入中国，中国人无处不饮乎烧酒。"章穆的《饮食辨》中说："烧酒又名火酒，《饮膳正要》曰'阿剌吉'。盖此酒本非古法，元末暹罗及荷兰等处人始传其法于中土。"不管是自己的发明还是外国的传入，蒸馏酒最迟应该起源于元代。

二、我国酒在各个时期的发展历史

（一）初创期

在几千年漫长的历史过程中，中国传统酒呈段落式发展。公元前4000～公元前2000年，即由新石器时代的仰韶文化早期到夏朝初年，为头一个段落。这个段落，经历了漫长的2000年，是我国传统酒的启蒙期。用发酵的谷物来泡制水酒是当时酿酒的主要形式。这个时期是原始社会的晚期，先民们无不把酒看作是一种含有极大魔力的饮料。

（二）成长期

从公元前2000年的夏王朝到公元前200年的秦汉王朝，历时1800年，这一段落为我国传统酒的成长期。在这个时期，由于有了火，出现了五谷六畜，加之酒曲的发明，使我国成为世界上最早用酒曲酿酒的国家。醴、酒等品种的产出，仪狄、杜康等酿酒大师的涌现，为中国传统酒的发展奠定了坚实的基础。就在这个时期，酿酒业得到很大发展，并且受到重视，官府设置了专门酿酒的机构，酒由官府控制，酒成为帝王及诸侯的享乐品，"酒池肉林"成为奴隶主生活的写照。这个阶段，酒虽有所兴，但并未大兴。饮用范围主要还局限于社会的上层，但即使是在上层，对酒也往往存有戒心。因为商、周时期皆有以酒色乱政、亡国、灭室者，秦汉之交又有设"鸿门宴"搞阴谋者，酒被引入政治斗争，遂被正直的政治家视为“邪恶”，因此使酒业的发展受到一定影响。

（三）成熟期

第三个段落由公元前200年的汉王朝到公元1000年的北宋，历时1200年，是我国传统酒的成熟期。在这一段落中，《齐民要术》、《酒法》等科技著作问世；新丰酒、兰陵美酒等名优酒开始涌现；黄酒、果酒、药酒及葡萄酒等酒品也有了发展；李白、杜甫、白居易、杜牧、苏东坡等酒文化名人辈出。各方面的因素促使中国传统酒的发展进入了灿烂的黄金时代。酒之大兴，是始自东汉末年至魏晋南北朝时期。这主要是由于当时长达两个多世纪的战乱纷争，统治阶级内部产生了不少失意者，文人墨客，崇尚空谈，不问政事，借酒浇愁，狂饮无度，使酒业大兴。到了魏晋，酒业更加大兴起来，饮酒不但盛行于上层，而且普及到民间的普通人家。这一段落的汉唐盛世及欧、亚、非陆上贸易的兴起，使中西酒文化得以互相渗透，为中国白酒的发明及发展进一步奠定了基础。

（四）提高期

第四段落是由公元1000年的北宋到公元1840年的晚清时期，历时840年，是我国传统酒的提高期。其间由于西域的蒸馏器传入我国，从而发明了举世闻名的中国白酒。明代李时珍在《本草纲目》中说：“烧酒非古法也，自元时始创。”又有资料提出“烧酒始于金世宗大定年间（1161～1189年）”。当时已迅速普及了酒度较高的蒸馏白酒。从此，这800多年来，白、黄、果、葡、药五类酒竞相发展，绚丽多彩，而中国白酒则深入生活，成为人们普遍接受的饮用佳品。

（五）变革期

自公元1840年到现在，为第五段落，是我国传统酒的变革期。在此期间，西方先进的酿酒技术与我国传统的酿造技艺争放异彩，使我国酒苑百花争艳，春色满园；啤酒、白兰地、威士忌、伏特加及日本清酒等外国酒在我国立足生根；竹叶青、五加皮、玉冰烧等新酒种产量迅速增长；传统的黄酒、白酒也琳琅满目，各显特色。特别是新中国成立以来，中国酿酒事业进入了空前繁荣的时代。

三、我国古代酒文化的发展

中国是卓立世界的文明古国，是酒的故乡。酒是一种特殊的食品，是属于物质的，但又同时融入到人们的精神生活之中。中华民族五千年历史长河中，酒文化与酒一样占据着重要地位。酒文化作为一种特殊的文化形式，在传统的中国文化中有其独特的地位，在几千年的文明史中渗透到社会生活中的各个领域。

（一）酒与中国古代经济

中国是一个以农立国的国家，因此一切政治、经济活动都以农业发展为立足点。而古代中国的酒，绝大多数是以粮食酿造的，紧紧依附于农业，成为农业经济的一部分。在中国古代，粮食生产的丰歉是酒业兴衰的晴雨表，各朝代统治者根据粮食的收成情况，通过发布酒禁或开禁，来调节酒的生产，从而确保民食。

酒与社会经济活动是密切相关的。在一些局部地区，酒业的繁荣对当地社会生活水平的提高起到了积极作用。汉武帝时期实行国家对酒的专卖政策以来，从酿酒业收取的专卖费或酒的专税就成为了国家财政收入的主要来源之一。在有的朝代，酒税（或酒的专卖收入）还与徭役及其他税赋形式有关。

（二）酒与社会生活

酒作为一种特殊的商品，饮者甚众，饮时甚多，给人民的生活增添了丰富的色彩。中国古人将酒的作用归纳为三类：酒以治病，酒以养老，酒以成礼。几千年来，酒的作用远不限于此三条，起码还包括：酒以成欢，酒以忘忧，酒以壮胆。

在人类社会生活发展的历程中，酒成为追求个性自由的基本需求的替代物，也能让人在它的掩护下说出平时不便说、不敢说而又很想说的话，也能减少心里的烦恼，消除心里的痛苦。作为属于大众文化的酒文化与民风民俗保持着血肉相连的密切关系，酒在社会生活中的重要作用使得它成为了一座让人们沟通、交往、了解的桥梁。

（三）酒与中国古代政治

酒的社会化必然导致酒的政治化，就如同社会发展到一定阶段必然出现政治一样。酒的厚利往往又成为国家、商贾富豪及民众争夺的肥肉，其酒税收入在历史上还与军费、战争有关，直接关系到国家的生死存亡。酒令的发布，往往又与朝代变化、帝王更替，及一些重大的皇室活动有关。西周时把饮酒当成天子诸侯的专利，《礼仪》中有详尽的饮酒规定，实质上都带有极强的政治目的——维护特权，巩固统治。像北宋赵匡胤、明朝朱元璋的借酒夺权和消除隐患，南朝刘义隆的以酒解仇，魏晋“竹林七贤”的以酒避祸，楚汉相争时的“鸿门宴”以酒为政治斗争的工具，三国时刘备、北魏拓跋焘、明末李自成等以酒为笼络人心的手段，更是直接给酒贴上了政治的标签，成为了赤裸裸的酒政治或政治酒，不同酒政的更换交替，也反映了各阶层力量的对比变化。

（四）酒与中国古代文化

1. 酒与中国古代思想

酒，在人类文化的历史长河中，已不仅仅是一种客观的物质存在，而是一种文化思想的象征，即酒神精神的象征。

在中国，酒神精神以道家哲学为源头。庄周主张物我合一、天人合一、齐一生死。庄周高唱绝对自由之歌，倡导“乘物而游”、“游乎四海之外”、“无何有之乡”。庄子宁愿做自由的在烂泥塘里摇头摆尾的乌龟，也不做受人束缚的昂头阔步的千里马。追求绝对自由、忘却生死利禄及荣辱，是中国酒神精神的精髓所在。

2. 酒与中国古代文学

因醉酒而获得艺术的自由状态，这是古老中国的艺术家解脱束缚获得艺术创造力的重要途径。“志气旷达、以宇宙为狭”的魏晋名士、第一“醉鬼”刘伶在《酒德颂》中有言：“有大人先生，以天地为一朝，万期为须臾。日月有扃牖，八荒为庭衢。”“幕天席地，纵意所如。”“兀然而醉，豁尔而醒。静听不闻雷霆之声，孰视不睹泰山之形。不觉寒暑之切肌，利欲之感情。俯观万物，扰扰焉如江汉之载浮萍。”这种“至人”境界就是中国酒神精神的典型体现。

“李白一斗诗百篇，长安市上酒家眠。天子呼来不上船，自称臣是酒中仙。”（杜甫《饮中八仙歌》）“醉里从为客，诗成觉有神。”（杜甫《独酌成诗》）“俯仰各有态，得酒诗自成。”（苏轼《和陶渊明〈饮酒〉》）“一杯未尽诗已成，涌诗向天天亦惊。”（杨万里《重九后二月登万花川谷月下传觞》）。南宋政治诗人张元年说：“雨后飞花知底数，醉来赢得自由身。”酒醉而成传世诗作，这样的例子在中国诗史中俯拾皆是。

3. 酒与中国古代书画

不仅为诗如是，在绘画和中国文化特有的艺术书法中，酒神的精灵更是活泼万端。画家中，郑板桥的字画不能轻易得到，于是求者拿狗肉与美酒款待，在郑板桥的醉意中求字画者即可如愿。郑板桥也知道求画者的把戏，但他耐不住美酒狗肉的诱惑，只好写诗自嘲：“看月不妨人去尽，对月只恨酒来迟。笑他缣素求书辈，又要先生烂醉时。”“吴带当风”的“画圣”吴道子，作画前必酣饮大醉方可动笔，醉后为画，挥毫立就。“元四家”中的黄公望也是“酒不醉，不能画”。“书圣”王羲之醉时挥毫而作《兰亭序》，“遒媚劲健，绝代所无”，而至酒醒时“更书数十本，终不能及之”。李白写“醉僧”怀素：“吾师醉后依胡床，须臾扫尽数千张。飘飞骤雨惊飒飒，落花飞雪何茫茫。”怀素酒醉泼墨，方留其神鬼皆惊的《自叙帖》。“草圣”张旭“每大醉，呼叫狂走，乃下笔”，于是有其“挥毫落纸如云烟”的《古诗四帖》。

第二节　黄酒

黄酒是中国特有的酿造酒。它是以大米、糯米、黄米、黍米等谷物为原料，蒸熟后加入专门的酒曲和酒药，利用其中的霉菌、酵母菌、细菌等微生物的共同作用而酿成的原汁酒。因大多数品种中都有黄亮或黄中带红的色泽，故名“黄酒”。

一、黄酒的起源和发展

黄酒的历史极为悠久，是全世界最古老的酒精饮料之一。据考证，5000 多年前，我们祖先用谷物酿造的酒即为黄酒的原始酒。

（一）殷商时期（约公元前 16 世纪 ~ 前 11 世纪）

我国酿酒业已相当发达，饮者甚众，已出现了利用天然微生物制“曲”的技术。“曲”的出现是我国古代发酵技术一项最伟大的发明创造。

（二）两周时期（约公元前11世纪~前221年）

已有较完整的用曲糵酿酒的经验。当时“曲”与“糵”已分为两种明显不同的东西（在此之前，古人把发了芽的谷粒统称为“曲糵”），“曲”成为一种含有活的微生物的发酵制剂，而“糵”则专指发芽的谷粒。因此，用“曲”酿酒，“糵”则可制饴。

（三）秦汉时期（公元前221年~公元220年）

制曲酿酒的技术进一步发展。“曲”的品种不断增加，各地酿酒者已经善于利用不同的谷物来制曲。

（四）魏晋南北朝时期（公元220年~589年）

制曲已从散曲、饼曲发展到有“大曲”和“小曲”之分。公元5世纪北魏贾思勰的著作《齐民要术》第七卷，详细论述了造曲酿酒的方法和原理。这是世界上有关酿酒工艺学的最早文字记录。

（五）北宋政和年间（公元1111年~1118年）

朱翼中撰写的《北山酒经》是继《齐民要术》之后又一部杰出的制曲酿酒专著。该书上卷论酒，中卷论曲，下卷论酿酒法，内容翔实。红曲霉的发现，并应用于酿酒，制成红曲酒是我国宋代酿酒工艺的重大创造和发展。

黄酒经过了历代劳动人民的改进和提高，逐步形成了四大种类，即：江南绍兴酒、北方即墨老酒、福建老酒及大米清酒。其中尤以绍兴黄酒最具典型。

黄酒从起源、发展到现在已形成一整套完整的酿造工艺，成为我国传统的独特酒类，其产品行销世界各地，经久不衰，并多次在国内外评酒大赛中获得重要奖项。黄酒的营养价值和药用功效也受到人们的高度赞誉。目前，我国黄酒年产量约在65万吨，主要生产地区集中在浙江、江苏、福建、山东、江西、上海等省市。其中浙江地区生产的黄酒占全国黄酒总产量的50%以上。

二、黄酒的特点与分类

（一）特点

黄酒具有酸、甜、苦、辣、鲜五味一体的风格。它集饮料、药用、调味于一身，是我国酒类中最独特的品种。归纳起来，黄酒还具有如下几个特点：

1. 黄酒含有多种糖类

根据对绍兴酒中的加饭酒检测结果表明，加饭酒以葡萄酒为主，每100毫升的含量为1.7~2.0克，约占总含糖的54%~66%。因此加饭酒具有浓郁的鲜甜味，其营养成分容易被人体所吸收。

2. 黄酒属低度酒

黄酒的酒度一般在12°~18°之间，是一种低度的原汁酒。其酒味醇厚，风味独特，素为消费者所喜爱。

3. 黄酒含有丰富的氨基酸

黄酒含有多种氨基酸，其中人体必需的有8种。根据对加饭酒的检测，其氨基酸含量高达5647.7毫克/升，是啤酒的7.2倍，葡萄酒的3.55倍。黄酒中各种氨基酸的含量如此之高，是世界酒类中少见的。

4. 黄酒具有一定的药用健身功能

由于黄酒含有多种营养成分，而且热量高，适量饮用可达到舒筋活血、健脾补胃、强身健体的功效。我国常以黄酒为酒基配制药酒，中医则用黄酒来浸泡、炒煮中草药制成各种中成药品。

5. 酿造黄酒的原料质量要求高

酿造黄酒的主要原料是米和水。在浙江绍兴，工人把水和米分别比喻为“酒的血”和“酒的肉”。因此，各地酿造黄酒，均采用当地的优质水源和谷物。绍兴酒取当地鉴湖水，故绍酒又有“鉴湖名酒”之称。

6. 酿造工艺独特

我国黄酒是采用多种曲和药酒进行复式发酵酿造而成的，这是世界酿酒技术中独特的发酵工艺。在酿造过程中所采用的淋饭法、喂饭法、摊饭法等都是我国黄酒传统的酿造方法。

黄酒除用作饮料外，在日常生活中还作为烹饪调味料或解腥剂。

（二）分类

黄酒按生产方法、生产地区及风味特点，可分为江南黄酒、福建黄酒、北方黄酒和大米清酒等四大类型。

1. 江南黄酒

江南黄酒以绍兴酒为代表，主要产于浙江省绍兴地区，为我国传统的名酒。绍兴酒采用糯米或大米为主要原料，以小曲和麦曲为糖化发酵剂。由于原料配比、工艺操作、酿酒时间等方面不同，形成不同风格的绍兴酒。主要品种有：元红酒、加饭酒、花雕酒、香雪酒和善酿酒。

（1）元红酒

元红酒，也称“状元红”，过去这类酒的外包装多在酒坛外面涂上朱红色，故此得名。该酒液呈琥珀色或橙黄色，具有明显的绍兴酒的特点，酒体醇厚，酒精度为15°以上，含糖量为0.2%～0.5%，无辛辣酸涩等异味；饮时需稍加温，吃鸡、鸭时最适宜。

（2）加饭酒

加饭酒是加料的摊饭酒，即在酿造时用糯米（饭）的数量较多。一般加入糯米的数量比元红酒增加10%以上，因而取名“加饭酒”。据考证，在春秋战国时期绍兴地区就开始酿制黄酒，加饭酒是绍兴黄酒中最具独特风味的一个品种，它以上等糯米为原料，加入酒曲后用摊饭法发酵酿制而成。加饭酒需在缸或坛中密封陈酿，陈酿期越长，酒质越好。加饭酒酒味浓醇，甘美可口，营养丰富，酒度为16.5°左右，含糖量为2%，有古越龙山、会稽山等品牌。

（3）花雕酒

把加饭酒陈贮多年即为花雕酒。按浙江地方民俗，生下女儿之年要酿酒数坛，并泥封窖藏，待女儿长大结婚之日即取出饮用，所以后人称这种酒为“女儿红”。又因这种酒在酒坛外常雕绘有我国民族风格的彩图，又取名为“花雕酒”。

● 小贴士

花雕酒的由来

浙江绍兴花雕酒，又称“女儿红”，是从古时“女儿酒”演变而来。早在宋代，在绍兴，家家会酿酒。每当一户人家生了女孩，满月那天选酒数坛，请人刻字彩绘以兆吉祥，通常会雕上各种花卉图案、人物鸟兽、山水亭榭等，然后泥封窖藏。待女儿长大出阁时，取出窖藏陈酒，请画匠在坛身上用油彩画出“百戏”，并配以吉祥如意、花好月圆的“彩头”，以此酒款待贺客。这一习俗代代相传，成为绍兴一带婚嫁喜庆中不可缺少的民俗。又因坛外雕绘有我国民族风格的彩图，故取名“花雕酒”或“元年花雕”。

花雕酒可直接饮用，也可温烫至38℃或40℃时饮用。加温后的花雕酒因酒精度降低，变得更加香醇厚实，容易入口。而且，不少名菜（花雕鸡、花雕烩蟹肉）都是以花雕酒为材料制作而成。值得一提的是，吃蟹最好饮花雕酒，蟹性凉，花雕酒暖胃，相辅相成，可谓佳配。

（4）香雪酒

它是高糖度（20%左右）、高酒度（20°左右）的黄酒，是绍兴酒中的特殊品种，是用米饭加麦曲、酒药一次酿成的酒。酒液淡黄清亮，香浓味醇，甘甜鲜美。适宜饭前、饭后常温饮用。

（5）善酿酒

用已贮存1～3年的陈酒与新酒混合再发酵，酿制成的酒需陈贮1～3年，即为善酿酒。所得之酒香气浓郁，酒质醇厚香甜，并且有独特的风味，可与优质的甜葡萄酒相媲美，是绍兴酒的高级品。

2. 福建黄酒

福建黄酒以“福建老酒”和“龙岩沉缸酒”为代表，主要产于福州和龙岩两市。浙江、台湾等地区亦有生产类似的酒品。福建黄酒以糯米、大米为主要原料，用红曲和白曲为主要糖化发酵剂酿制而成。其酒液色泽褐红鲜艳，故又称为“红曲酒”；酒质醇厚，余味绵长，酒精度为15°。

3. 北方黄酒

北方黄酒以山东“即墨老酒”为代表品种。用黍米（又称黏黄米或糯小米，是我国最早栽培的粮食作物之一，含有较高的淀粉糖和蛋白质）为原料酿制。即墨老酒呈深棕色，清亮透明，有突出的焦糜香，饮后回味悠长，酒精度为12°。

4. 大米清酒

它是一种改良的大米黄酒，以粳米为原料，用米曲作糖化剂、酵母作发酵剂酿制而成，酒色淡黄透明，糖、酸度均较低，具有清酒特有的香味。以吉林清酒、即墨特级清酒为代表。

三、黄酒的饮用方法与服务要求

黄酒主要作为佐食，可常温或加热后饮用。一般采用陶瓷酒杯盛酒，亦可用小型玻璃杯饮用。

江南黄酒中的加饭酒适宜吃冷菜时饮用，可温烫后上桌服务；元红酒饮时稍加温，吃鸡鸭时佐饮最适宜；善酿酒宜佐食甜味菜肴。

福建老酒不仅烹饪时可用作调味品用，亦可在餐桌上直接调入菜肴中，尤其加入鱼类、肉类的汤菜里更加合适，可增加食物的风味。

黄酒可存放，但开瓶后久存必失其鲜味，因此最好一次性喝完或短期内饮用完。黄酒一般竖立、避光、常温下保存。

延伸阅读

我国特色黄酒介绍

一、藏族青稞酒

以青稞酿酒，是藏族人民普遍采用的制酒方式，融入了民族的、地区的特点。早期青稞酒的酿制是先将青稞（大麦的一种）发芽，经糖化后加入酵母菌（糵），使其酒化而成酒的。自内地的复式发酵酿酒法传入后，青稞酒的酿法已类似内地黄酒的酿法。

现代藏族家庭所酿的青稞酒，一般能达到15°~20°，味微酸而回甜，性平和，不燥烈，男女老幼均能饮用。青稞酒对于藏族来说是喜庆的饮料，是欢乐、幸福、友好的象征，绝非“消愁”之用品。因藏族长期受佛教思想的影响，藏族人养成了“饮酒有节制”的传统。

过年过节时，藏族人民一定要饮青稞酒，以示庆祝，就像汉族大年初一早上吃汤圆，以祝全家这一年团圆、圆满一样。藏族大多地方都在年初一早上喝八宝青稞酒“观颠”（将红糖、奶渣子、糌粑、核桃仁等放入青稞酒合煮的稀粥样的食品），以祝全家新年里丰收、幸福、吉祥。藏民族是能歌善舞的民族，饮青稞酒时少不了唱酒歌、跳锅庄的欢乐祥和景象。

藏族的婚礼中当然也离不开青稞酒。提亲时要带上“提亲酒”，女方如应允则要同饮“订婚酒”；迎新娘时，半途要设“迎亲酒”，新娘辞家时要饮“辞家酒”；婚宴中要共饮“庆婚酒”。

青稞酒虽然受到藏族人民的普遍喜爱，但由于其至今仍停留于家庭手工酿造水平，加上交通不便，酿酒依靠个人经验来掌握，因此酿制质量难以稳定，时有失败，其酿制技术也难以提高。加上现今一些家庭的青年一代已不太愿意费时费力去酿酒，转而以性味近似青稞酒而又可以随时购得的商品饮料来替代，因此，传统的家酿青稞酒技术开始面临着失传的危险。

二、广东客家娘酒

在客家人的饮食中，饮酒是很普遍的习俗，客家人年长的会饮，年幼的也会饮，有的客家地区在盛夏时还以酒代茶。家家酿黄酒，人人喝黄酒，黄酒的普遍性可以说是客家农村中极为独特的一种社会现象。

不过客家人所说的酒，特指的是用糯米制的黄酒，这种黄酒，客家人家家户户都会酿制。客家俗语中有句话叫做“蒸酒磨豆腐，唔（不）敢逞师傅”。就酿酒而言，除了人的因素外，还有另外两个原因，第一是要选优质酒饼，第二是水质很关键，要用纯净而清甜的山泉水或井水。而酿制黄酒一般由家里的女主人承担，酿制黄酒水平的高低还是衡量一个客家妇女能干与否的标准呢！心灵手巧的客家妇女，能用普普通通的糯米，加上普普通通的发酵酒饼，再加上普普通通的制作工艺，酿制出不同寻常、香气四溢、清纯甜润而略带酒味的客家黄酒（有的地方又叫“水酒”）。

在节庆佳日和喜庆寿诞上，酒是用来助兴是不可缺少的。客家人在日常生活中喜欢摆筵席宴宾客，称之为“做酒”，如子女毕业要“做毕业酒”，婚娶要“做暖轿酒”、“做完婚酒”，小孩出生三天要“做三朝酒”，满月要“做满月酒”，周岁要“做周岁酒”，老人寿辰要“做生日酒”，工匠拜师学徒要“做拜师酒”、“做出师酒”，诸此种种，显示了酒在客家人心目中占有极高的地位。

客家人的黄酒除了自饮待客外，也是亲友间来往时的礼品，特别是在婚礼中黄酒是女方回赠男方的重要礼品之一，女方将黄酒和其他礼品装在一起，用扁担挑送，俗称“送酒担”，而且所送的酒一般是由女方亲自酿制而成的。另外客家人家里如生了小孩，婆家必备公鸡一只，黄酒一壶，另鞭炮一挂，送往女方娘家报喜，俗称“报姜酒”。

第三节 中国啤酒

啤酒是以大麦芽、酒花、水为主要原料，经酵母发酵作用酿制而成的饱含二氧化碳的低酒度酒。啤酒的历史距今已有8000多年，最早出现在美索不达米亚平原。直到15世纪，德国巴伐利亚州的修道士才开始把用蛇麻子（啤酒花）当作香料酿造的酒称为“啤酒”（关于世界啤酒的起源与发展情况详见第三章第一节）。

中国古代已有酿制与啤酒相似的“醴酒”，但有规模的生产始于20世纪初，其生产工艺源于外国的酿造法。从20世纪80年代开始，中国啤酒工业进入高速发展阶段。1994年，中国啤酒年产量已跃居世界第二位。

一、我国啤酒的起源与发展

早在5000多年前，我们的祖先就已经能够酿造原始的发酵酒，古籍称这种酒为“醴酒”，实际上是我国古代的原始啤酒，它与古埃及人所酿造的麦芽啤酒极为相似。由于古代的“醴酒”酒精含量低，糖分较高，不易贮存，加上酿造用具简陋，因此“醴酒”在常温下很快酸败变质。随着我国古代“曲”的发明创造，酿酒业得到了发展，“醴酒”逐渐被香醇而且容易保存的黄酒、白酒所取代。

几千年来，我国的酒业一直以黄酒、白酒为主导，而啤酒迟迟未被重视和开发。直到20世纪初，外国公司在我国建立啤酒厂后，才开始出现了啤酒。1900年，俄国人首先在哈尔滨办起了中国境内第一家啤酒厂；德国人占领胶东半岛后，于1903年在青岛兴建了英德啤酒公司。此后，各国列强在我国的辽宁、天津、上海、北京等地相继建立了许多啤酒厂。同期，我国民族资产阶级也开始建立了啤酒厂。

然而，当时不论外国人还是中国人创办经营的啤酒厂，其生产规模和产量都很小。这个时期，我国啤酒工业经过了50年的缓慢发展过程，最高年产量却未超过2万吨。

解放后，我国啤酒工业有了一定的恢复和发展。从1979年开始，我国啤酒工业进入高速发展时期，这一年，全国啤酒总产量达51.3万吨，比建国前增加了50多倍。1980年，啤酒总产量达68.9万吨，1985年为310万吨，1992年上升到1020万吨，成为仅次于美国和德国的世界第三大啤酒生产国。目前，我国啤酒年总产量已高达1800万吨左右，成为了世界第二啤酒生产大国。

二、我国啤酒的特点与分类

我国生产的啤酒从特点到类型大致与国外的啤酒相似，详细介绍可参见第三章第一节。目前，我国啤酒可分成下面几种类型：

（一）不同原麦汁浓度

目前，国内啤酒厂生产的啤酒按原麦汁浓度来分，可分为8°~18°十几个不同品类。其中以原麦汁浓度11°和12°两个品种的产量最大，生产的工厂也最多。

（二）不同色泽

1. 浅色啤酒

该酒色泽浅黄，属黄啤酒类型。产量最大，占全国产量的90%以上。

2. 深色啤酒

此类型啤酒呈红棕色，属棕色啤酒。如上海华光啤酒厂生产的“大众啤酒”。

3. 黑色啤酒

黑色啤酒色泽较深，呈棕褐色，透明度比棕色啤酒低。北京五星啤酒厂和青岛啤酒厂均有生产这种黑啤酒。

生产深色啤酒或黑色啤酒的工艺与生产浅色啤酒大致相同，不同的是需加入一定比例的着色麦芽与香甜麦芽及一定量的焦糖色。一般来说，深色啤酒有浓郁的麦芽香味，口味醇和、爽口；黑啤酒则有焙焦麦芽的香味，口感醇厚略甜，酒液较浓稠。

（三）不同工艺要求

按工艺要求，我国生产的啤酒可分为特制啤酒（国外称 Export Beer“出口啤酒”）和普通啤酒（内销啤酒）两大类。特制啤酒的原料质量要求高，工艺方法较特殊，酒龄长，生产周期长，销售价格较高。由于国内啤酒厂的生产条件受到一定的限制，所以除青岛、北京等少数工厂以外，特制啤酒的产量一般只占生产厂家年产量的5%~10%。普通啤酒只需按标准质量的原料和正常的工艺流程生产，酒龄短，价格较低廉，产品多在本地及附近地区销售。国内生产的啤酒中，90%是普通啤酒。

三、我国著名啤酒

我国名牌啤酒有很多，如山东青岛啤酒、北京五星啤酒、广东珠江啤酒、浙江中华啤酒和西湖啤酒以及香港特别行政区的生力啤酒（San Miguel）等。其中较受欢迎的有以下几种。

（一）青岛啤酒

青岛啤酒生产始于1903年，产于山东省青岛市，属淡色啤酒，酒度3.5°，原麦汁浓度12°。这种啤酒是选用较好的大麦为原料，先制成麦芽，再经糖化，制造时添加该厂自己生产的优质酒花，经煮沸、冷却发酵、贮藏等工序制成。产品的特点是：色淡黄，清澈透明，泡沫洁白、细腻而持久，具有显著的酒花麦芽清香及酒花特有的苦味，饮时爽口。

（二）五星啤酒

五星啤酒是北京双合盛啤酒厂的产品，它选用优质麦芽、优质酒花，用上等大米为原料，操作工艺精细，它的酒度为3.5°，麦芽汁浓度为14°。五星啤酒酒液为淡黄色，清亮透明有光，二氧化碳充足，泡沫洁白细腻、持久，有浓郁的酒花香和麦芽香，口感醇浓、爽口。

（三）其他名牌啤酒

佳凤牌佳凤啤酒（黑龙江佳木斯啤酒厂）

丰收牌特制北京啤酒（北京啤酒厂）

西湖牌特制西湖啤酒（浙江杭州啤酒厂）

红梅牌雪花啤酒（辽宁沈阳啤酒厂）

长城牌长城啤酒（天津啤酒厂）

北冰洋牌北冰洋啤酒（山东济南白马山啤酒厂）

光明牌105光明啤酒（上海华光啤酒厂）

松花江牌松花江啤酒（黑龙江佳木斯啤酒厂）

烟台牌烟台啤酒（山东烟台啤酒厂）

五星牌淡爽五星啤酒（北京五星啤酒厂）

鼎湖牌鼎湖啤酒（广东肇庆啤酒厂）

● **小贴士**

饮酒知识——喝啤酒的科学

泡沫：啤酒的发明者在啤酒配料中加入蛋白质稠性剂，使泡沫丰富持久，通常可在杯中滞留两三分钟，而且啤酒的泡沫有防氧化作用，喝酒也应带着泡沫喝完。

压力：打开瓶盖前猛烈摇晃会增加瓶内压力？国外有实验结果表明，这是人们的一种错觉。温度骤然升高才是压力增加的一大因素，这也需要我们在保管上格外注意。

温度：啤酒最适宜的饮用温度为4℃~6℃，冷冻后会变味。

斟酒：斟酒时要分两次倒满。从距杯口20厘米高处倒酒，倒酒时首先左右摇摆玻璃杯，途中稍事停顿，等泡沫消失一半后再继续倒满。易拉罐啤酒不宜直接对嘴喝，应倒在玻璃杯里，放掉多余的二氧化碳后再喝。

杯子：喝啤酒只能用玻璃杯。啤酒杯不能与其他餐具一同洗，因为残留的油脂和洗涤剂成分会影响泡沫的产生，而且，单洗之后还要注意自然晾干以后再用，未干的杯子切忌放入冰箱冷冻室，即使微弱的冰膜也会影响香型和口味。

保管：啤酒最忌光照，易拉罐啤酒也不例外，否则两三天内就会变质。家庭短期贮藏啤酒时应放冰箱冷藏室或25℃以下的稳定室温环境中。

第四节 中国葡萄酒

葡萄酒是我国主要酿造酒类之一，已有2000多年的历史。我国现代葡萄酒工业起步于19世纪，葡萄栽培和葡萄酒酿造技术主要由外国传入。

一、我国葡萄酒的起源与发展

我国种植葡萄和酿制葡萄酒最早的地区是新疆，传入中原始于汉代。公元前138年，张骞奉汉武帝之命出使西域，带回了葡萄种植技术和葡萄酒酿制技术。

东汉末年，葡萄酒被视为“珍异之物”，到了南北朝，葡萄酒仍为贵重物品。当时有人向北齐皇帝献了一盘葡萄，居然得到了一百匹绢的重赏。葡萄尚且如此，葡萄酒就更加名贵了。

从唐朝开始，葡萄酒酿造有了较大的发展。贞观十四年（公元640年），唐太宗李世民在位的时候，从高昌（即现在的吐鲁番地区）得到了马乳葡萄品种及其酿酒方法，宫廷内开始种植葡萄，并酿造葡萄酒。此后，普通栽培从宫廷逐渐传播到民间，酿制葡萄酒开始普遍起来。

到了元朝，葡萄酒已成为一种重要的商品。意大利人马可·波罗在《马可·波罗游记》（1298年）一书中说：太原府有许多好葡萄园，制造很多的酒，这里是契丹省惟一产酒的地方。但是，酒是从此地贩运到全省各地。

我国葡萄酒虽已有2000多年的漫长历史，但发展很慢，生产工艺停留在较初级的阶段。1892年，印尼苏门答腊爱国华侨张弼士集资300万两白银，在山东烟台创建了张裕葡萄酒公司，改传统手工作坊式为现代方法生产葡萄酒，引进欧洲优良葡萄品种及先进酿酒设备，生产优质葡萄酒，此后，太原、青岛、北京、通化等地相继建起葡萄酒厂，逐渐形成了我国民族葡萄酒酿酒工业。

解放后，我国葡萄酒工业有了迅速发展，许多老厂改建扩大，新建葡萄酒厂已达65个。1980年以后，一些大中型葡萄酒生产企业发展非常迅速。据统计，1985年我国葡萄酒总产量已达到232万吨，1988年达308万吨。生产的葡萄酒品种已从单一的甜葡萄酒转变成干型、半干型的国际流行口味。此后中外合资生产的长城（Great Wall）、王朝（Dynasty）等红葡萄酒、白葡萄酒慢慢进入国际市场，并得到国内外消费者的接受和赞赏。除上述两种有名的葡萄酒外，还有烟台的张裕葡萄酒、烟台的雷司令葡萄酒和北京出产的龙徽葡萄酒（Dragon Seal）等名品。

二、我国葡萄酒的特点与分类

我国长期以来一直是以生产含葡萄汁30%～50%的中、低档葡萄酒为主。据统计，1988 年生产的 30.8 万吨葡萄酒中，全汁葡萄酒仅为 9 万吨左右。

目前，为了适应市场消费口味，甜型、半甜型的葡萄酒仍占多数。但部分合资葡萄酒厂生产的全汁高档干型和半干型葡萄酒已达到国际先进水平，受到了国内外饮家的高度赞扬，并获得了多项国际性评酒会金奖。

我国生产的葡萄酒大致有以下几种类型：

（一）按酿制原料分

1. 家用葡萄酒

用人工栽培的葡萄酒专用葡萄品种为原料酿制而成的酒叫家用葡萄酒。绝大多数葡萄酒属此类型。

2. 山葡萄酒

以野生葡萄为原料制成的酒叫山葡萄酒，如长白山葡萄酒、通化葡萄酒等即为这种酒类的代表酒。

（二）按葡萄汁含量分

1. 全汁葡萄酒

采用全葡萄汁发酵而成，属高档酒。酒度为 12°左右。

2. 半汁葡萄酒

葡萄汁含量为 30%～70%之间，其余则是水、食用酒精和糖分，属中、低档葡萄酒。其生产工艺过程比较简单，售价低廉。根据国家规定，2004 年 5 月企业已经停止生产半汁葡萄酒，之后我国葡萄酒生产开始向全汁葡萄酒过渡，以便纳入国际标准化的生产轨道。

（三）按加工方法分

1. 天然葡萄酒

即全汁葡萄酒。不调配食用酒精和糖分，用纯葡萄汁发酵酿制而成。干型和半干型红、白葡萄酒即属此类。

2. 强化葡萄酒

添加白兰地或食用酒精以提高酒度的，称为强化葡萄酒；如果在强化葡萄酒内再加入适量的糖分，使酒度和糖度达到一定的强度，则叫做浓甜葡萄酒。

3. 加料葡萄酒

在原汁葡萄酒中加入了药材、香料及糖分等的，称为加料葡萄酒。加药材的称为滋补型葡萄酒，如人参葡萄酒；加香料的称为调香型葡萄酒，如味美思、桂花酒、罗木酒等。在国外，这类酒属于配制酒范畴。

4. 葡萄蒸馏酒

用葡萄果实经压榨、发酵制成葡萄原汁酒，再经蒸馏制成的高酒精度饮料即为葡萄蒸馏酒，如白兰地。这类酒按照国内习惯划归为配制酒。

5. 起泡葡萄酒

起泡葡萄酒在国外叫做 Sparking Wine，是一种含有二氧化碳气体的白葡萄酒。其酒精含量在12.5%~14.5%之间，含糖量在0.5%~20%之间。我国生产的起泡葡萄酒是用人工的方法在白葡萄酒中加入二氧化碳气体制成的。

此外，我国葡萄酒按酒液色泽来分可分成红葡萄酒、白葡萄酒、桃红葡萄酒（或叫玫瑰红葡萄酒）；按糖度一般分为干、半干、半甜和甜葡萄酒。

国外关于葡萄酒的内容较多，有关此类知识，我们将在第三章第一节中详细阐述。

三、我国著名葡萄酒

（一）中国红葡萄酒

“夜光杯”牌中国红葡萄酒是北京夜光杯葡萄酒厂的产品，多次荣获“国家名酒”称号及国家金质奖章。

北京地区酿制葡萄酒历史悠久，迄今已有700多年的历史。北京夜光杯牌葡萄酒厂的前身系建于1954年的北京东郊葡萄酒厂，1991年改为现名。该厂选用优质葡萄品种为原料，精心酿制而成。其酒液呈宝石红，清亮透明，葡萄果香突出，口味醇和圆润。酒度为16°，含糖量12%，为甜型红葡萄酒。

（二）王朝半干白葡萄酒

王朝半干白葡萄酒是天津市中法合资王朝葡萄酒酿酒有限公司的产品，1984年荣获“国家名酒”称号及金质奖章，1989年至1991年连续三年荣获比利时布鲁塞尔国际评酒会金奖。

王朝葡萄酒酿酒有限公司创建于1980年，同年生产半干白葡萄酒。该产品选用优良葡萄品种为原料，精心酿制而成。其酒液微黄，清澈透亮，果香浓郁，酒质醇厚，口味微酸爽口。酒度12°左右，含糖量0.4%~1.2%。目前除供应国内市场外，还远销世界26个国家和地区。

（三）张裕红葡萄酒

“葵花”牌张裕红葡萄酒是山东烟台张裕红葡萄酒酿酒公司的产品。1915年在北京国货展览会上获特等奖，同年在美国旧金山举行的巴拿马万国博览会上获甲等大奖章。解放后，在历届全国评酒会上均被评为国家名酒，1989年获比利时布鲁塞尔第27届世界优质产品评选会银奖。

张裕红葡萄酒酿酒公司是由爱国华侨张弼士于1892年创办的，其生产的葡萄酒驰名海内外。1912年，孙中山先生曾亲临张裕公司，题写了“品重醴泉”四个字，给予了张裕公司很高的评价。

张裕红葡萄酒是以上等的葡萄品种为主要原料，并辅以其他优良品种葡萄，精工酿制而成。该酒色泽呈宝石红，鲜艳晶亮；果香突出，酒香浓郁；酸甜适口，风味独特。酒度为16°，含糖量12%，为甜型葡萄酒。

（四）长城牌龙眼干白葡萄酒

“长城”牌龙眼干白葡萄酒产于河北省怀来县沙城镇，是位于该镇的长城葡萄酒有限公司的产品。1983 年在伦敦第 14 届国际评酒会上荣获银质奖，1984 年在西班牙马德里国际葡萄酒饮料评比会上获金质奖，1986 年又获法国巴黎第 12 届国际食品博览会金奖。

怀来县酿酒历史悠久，其地理位置、气候环境优越，适宜种植葡萄。1983 年沙城葡萄酒厂与中国粮油食品进出口总公司及香港远大公司合资创办了中国长城葡萄酒有限公司。

该酒色泽微黄带绿，清亮透明，果香悦人，酒香浓郁，口感柔和细腻。评酒家评价它是："怡而不滞，醇而不薄，味感谐和，恰到好处。"其酒度为 12°，含糖量 0.5% 以下。

（五）张裕味美思

"张裕"牌、"葵花"牌张裕味美思，亦称"烟台味美思"，是山东省烟台市张裕葡萄酒公司的产品。1915 年在美国旧金山举行的巴拿马万国博览会上获甲等大奖章，1989 年获比利时布鲁塞尔第 27 届世界优质产品评选会金奖。

该酒选用优质葡萄品种为原料，酿制成原汁白葡萄酒，然后放入橡木桶中贮存两年以上，出厂前半年加入藏红花、丁香、肉桂等数十种药材的浸出液精制而成。其酒液呈棕红色，具有葡萄酒的醇香和特有的药香。酒度为 18°，含糖量 15%，属调香型葡萄酒。

（六）长白山葡萄酒

长白山葡萄酒是吉林市长白山葡萄酒厂的名牌产品。在第二届、第三届全国评酒会上均被评为全国优质酒。

此酒是以野生山葡萄为主要原料酿制而成的。该厂建在长白山麓，山中盛产山葡萄，原料丰富。在酿造工艺上，该厂根据原料的特点，发酵分段进行，并在葡萄汁中加糖发酵，以调节糖分和酒度，又根据酒质成熟较慢的特点，采取人工老熟工艺，使酒质完善，风味突出。

酒液色泽紫红，艳丽透明，具有山葡萄特有的清香和醇香，味感醇柔，甜酸协调，清爽利口，余味绵香，风格独特。为甜型山葡萄酒，酒度 14.2°，糖分为 15%，总酸 0.6%。

（七）其他名牌葡萄酒

"红梅"牌中国通化葡萄酒（吉林通化葡萄酒公司）

"奖杯"牌半干红葡萄酒（江苏丰县葡萄酒厂）

"双喜"牌干白葡萄酒（安徽萧县葡萄酒罐头联合公司）

"北戴河"牌赤霞珠干红葡萄酒（河北省昌黎葡萄酒酒厂）

"长城"牌贵人香干白葡萄酒（河南民权葡萄酒厂）

第五节 中国果酒

果酒是指葡萄酒以外的各种水果酿造酒。葡萄酒是果酒的代表酒品，因其产量大、种类多、生产工艺典型，所以习惯上将其单独列为一大类。

一、概述

以各种果品，如苹果、梨、橘子、桃子、荔枝、杨梅、樱桃，或野生果实如山楂、枣、桑葚、猕猴桃等为原料，经发酵酿造而成的饮料酒统称为果酒。

果酒是一种香甜可口的饮料酒，具有较高的营养价值。我国的园林水果和野生水果非常丰富，可用于酿酒的水果种类很多，各厂家的生产工艺也不尽相同，因此果酒花色品种很多。我国的果酒一般以所用的原料来命名，如苹果酒、山楂酒、猕猴桃酒等。

（一）按酿制法可分为三种类型

1. 发酵酒

用果浆或果汁发酵酿造而成的酒。

2. 蒸馏酒

水果发酵后，再经蒸馏制成的酒。

3. 露酒

用果实、果汁加入酒精浸泡取其清液，再加入糖和其他配料勾兑而成的酒。国外称这种酒为“Liqueur”（利口酒），属果料利口酒类。本节所谈的果酒是指第一种类型的发酵果酒。其余两种类型将在本章第七节中国配制酒中介绍。

（二）按含糖量可分为四类

1. 干型

含糖量在0.5%以下。

2. 半干型

含糖量在0.5%～1.2%之间。

3. 半甜型

含糖量在1.2%～5%之间。

4. 甜型

含糖量在5%以上。

（三）按所含酒精含量可分为

1. 低度果酒

酒精度在17°以下。

2. 高度果酒

酒精度在18°以上。

二、我国著名果酒

（一）熊岳苹果酒

“红梅”牌熊岳苹果酒是辽宁省盖县熊岳果酒厂的产品。该酒三次蝉联“国家优质酒”称号及银奖。熊岳苹果酒是选用优质国光苹果为主要原料，经破碎、榨汁、发酵、贮存等工艺酿制出原汁酒，再以不同酒龄的原酒加上苹果白兰地勾兑调配而成。其酒液呈金黄色，清亮透明，果香突出，酒香浓郁，酸甜爽口。酒度为15°，含糖量14%，属甜型果酒。

（二）香梅酒

“红梅”牌香梅酒是黑龙江省尚志县一面坡葡萄酒厂的产品。该酒三次蝉联“国家优质酒”称号及银质奖，与同厂生产的紫梅酒、金梅酒并称为“三梅酒”，享誉国内外。

香梅酒是以当地出产的树梅浆果为原料，采用发酵与浸泡相结合的工艺酿制而成。其酒液呈淡红色，鲜果香味突出，口感醇厚圆润。酒度为15.5°，含糖量22.5%，属甜型果酒。

（三）长白山五味子酒

五味子酒是以长白山野生北五味子果为原料，经传统工艺发酵酿造的野生果酒。酒体呈玫瑰红色，晶莹剔透，具有五味子的浓郁果香与酒香，酒质醇厚，甘酸舒爽，回味绵长，风格独特。《神农本草经》将五味子列为上品：“五味是皮肉甘酸、内核辛苦，且各具咸味，故名‘五味子’。”五味子酒中含有丰富的五味子木脂素、苹果酸、酒石酸、维生素和五味子多糖等有效物质。长期饮用五味子酒可以减轻神经衰弱（失眠），保护肝脏、肾脏和心脑血管，增强智力，提高工作效率。其酒度为15°，含糖量22%，属甜型果酒。

（四）中国橙酒

“双鱼”牌中国橙酒是重庆万州市果酒厂的产品。该酒三次蝉联“国家优质酒”称号及银质奖。该酒选用广柑为原料，经去皮、取汁、发酵、陈酿而成。酒液色泽橙黄，晶莹透亮，果香、酒香并重，酸甜适口，余味绵长。酒度为15°，含糖量10%，属甜型果酒。

（五）中华猕猴桃酒

“都江堰”牌中华猕猴桃酒是四川省都江堰市茅梨酒厂的产品，1985年荣获“国家优质酒”称号及银质奖。该酒以当地盛产的猕猴桃（亦名茅梨）为原料，采用浸泡和发酵相结合的生产方法酿制而成。其酒液呈浅棕黄色，清亮透明，果香突出，酒味醇和，回味悠长。酒度为14°，含糖量14%，属甜型果酒。

三、果酒的饮用方法与服务要求

果酒可采用利口酒杯或甜酒杯。一般纯饮或作为调制鸡尾酒的原料酒。甜型果酒可作为餐后酒饮用，以助消化，又可解油腻。干型果酒可作为佐食酒。

果酒要适当冰镇，也可以加入冰块，但不宜兑入冰水，以防降低其果香味和酒精度。果酒不宜久藏，否则容易变质。开瓶后最好在数天内喝完，以免失去果香和鲜味。如需贮藏，应将酒瓶立放为宜，否则会染上软木塞子的味道。应避光、常温下保存。

第六节　中国白酒

白酒又称“白干”、“烧酒”，是以曲类、酒母等为糖化发酵剂，利用谷物为原料，经蒸煮、糖化发酵、蒸馏、贮存、勾兑而成的蒸馏酒。白酒是我国特有的一种蒸馏酒，它与白兰地、威士忌、伏特加、朗姆酒和金酒并列为世界六大蒸馏酒。

一、白酒的起源与发展

最早的白酒是从处理酸败的黄酒演变而来。黄酒是一种低酒度的发酵原汁酒，味较淡，加上古代造酒技术与设备等原因，黄酒常会出现酸败变质的现象。因此，古人曾经想用酒代水重酿来提高酒精度，但是重复酿造的酒并不能明显提高酒精度。

随着古代酿酒工艺的改革和发展以及铜制蒸馏壶的发明，蒸馏酒开始出现。据《宋史·食货志》记载：宋太宗太平兴国七年（公元982年）后，泸州出现了“小酒”与“大酒”。这种“大酒”就是一种蒸馏酒，其原料选用、工艺操作、发酵方法及酒的品质等，都跟今天的泸州浓香型曲酒非常接近。由此证明，至少从北宋开始，我国已出现了蒸馏酒。

宋代蒸馏酒出现之后，我国各地家庭作坊式白酒酿造逐步发展起来，明代生产白酒、饮用白酒已相当普遍，到了清朝，各地已出现一批优秀的白酒，如贵州茅台酒、山西汾酒、四川剑南春和泸州老窖大曲酒等。

白酒起源虽晚于黄酒，但发展却非常迅速。白酒酒度高，味道香醇，风格独特，深受饮家的欢迎。1949年，全国白酒产量为10.8万吨，1979年增加到143.7万吨，1985年达338万吨，1991年跃升到524万吨，目前我国年产白酒近800万吨。

二、白酒的特点与分类

（一）特点

1. 酿造原料多种多样

酿制白酒的主要原料有高粱、玉米、大米等；薯类原料有鲜薯、干薯、木薯等；代用原料有高粱糠、粉渣、青杠子等。

2. 曲种丰富多彩

用于酿制白酒的曲种品类很多，总的可分成三大类：大曲、小曲、麸曲。每个大类又根据生产要求分成许多不同的曲种。

3. 酿造工艺复杂

酿造白酒需经过原料处理、制曲工序、糖化发酵、蒸馏提纯、贮存老熟、勾兑调味等一系列生产过程，工艺要求高。

4. 酒品命名独特

我国白酒品牌很多，名称纷繁复杂。有以原料取名的，如五粮液、高粱酒；以产地取名的，如茅台、泸州老窖；以所用酒曲取名的，如大曲酒、小曲酒；以工艺特点命名的，如二锅头、老窖酒；以泉水取名的，如白沙液、卧虎泉酒；以古代人名称呼的，如杜康酒、太白酒；采用复合名称的，如双沟大曲、桂林三花酒等等。

（二）分类

我国白酒主要根据香型分成五种类型：即酱香、浓香、清香、米香和兼香型。

白酒的香型主要取决于生产工艺、发酵、设备等条件。也就是说用什么样的生产工艺、发酵方法和什么样的设备，就能生产什么样香型的酒。如：酱香型白酒是采用超高温制曲、凉堂、堆积、清蒸、回沙等酿造工艺，石窖或泥窖发酵；浓香型白酒是采用混蒸续渣工艺，陈年老窖或人工老窖发酵；清香型白酒是采用清蒸清渣工艺和地缸发酵；米香型白酒是采取浓、酱两种香型酒的某些特殊工艺酿造而成；兼香型的酒如西凤、董酒、景芝白干等，其生产工艺也各有千秋。

1. 酱香型

亦称茅香型，以茅台酒为代表，属大曲酒类。其酱香突出，幽雅细致，酒体醇厚，回味悠长，清澈透明，色泽微黄。以酱香为主，略有焦香（但不能出头），香味细腻、复杂、柔顺。含泸（泸香）不突出，酯香柔雅协调，先酯后酱，酱香悠长，杯中香气经久不变，空杯留香经久不散（茅台酒有“扣杯隔日香”的说法），味大于香，苦度适中，酒度低而不变。

2. 浓香型

亦称泸香型、五粮液香型，以泸州老窖特曲及五粮液为代表，属大曲酒类。其特点可用六个字、五句话来概括：六个字是“香、醇、浓、绵、甜、净”；五句话是“窖香浓郁，清冽甘爽，绵柔醇厚，香味协调，尾净余长”。浓香型白酒的种类是丰富多彩的，有的是柔香，有的是暴香，有的是落口团，有的是落口散，但其共性是：香要浓郁，入口要绵并要甜（有“无甜不成泸”的说法），进口、落口后味都应甜（不应是糖的甜），不应出现明显的苦味。浓香型酒的主体香气成分是窖香（乙酸乙酯），并有糟香或老白干香（乳酸乙酯），以及微量泥香（丁乙酸等）。窖香和糟香要谐调，其中主体香（窖香）要明确，窖泥香要有，也是这种香型酒的独有风格，但不应出头，糟香味应大于香味，浓香要适宜、均衡，不能有暴香。

3. 清香型

亦称汾香型，以山西汾酒为代表，属大曲酒类。它入口绵，落口甜，香气清正。清香型白酒特点的标准是：清香纯正，醇甜柔和，自然谐调，余味爽净。清香纯正就是主体香乙酸乙酯与乳酸乙酯搭配谐调，琥珀酸的含量也很高，无杂味，亦可称酯香匀称，干净利落。总之，清香型白酒可以概括为：“清、正、甜、长、净”五个字，“清”字当头，“净”字到底。

4. 米香型

亦称蜜香型，以桂林“象山”牌三花酒为代表，属小曲酒类。小曲香型酒，一般以大米为原料。其典型风格是在“米酿香”及小曲香基础上，突出以乳酸乙酯、乙酸乙酯与B－苯乙醇为主体组成的幽雅清柔的香气。一些消费者和评酒专家认为，用蜜香表达这种综合的香气较为确切。概括为：蜜香清雅，入口柔绵，落口甘洌，回味怡畅。即米酿香明显，入口醇和，饮后微甜，尾子干净，不应有苦涩或焦糊苦味（允许微苦）。

5. 兼香型

亦称复香型或混合香型，属大曲酒类。此类酒大都是工艺独特，大小曲都用，发酵时间长。凡不属上述四类香型的白酒（兼有两种香型或两种以上香型的酒）均可归于此类。此酒的代表酒——国家名酒董酒、西凤酒。口感特点：绵柔、醇甜、味正、余长，其特有风格突出。

三、我国著名白酒

（一）茅台酒

茅台酒是世界三大名酒之一，产于贵州省仁怀县茅台镇茅台酒厂。该厂建于1704年，而茅台酒的渊源则更久远。茅台酒以高粱为原料，以小麦制曲，属酱香型酒，乙醇含量在52%～55%之间。茅台酒纯洁微黄，晶莹透亮，酱香突出，幽雅细腻，香气成分达110多种，饮之柔绵醇厚，不刺喉不上头，回味悠长，饮后空杯能长时间留有余香不散，故人们称之为“留香酒”。茅台酒1915年在巴拿马万国博览会上荣获金质奖章及奖状，被誉为世界名酒。

（二）汾酒

产于山西省境内吕梁山东岳，晋中盆地西沿的汾阳县杏花村汾酒（集团）

公司。作为我国白酒类的名酒，山西汾酒可以说是我国历史上最早的名酒。清代成书的《镜花缘》中所列的数十种全国各地名酒，汾酒名列第一。清代名士的笔记文学中曾多次盛赞山西汾酒。汾酒属清香型白酒。

杏花村汾酒以悠久的历史文化驰名，更以卓越的品质和独特的风格夺魁，杏花村汾酒魅力四射。著名生物学家、白酒专家秦含章在杏花村汾酒的原产地杏花村做了多项考察和多次试验，得出构成汾酒独特风格的关键所在，在于杏花村地区的绿色酿酒生态，它的空气和土壤中含有多种极有利于汾酒微生物生长的元素，经过1000多年的选择、淘汰、优化、繁衍，上百种微生物在这里“安家落户”，形成一个偷不走、搬不掉的唯一适合汾酒生产中含微生物生长的独特的“汾酒微生物体系”。这个体系世代相传，是杏花村汾酒的奥妙之一，也是他们最大的资源财富。

现代科学揭示了杏花村汾酒“古井亭”和1991年新打的井深840米的“5号井”的水的奥妙：水质优良，其含水层为第四系松散岩类孔隙水，地层中锶、钙、钼、镁、锌、碘、铁、镁元素含量高，不仅利于酿酒，而且本来就是对人体有益的天然优质矿泉水，对人体有较好的医疗保健作用。这样的优质水，自然会酿出好酒。清代诗人、书法家、医学家傅山先生曾题词“得造花香”，正是对汾酒和竹叶青酒的健体疗效的高度赞扬。

（三）五粮液

五粮液产于四川省宜宾市宜宾五粮液酒厂，它的历史可追溯到3000多年前。五粮液酒以红高粱、糯米、大米、小麦及玉米等为原料，以小麦制曲，故又称“杂粮酒”，属浓香型酒，乙醇含量分39%和52%两种，酒液清澈透明。

宜宾五粮液，喷香浓郁，醇厚甘美，回味悠长，以优质糯米、大米、高粱、小麦及玉米五种粮食为原料酿制而得名。它是宜宾酒厂用“五粮配方，小麦制曲，人工培窖，双轮低温发酵，量质摘酒，按质拼坛，分级储存，精心勾兑”的独特技术和悠久的传统工艺精酿而成，不仅在国内驰名，而且远销国外。

（四）双沟大曲

产于江苏省泗洪县双沟镇。1984年的第四次全国评酒会后，该酒以“色清透明，香气浓郁，风味协调，尾净余长”的浓香型典型风格连续两次被评为国家名酒。

（五）古井贡酒

古井贡酒产于安徽省亳州市，是以高粱为主要原料的浓香型白酒，酒度为60°。

相传魏王曹操在东汉末年曾向汉献帝上表献过该地已故县令家传的“九酝春酒法”。据当地史志记载，该地酿酒取用的水，来自南北朝时遗存的一口古井，明代万历年间，当地的美酒又曾贡献皇帝，因而就有了“古井贡酒”这一美称。古井贡酒属于浓香型白酒，具有“色清如水晶，香纯如幽兰，入口甘美醇和，回味经久不息”的特点。

（六）剑南春

产于四川省绵竹市。其前身当推唐代名酒剑南烧春。唐宪宗后期李肇在《唐国史补》中，就将剑南之烧春列入当时天下的十三种名酒之中。现今酒厂建于1951年4月。剑南春酒问世后，质量不断提高，1979年第三次全国评酒会上首次被评为国家名酒。

（七）洋河大曲

洋河大曲产于江苏省泗阳县洋河镇，是以高粱为主要原料的浓香型白酒。洋河镇是一个古老的集镇，地处白洋河和黄河之间，距南北运河不远。自古以来，洋河镇就是个水陆交通畅达、商业繁荣的地方。据史书记载，在宋代时就已有“酒户”酿酒。相传，明代万历年间，从山西来此地贩酒的白姓商人发现这里盛产糯高粱，还有适宜酿酒的好泉水，便在洋河镇开设酿酒糟坊，产出了醇香、甘美的好酒，名噪一时。自此以后，洋河镇逐渐成为一个酒村闹市。

1920年至1935年是洋河大曲最盛时，酿酒作坊多达17家。各地有名的酿酒师云集于此，竞酿好酒。1915年，洋河大曲在全国名酒展览会上获一等奖，同年又参加了巴拿马万国博览会，获得“国际名酒”金质奖章和奖状；1923年，在南洋国际名酒赛会上再获“国际名酒”之称号。

1949年江苏泗阳洋河酒厂建立后，洋河大曲得到进一步发展，曾多次被评为江苏省名酒和优质酒。1979年和1984年，在第三、四届全国评酒会上均被评为国家名酒。1984年，在轻工业部酒类质量大赛中又荣获金杯奖。

洋河大曲具有酒液清澈透明，气味芳香浓郁，入口柔绵，鲜甜甘爽，酒质醇厚，余味圆净，回香悠长等特点，为浓香型美酒。酒度有60°、55°、38°等多种。

（八）董酒

贵州遵义董酒产于贵州遵义董酒厂，属大曲兼香型优质白酒。它以其独特的工艺、典型的风格、优良的品质驰名中外，在中国名酒中独树一帜。

董酒采用优质高粱为原料，以厂区西面8公里的水口寺地下泉水为酿造用水，小曲小窖制取酒醅，大曲大窖制取香醅，酒醅香醅串蒸而成。其工艺简称为“两小，两大，双醅串蒸”。再经量质摘酒，分级陈酿，科学勾兑，严格检验，精心包装而出厂。这一独特精湛的酿造工艺造就了董酒的典型风格：既有大曲酒的浓郁芳香，又有小曲酒的柔绵、醇和、回甜，还有微微的、淡雅舒适的药香和爽口的微酸，酒体丰满协调。行家们概括为：酒液清澈透明，香气幽雅舒适，入口醇和浓郁，饮后甘爽味长，并有祛寒活络，促进血液循环，消除疲劳，宽胸顺气等功能。

据有关文献报道，董酒含各种酸、酯、醇等微量成分达百余种，现还有数十种未被认识。经贵州省轻工科研所初步研究发现，董酒香味成分与其他名酒不一样，具有“三高一低”的特点，丁酸乙酯和高级醇总酸含量较高，是其他名酒的2～5倍，乳酸乙脂含量则是其他名酒的1/2以下，“酯香、醇香、药香”是构成董酒香型的几个重要方面。由于酒质芳香奇特，被人们誉为兼香型白酒中独树一帜的“药香型”或“董香型”的典型代表。

（九）泸州老窖特曲

作为浓香型大曲酒的典型代表，以“醇香浓郁，清洌甘爽，饮后尤香，回味悠长”的独特风格闻名于世。1915年曾获巴拿马万国博览会金质奖，历届国家评酒均获“国家名酒”的称号。

泸州是我国浓香型白酒的发源地，仅百年以上的窖池就达300多个。其中最老的建造于明朝万历元年（公元1573年），距今已逾400余年。经国家派出的专家小组多次考察，确认该窖池群为我国酒史发展中保留下来的建造时间最早、保存最完整、持续生产时间最长的珍贵民族遗产，具有极其重大的历史和经济文化价值。于1996年经国务院批准，以国发（1996）47号文件公布为全国重点保护文物，列为国宝窖池，从而使泸州老窖窖池成为中国名酒皇冠上的一颗璀璨的明珠。

窖池群的每个窖池一般长6～7米，宽3～4米，深2.5米以上。窖池土质细腻，用优质黄泥和凤凰山下的龙泉井水掺和踩踩而建成，故窖内泥土细柔绵软无夹沙，酒液浸泡其内不易流失。在持续生产的过程中，酒母带着蒸熟的糯高粱粉和曲药粉末进入窖池通过前期发酵变酒后，让其酒液继续浸泡在泥窖内转入后期发酵，用更长的时间使之脂化老熟。在此期间有一部分酒液渗入四壁起培植窖泥的作用，而窖泥内所含老酒成分又与新的酒液溶解脂化生香形成酒体风格。

经研究发现，泸州老窖池每排（批）酒在3～6个月脂化老熟期间的渗透率为30%～40%。按产量计算，400年来，每个窖池就有成千上百吨酒液浸入窖泥之中，日积月累，这些老酒通过反复发酵而形成了大量有益微生物生存的环境。这些微生物群体达400多种，每一种有益微生物都会赋予酒体一种微量味感。所以，泸州老窖便有了“醇香浓郁，清洌甘爽，饭后尤香，回味悠长”的独特的酒质风格。

（十）西凤酒

西凤酒产于陕西省凤翔县柳林镇西凤酒厂。西凤酒属兼香型（凤型），曾四次被评为国家名酒。

西凤酒以当地特产高粱为原料，用大麦、豌豆制曲。工艺采用续渣发酵法，发酵窖分为明窖与暗窖两种。工艺流程分为立窖、破窖、顶窖、圆窖、插窖和挑窖等工序，自有一套操作方法。蒸馏得酒后，再经3年以上的贮存，然后进行精心勾兑方出厂。

西凤酒无色清亮透明，醇香芬芳，清而不淡，浓而不艳，集清香、浓香之优点于一体，幽雅、诸味谐调，回味舒畅，风格独特，被誉为“酸、甜、苦、辣、香五味俱全而各不出头”，即酸而不涩，苦而不黏，香不刺鼻，辣不呛喉，饮后回甘、味久而弥芳之妙。属凤香型大曲酒，被人们赞为“凤型”白酒的典型代表。酒度分39°、55°、65°三种。

（十一）杜康酒

杜康酒是中国历史名酒，历史上曾有“进贡仙酒”之称，产自河南。河南不仅是中华民族的发祥地，还是中国酒的发源地，有“中国酒都”的美誉。著名的酒有“杜康”、“仰韶”、“张弓”、“大河村”、“皇沟”、“百泉春”等。

对于杜康酒，三国时魏武帝曹操便发出过由衷的赞叹：“何以解忧，唯有杜康。”1972年9月访华的日本国首相田中角荣也赞誉：“天下美酒，唯有杜康。”《说文解字》中说：“古者少康初作箕帚、秫酒。少康，杜康也。”少康为夏王相的儿子，“禹”的七世孙。这里所说的“秫”是指黏高粱，或为高粱的统称。按该书的说法，杜康应该是以高粱酿酒的第一人。在杜康之前，只有用大米或小米为原料酿酒，也没有“帚”这种扫地的工具。可能杜康是用高粱酿的酒，其香味有别于前，因此，其酿酒的名声便不胫而走，并相传于后人了。

（十二）刘伶醉酒

刘伶醉是河北省徐水酒厂酿制的名酒。刘伶是魏晋时期安徽人，有名的文学家。他一生嗜酒如命，也是一位品酒大师。相传一次他从南方千里迢迢来到河北徐水，看望老朋友张华。张华拿出当地佳酿好酒招待他，不想刘伶饮后一醉三年，醒来后出了一身大汗，大呼“好酒”。“刘伶醉”酒也由此而得名。

此酒用优质高粱、大麦、小麦、大米、小米、糯米、豌豆七种粮食为原料，采用传统工艺酿制。1974年在广交会上被誉为“北方小茅台”；1979年被评为全国优质酒，并被列为河北名酒。现在，刘伶醉酒已远销日本、新加坡、马来西亚及港、澳地区。

（十三）衡水老白干

衡水老白干酒系河北名酒之一。衡水古称“桃城”，早在明清时代，民间就有“到了桃城不喝酒，犹如空在市上走”的说法。衡水老白干酒采用优质井水，以优质高粱为原料，以小麦作发酵的曲子，采用传统工艺，在地缸中长期发酵而成。具有气味芳香、味道醇厚、色白透明的特点。衡水老白干酒在国内外有很高声誉，1904年销往新加坡；1934年曾参加过巴拿马万国博览会；1948年和1959年作为中国名酒，分别到匈牙利和印度展出，为祖国赢得了荣誉；1952年以祖国名酒的名义送往朝鲜，慰问中国人民志愿军。现在，衡水酿酒厂又酿制了低度的特制老白干酒，色、香、味更胜一筹。

（十四）丛台大曲

邯郸酒厂在“丛台大曲”的基础上酿制的丛台酒，以优质高粱为主要原料。经土质老窖低温发酵酿制，具有无色透明、酒香浓郁、入口绵软、落口甜净、回味长久的特点。丛台大曲于1979年8月荣获“国家优质酒”的称号；丛台酒现已列为河北名酒。

（十五）口子酒

口子酒产于安徽省淮北市濉溪县，系浓香型白酒。口子酒酿造历史悠久。据传，战国时期，宋国迁都相山，就大量酿造。口子酒历时千年，素有“名驰冀北三千里，味占江南第一家”之誉。口子酒入口味道甘美，酒后心悦神怡，素有“隔壁千家醉，开坛十里香”的美誉。

口子酒以优质高粱、小麦、大麦、豌豆为原料，在汲取传统工艺的基础上，采用现代技术酿造，长期陈储，精心勾兑而成，以其“无色透明，芳香浓郁，入口柔绵，清澈甘爽，余香甘甜”的独特风格，被誉为“酒中珍品”。

（十六）枝江大曲

枝江大曲是湖北省著名商标和省政府确认的精品名牌产品。枝江大曲的“曲”，有神秘的配方。据专家检测，这种“曲”在发酵中能催化酒中上百种芳香成分，形成与众不同的酒质品位。枝江大曲煮酒的场面极为壮观，一年四季雾气云涌、热浪腾腾的蒸酒车间里，酿酒师傅们先用一个个篾沙撮把细粮酒料蒸熟，取出摊凉，加曲粉糖化，然后下土窖发酵。一段时间后将熟沙装甑蒸馏，再加曲子，又入窖池，再发酵，取出入甑再蒸。八九次反复后，但见翻腾的热气下，便有明亮香浓的酒泉飞泻出来。身临其境，自然会有“酒不醉人人自醉”之感。

“川酒烈、鄂酒香、又烈又香数枝江。”湖北宜昌地区的民谣验证了枝江大曲为什么能够延续至今、经久不衰的原因。枝江大曲原是公元1817年秀才张元楠创办“谦泰吉”槽坊时酿出的美酒，历经近200年的风风雨雨，具有厚重的历史和文化底蕴。为给这一瑰宝赋予新的生命，枝江酒业人倾力打造出“酒是陈年好，百年老字号”的陈酒文化牌。公司生产的枝江大曲、枝江小曲两大系列白酒，先后100多次荣获省、部级优质产品奖和国际质量大奖。

（十七）黄鹤楼酒

“黄鹤楼”牌特制黄鹤楼酒古称“汉汾酒”，是湖北省武汉黄鹤楼酒厂的产品。1984年获轻工业部酒类质量大赛金杯奖，1984、1988年在全国第四、五届评酒会上荣获“国家名酒”称号及金质奖。

该酒选用优质高粱为原料，以大麦、豌豆踩制的清茬曲、红心曲、后火曲为糖化发酵剂，地缸分离发酵，石板封缸，并经量质摘酒、分级贮存、精心勾兑而成。

特制黄鹤楼酒清澈透明，清香典型纯正，入口醇厚绵甜，香味协调，后味爽净，饮之宜人提神。酒度分39°、54°、62°三种，属清香型大曲白酒。

白酒专家秦含章有题诗：“数江边胜迹，看龟蛇两山；无意修仙阁，沧海内风物；推武汉一厂，有酒驰芳名。”

（十八）太白酒

太白酒，是秦岭主峰太白山北麓脚下陕西眉县金渠镇出产的一种历史名酒。

金渠镇酿酒历史源远流长，早在周、秦时就有酿酒作坊。据《眉县志》记载：这里地处要塞，又是水陆交通必经之处，加上太白山雪水醇甘、物产丰富等优厚条件，因而酿造业堪称“得天独厚”、“誉满秦川”，素有“酒城”的美誉。

太白酒沿用传统酿酒工艺，选用上等高粱、大麦、豌豆为原料，取太白山的融雪水，采用老法续渣，泥封窖池，悠火馏酒，掐头去尾，精工酿制而成。其酒液色清透明，香甜醇厚，芬芳爽口，甘润柔和，回味怡畅，风味独特，著称于世。

太白酒是我国唯一注册的正宗太白酒，是闻名遐迩的中国优质酒。曾作为名贵药酒的基础酒，远销东南亚、美国、法国及德国、港澳等13个国家和地区，享誉世界；在国内，太白酒畅销全国各地，为广大群众所喜爱和赞赏。

（十九）桂花酒

广西名酒桂花酒酿造历史悠久，现有“桂林”牌和“昊刚”牌两种。“桂林”牌桂花酒由桂林酿酒总厂生产，属花、果配制甜型低酒度露酒。以本地桂花、山葡萄为原料，经浸泡、蒸馏、调整、陈酿、过滤而成，酒度15°～20°。色泽浅黄，桂花清香突出，并带有山葡萄的特有醇香，酸甜适口，醇厚柔和，余香长久。常饮可健脾胃，助消化，活血益气。1984年和1989年分别被评为“广西优质酒”和“优质食品”。“昊刚”牌桂花酒由桂林市临桂桂花酒厂生产，以优质大米和鲜桂花为原料，采用双蒸复酿工艺精制而成。酒质清澈透亮，口感醇和爽净，既有三花酒的特色，又有桂花的芳香，回味悠长，酒度有38°和50°两种。

桂花酒是选用秋季盛开之金桂为原料，配以优质米酒陈酿而成，具有色泽金黄、芬芳馥郁、甜酸适口的特点。该酒香甜醇厚，有开胃醒神、健脾补虚的功效。它是宴会及制作鸡尾酒的上乘美酒。桂花酒尤其适用于女士饮用，被赞誉为“妇女幸福酒”。祖国医学中有花疗的理论实践，桂花酒就是典型的实例。

（二十）二锅头酒

二锅头酒是北京的传统白酒，属普通白酒。1949年，新中国建立，华北酒业专卖总公司北平酒业分公司，即北京市糖业烟酒公司的前身，立即组建厂房，生产二锅头酒。二锅头酒选用高粱为原料，还是以麸曲和酵母为糖化发酵剂，采用传统的“老五甑”工艺，经原料清蒸、辅料清蒸，低温入池，适当发酵，缓火蒸馏，掐头去尾，贮陈精酿而成。由于二锅头酒的酒液清亮透明，香气芬芳，酒质醇厚，入口甘润、爽洌，酒力强劲，后劲绵长，回味悠长，因此备受广大消费者的认可，“二锅头”品牌家族也日渐丰富，其中“鑫星”牌二锅头酒，执行国家一级标准，采取电话、电码防伪，上市两年来已受到越来越多饮酒者的喜爱。

（二十一）全兴大曲酒

四川名酒“全兴”牌全兴大曲酒是四川成都全兴酒厂的产品。1959年被命名为“四川省名酒”；1958年、1988年获“商业部优质产品”称号及金爵奖，

1963 年、1984 年、1988 年在全国第二、四、五届评酒会上荣获“国家名酒”称号及金质奖，1988 年获香港第六届国际食品展金钟奖。该酒选用优质高粱为原料，以小麦制成中温大曲，采用传统老窖分层堆糟法工艺，经陈年老窖发酵，窖熟糟香，酯化充分，续糟润粮，翻沙发酵，混蒸混入，掐头去尾，中温流酒，量质摘酒，分坛贮存，精心勾兑等工序酿成。

全兴大曲酒质呈无色透明，清澈晶莹，窖香浓郁，醇和谐调，绵甜甘洌，落口净爽。系浓香型大曲酒。

四、白酒的饮用方法与服务要求

我国白酒一般作为佐餐酒，纯饮为宜，常温饮用，但在北方严冬季节可温烫，东南亚一带习惯将白酒冰镇后饮用。

饮用白酒可用利口酒杯或高脚酒杯，亦可用陶瓷酒具，每客标准用量 25 毫升，不宜一次性斟太多的酒，以免散失酒味。

中国白酒可以作为调制中式鸡尾酒的基酒，如用茅台酒调制的“中国马天尼”，用洋河大曲调成的“梦幻洋河”，用五粮液制成的“遍地黄金”等鸡尾酒。

采用小口高脚杯时，宜用“捧斟”，以免沾湿桌面。

中国白酒可长期保存，保存时应竖立瓶子，避光，常温存放。用毕应立即将瓶塞盖紧，以免失去香味。

第七节　中国配制酒

一、我国配制酒的起源与发展

我国配制酒最早起源于医疗药用目的。大约 2000 多年前，汉代末年名医张仲景在其所著的《伤寒论》和《金匮要略》中就记载了药酒的医理及其配制方法。以后历代名家不断改进、完善和创新，使药酒成为我国配制酒中最重要的酒类。

元代，我国酿酒技术臻于成熟，蒸馏酒已经大规模地生产。蒸馏酒的出现为生产药酒创造了有利条件。由于白酒酒度高，药材在酒中的溶解度高，因此医疗效果好，而且制成的酒液不易变质，可以长期地保存下来。

公元 1578 年，明代李时珍写成的《本草纲目》一书详细介绍了 69 种药酒的制作方法及其疗效，说明我国当时药酒的配制技术已相当完备。

19 世纪，我国现代化葡萄酒工业兴起，以葡萄酒为酒基的配制酒开始发展起来。随着现代酿酒技术的提高，配制酒从原有的以草药或动物性药料为主要调制原料，发展到使用各种花卉、果实等原料配制。目前，我国的配制酒已成为花色品种最多的酒类，产品质量也在不断地提高，如天津“金星”牌玫瑰露酒、山西汾酒厂的竹叶青、湖北园林青等，在国内外评酒赛会上均获得金、银质奖章。

二、配制酒的特点与分类

（一）特点

我国配制酒的制作方法与外国产品大致相同。不同之处是我国所用酒基为白酒与黄酒，因此，酒的风格特点完全不同。绝大部分药酒均采用中药材为配料，具有较高的医疗价值。外国配制酒一般不采用动物性材料，而我国独创加入虎骨、乌鸡、蛇、鹿茸等动物性原料制成滋补型、疗效型配制酒。

（二）分类

我国配制酒种类很多，较难划分，但总的有两大分类法：一种是以所用的酒基来分类；另一种是以所用的香料及药材来划分。下面我们以后一种方法来分类。

1. 花类配制酒

以各种花卉的花、叶、根、茎等为原料，采用黄酒、葡萄酒、白酒、食用酒精等为酒基调配而成的酒属花类配制酒。这种酒具有明显的花香，如桂花酒、玫瑰露酒。

2. 果实类配制酒

采用不同的酒基，调入果汁，或用酒基浸泡破碎后的果实配制而成的酒属果实类配制酒。这种酒果香突出，酒度和糖度不高，甘甜爽口，如山楂酒、蜜橘酒等。

3. 芳香植物类配制酒

采用除花卉植物以外的芳香植物，直接浸泡于酒基中，或浸泡后再蒸馏制成的酒属芳香植物类配制酒。这种酒所加入的植物香料种类很多，绝大部分属中药材，所以又称药香型配制酒。

4. 滋补型配制酒

滋补型配制酒多数采用白酒或黄酒为酒基，调配各种动物性药料或植物药材，用浸渍法或药材单独处理，最后混合配制而成，如人参露酒、鹿茸灵酒、十全大补酒及三鞭酒等。

5. 其他酒类

除上述四种类型配制酒外，我国还仿制了一些外国蒸馏酒，如威士忌、金酒、伏特加、朗姆酒等。我国商业习惯把这些酒归类到配制酒，在国外，这些酒均属蒸馏酒。

三、我国著名配制酒

（一）山西竹叶青

中国配制酒以山西竹叶青最为著名。竹叶青产于山西省汾阳县杏花村酒厂，它以汾酒为原料，加入竹叶、当归、檀香等芳香中草药材和适量的白糖、冰糖后浸制而成。该酒色泽金黄、略带青碧，酒味微甜清香，酒性温和，适量饮用有较好的滋补作用。酒度为45°，含糖量10%。

（二）莲花白酒

“丰收”牌莲花白酒是北京葡萄酒厂的产品，两次蝉联“国家优质酒”称号及银质奖。该酒以优质高粱酒为酒基，加入莲心、当归、黄芪、砂仁等20多种中药，采用浸泡、提炼、贮存等工艺酿造而成。其酒液无色透明，酒香浓郁，药香芬芳，口感醇和圆润。酒度为50°，含糖量8%。

（三）玫瑰露

“金星”牌玫瑰露是天津市外贸食品加工厂的产品。1984年获“国家优质酒”称号及银质奖，1986年获法国巴黎第12届国际食品博览会金奖。

该酒采用优质高粱酒为酒基，配入砂糖及鲜玫瑰花提取的香料，经调兑、贮存精制而成。其酒液无色透明，玫瑰香味突出，口味醇和圆润。酒度为52°，含糖量8%，属高级配制酒。

（四）其他配制酒

其他配制酒种类很多，如在成品酒中加入中草药材制成的五加皮，加入名贵药材的人参酒，加入动物性原料的鹿茸酒、蛇酒，加入水果的杨梅酒、荔枝酒等等。

四、配制酒的饮用方法与服务要求

我国多数配制酒宜作为餐后酒饮用。

药酒服用时机应以其药性功能及个人身体状况而定，滋补型药酒可在进餐时、餐后或睡前适量饮用。

花类、果实类配制酒可冰镇或加冰块后饮用，用利口酒杯盛酒。这类酒在我国多数单饮，很少被采用作为调制鸡尾酒的调料酒。

滋补型配制酒不宜存放太长的时间。

本章小结

中国酒在世界饮食的文化中占有相当重要的地位，其中以黄酒和白酒尤为突出，学习和了解中国酒的历史及其相关知识，对于了解和发展饮食文化具有相当重要的现实意义。在当今世界各行各业迅猛发展的时候，人们对于饮食文化的研究已经远远超出了其基本的知识和功能，也就是不仅仅局限于生理方面的满足，更重要的是人们认识到酒给社会发展带来的积极作用后，通过了解酒的相关知识，以正确的态度对待酒，以科学的方法饮酒，给生活带来了很多乐趣。

● 思考与练习

1. 中国黄酒有哪些特点？它的饮用方法和要求有哪些？
2. 中国白酒有哪几种香型？请说出各种香型的代表名品。
3. 结合所学知识，谈谈你对中国酒文化的认识。
4. 中国啤酒有哪些特点？应该如何饮用才能更好品尝到啤酒的味道？
5. 说说我国配制酒都有哪些特点？中国有哪些著名的配制酒？

第三章 外国酒

导语 ★★★★★

1. 外国酿造酒、蒸馏酒和配制酒的发展历史。
2. 外国酒的特点、分类和代表名品。
3. 外国酒的饮用方法和服务要求。

外国酒也称“洋酒”，不少民族把它当作“生命之水”推崇备至。外国酒历史悠久，品种繁多，著名的产酒国和地区有：法国、意大利、德国、奥地利、希腊、西班牙、马德拉岛、葡萄牙、匈牙利、智利、美国、日本、澳大利亚等。

外国酒种类很多，通常按酒的酿造方法进行分类，分为酿造酒、蒸馏酒和配制酒。

第一节　外国酿造酒

外国的酿造酒可分为：葡萄酒（Wine）、啤酒（Beer）和日本清酒等等。

一、葡萄酒（Wine）

葡萄酒（Wine），是指以葡萄为原料，经发酵、陈酿、过滤、澄清等一系列工艺流程所制成的酒精饮料。葡萄酒被称为“发酵酒之王”，是当今世界最大的饮品之一。

人类酿造葡萄酒的历史，几乎与人类的耕种历史一样悠久，但真正能控制酒的酿造，以科学知识代替猜测，却延迟到1860年才开始。现在，葡萄酒在世界各类酒中占据着十分显赫的地位，据不完全统计，各国用于酿酒的葡萄园种植面积达十几万平方公里，直接以葡萄酒酿造业为生的人有3700万之多。不少国家的人对葡萄酒有着特殊的爱好，如意大利人平均每年饮用110多升的葡萄酒，法国人平均每年饮用106升，另外还有葡萄牙人、阿根廷人、西班牙人、智利人、瑞士人等，其葡萄酒的消费量也在世界上名列前茅。

（一）外国葡萄酒的起源及发展历程

据考古资料显示，至少在7000多年前，人类就已经开始饮用葡萄酒了。

最早栽培葡萄的地区是小亚细亚里海和黑海之间及其南岸地区。大约在7000年以前，南高加索、中亚细亚、叙利亚、伊拉克等地区也开始了葡萄的栽培。在这些地区，葡萄栽培经历了三个阶段，即采集野生葡萄果实阶段，野生葡萄的驯化阶段，以及葡萄栽培随着旅行者和移民传入埃及等其他地区阶段。

多数历史学家认为波斯（即今日伊朗）是最早酿造葡萄酒的国家。最近的考古发现有力地支持了这一观点。新华社1996年6月6日报道：考古学家在伊朗北部扎格罗斯山脉的一个石器时代晚期的村庄里挖掘出的一个罐子证明，人类在距今7000多年前就已开始饮用葡萄酒，比以前的考古发现提前了2000年。美国宾夕法尼亚州立大学的麦戈文在给英国的《自然》杂志的文章中说，这个罐子产于公元前5415年，其中有残余的葡萄酒和防止葡萄酒变成醋的树脂。

在埃及的古墓中所发现的大量珍贵文物（特别是浮雕）清楚地描绘了当时

古埃及人栽培、采收葡萄和酿造葡萄酒的情景。最著名的是 Phtah – Hotep 墓址，据今已有 6000 年的历史。西方学者认为，这是葡萄酒业的开始。

欧洲最早开始种植葡萄并进行葡萄酒酿造的国家是希腊。一些旅行者和新的疆土征服者把葡萄栽培和酿造技术，从小亚细亚和埃及带到希腊的克里特岛，并逐渐遍及希腊及其诸海岛。3000 年前，希腊的葡萄种植已极为兴盛。

公元前 6 世纪，希腊人把小亚细亚原产的葡萄酒通过马赛港传入高卢（即现在的法国），并将葡萄栽培和葡萄酒酿造技术传给了高卢人。

罗马人从希腊人那里学会了葡萄栽培和葡萄酒酿造技术后，很快在意大利半岛全面推广。古罗马时代，葡萄种植已非常普遍，当时的《罗马法》（十二木表法 Twelve Tables，颁布于公元前 450 年）规定：若行窃于葡萄园中，将施以严厉惩罚。

随着罗马帝国的扩张，葡萄栽培和葡萄酒酿造技术迅速传遍法国、西班牙、北非以及德国莱茵河流域地区，并形成很大的规模。直至今天，这些地区仍是重要的葡萄和葡萄酒产区。

15 ~ 16 世纪，葡萄栽培和葡萄酒酿造技术传入南非、澳大利亚、新西兰、日本、朝鲜和美洲等地。

19 世纪中叶，是美国葡萄和葡萄酒生产的大发展时期。1861 年从欧洲引入葡萄苗木 20 万株，在加利福尼亚建立了葡萄园，但由于根瘤蚜的危害，几乎全部被摧毁。后来，用美洲原生葡萄作为砧木嫁接欧洲种葡萄，防治了根瘤蚜，萄萄酒生产才又逐渐发展起来。

现在，南北美洲均有葡萄酒生产。阿根廷、美国的加利福尼亚州以及墨西哥均为世界闻名的葡萄酒产区。

事实上，葡萄酒的历史几乎是和人类文化史一道开始的，世界古老的民族的神话传说中几乎都流传着葡萄酒的故事。葡萄酒文化是全人类文化。

综观上述史话，不难理解葡萄酒是人类文明的结晶，它为全人类提供了一种神奇而浪漫的饮料，也为人类社会的生存和发展提供了幸福的源泉。至于葡萄酒的起源，这是个留待史学家们继续去挖掘和研究的学术问题。对于葡萄酒消费者和现代人来说，最重要的是饮用葡萄酒是一种美好的享受。

（二）外国葡萄酒的分类及其特点

1. 葡萄酒按其颜色可分为下列三种

（1）红葡萄酒（Red Wine）

红葡萄酒是以紫红色葡萄为原料，连皮带汁一起发酵酿制而成（其酿造流程见下图 3 – 1）。因酒液中溶有葡萄皮的色素，故酒液呈红色。因所用的葡萄品种不同以及陈酿时间的长短不同，其酒液色泽和味道也各有差异，呈紫红色、褐红色、红木色。但陈酿时间越长，其颜色越浅。一般陈年 4 ~ 10 年味道正好。

红葡萄酒酒味丰润醇厚，酸度适中，口味甘美，香气芬芳，适合与色泽味浓的烤肉类和铁扒类菜肴搭配饮用。最佳饮用温度为15~18℃。红葡萄酒最忌摇晃，以防沉淀物泛起，名贵红葡萄酒要用酒篮盛装后再进行服务。

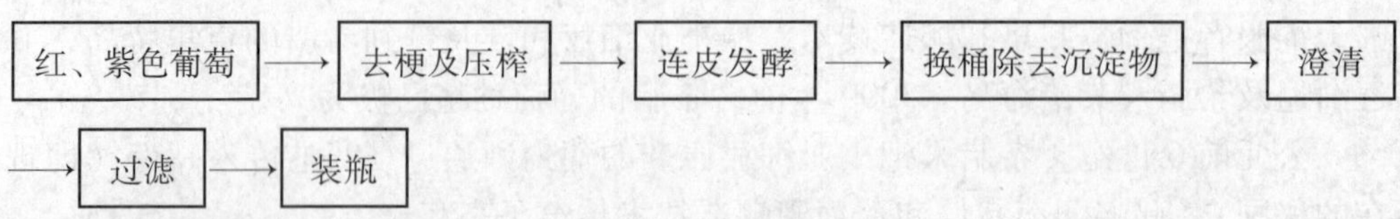

图3-1 红葡萄酒的酿制工艺流程图

（2）白葡萄酒（White Wine）

白葡萄酒是以青绿色葡萄为原料，去皮后仅取葡萄的肉、汁发酵酿制而成（其酿造流程见下图3-2）。因葡萄皮不参加发酵过程，故酒液中没有葡萄皮的色素而呈金黄色、浅黄色或近乎无色，但陈酿时间越长，其颜色越深。白葡萄酒发酵时间短，涩味和酸味少，一般贮存4~10年即可饮用。

白葡萄酒清亮透明，酸甜爽口，香气清爽，健脾胃，去腥气，故常与色浅味淡的鱼贝类或禽类菜搭配饮用。最佳饮用温度为7~13℃，因此需冷藏后饮用，并用香槟桶盛放，低温供应宾客饮用。

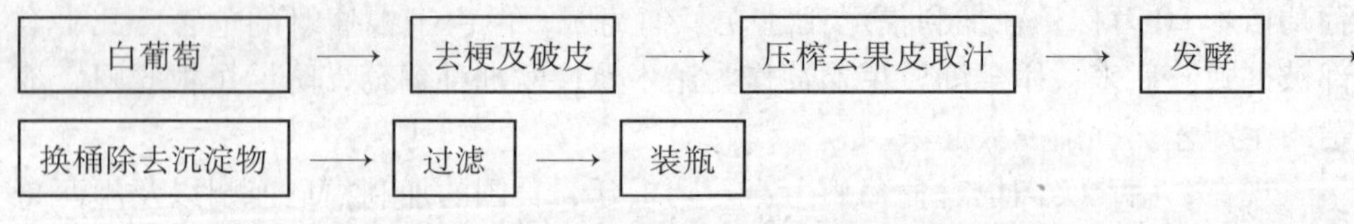

图3-2 白葡萄酒的酿制工艺流程图

（3）玫瑰葡萄酒（Rose Wine）

玫瑰葡萄酒是以紫红和青绿色葡萄混合在一起连皮带汁发酵酿制而成（其酿造流程见下图3-3）。但在酿制的中途就将皮渣滤出，葡萄皮在酒液中浸泡时间较短，故酒液中仅溶有少许葡萄皮的色素而呈粉红玫瑰色。一般贮存2~3年即可饮用。

玫瑰葡萄酒既有白葡萄酒的清新芳香，又有红葡萄酒的和谐丰满，无论什么菜肴都可搭配饮用。其最佳饮用温度为7~13℃，与白葡萄酒一样，也需冷藏后饮用。

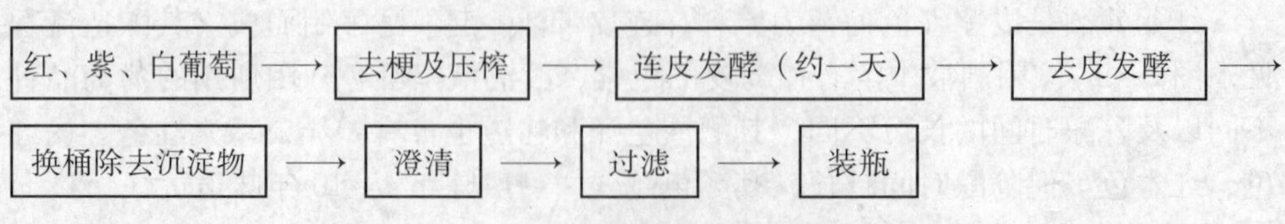

图3-3 玫瑰葡萄酒的酿制工艺流程图

2. 葡萄酒按其含糖量的不同可分为下列四类

(1) 干葡萄酒 (Dry Wine)。干葡萄酒是指含糖量在0.5%以下的葡萄酒，饮用时尝不出甜味。

(2) 半干葡萄酒 (Semi - dry Wine)。半干葡萄酒是指含糖量在0.5% ~ 1.2%之间的葡萄酒，饮用时可尝出微弱的甜味。

(3) 半甜葡萄酒 (Semi - sweet Wine)。半甜葡萄酒是指含糖量在1.2% ~ 5%之间的葡萄酒，饮用时可尝出较明显的甜味。

(4) 甜葡萄酒 (Sweet Wine)。甜葡萄酒是指含糖量在5%以上的葡萄酒，饮用时可尝出浓厚的甜味。

3. 按国际上传统的分类方法，葡萄酒可分为下列四类

(1) 无汽葡萄酒 (Natural Still Wine)。无汽葡萄酒即佐餐葡萄酒 (Table Wine)，是指酒度在14°以下的各种红葡萄酒、白葡萄酒和玫瑰葡萄酒。其名品有法国的波多 (Bordeau)、勃根第 (Burgundy)、密度 (Medoc)，德国的莱茵 (Rhine)，美国的夏当尼 (Chardonnay) 等等。

(2) 有汽葡萄酒 (Sparkling Wine)。有汽葡萄酒是指酒液在装瓶后进行第二次发酵，发酵过程中产生的二氧化碳气体自然地聚集在瓶内，使酒液带有气泡的葡萄酒，其酒度一般在14°以下。

香槟酒 (Champagne) 是有汽葡萄酒的典型代表。

香槟酒产于法国北部的香槟地区，是由一位名叫唐·佩里尼翁 (Dom Pweignon, 1638 ~ 1715年) 的教士首先发明的，酿造工艺复杂而精细，具有独到之处，人称“香槟法”。香槟法酿造工艺有四个阶段：原料处理、勾兑、陈酿转瓶、换塞填充。法国政府规定，只有在法国香槟地区生产的有汽葡萄酒才可称为“香槟”，而在其他地区或国家出产的产品只能称为“有汽葡萄酒”。德国是世界上有汽葡萄酒的最大生产国和消耗国，其名品有霍克 (Sparkling Hock)、利富罗美 (Sparkling Liebfraumilch)、莫泽尔 (Sparkling Moselle) 等，其出口国外的产品通常称为“塞克特” (Sekt)。世界著名有汽葡萄酒名称及产地见下表。

表3-1 世界著名有汽葡萄酒及其产地

名称	产地
Gremant d’ Alsace	阿尔萨斯（法国）
Saumur	桑莫尔（法国）
Veuve Du Vernay	胜利（法国）
Asti Spumante	阿斯蒂兰布鲁曼特（意大利）
Pomagne	宝美（英国）
Pink Lady	红粉佳人（英国）
Sekt	塞克特（德国）

香槟酒从酿制到包装出售，大致需要6～8年，此时的香槟酒其风格特点已日臻完美，质量最佳。大多数香槟酒都是混合制品，因而都不标示年份，只有在葡萄特别丰收年，产销商才考虑在标签上有所注明。不过每个酒厂只注重混合的技巧，以求永久保持一个标准的品质，即使不是丰收年，香槟酒的品质也不受影响。

香槟酒呈黄绿色、金黄色或玫瑰色，清亮透明，口味醇美，清香纯正，酒气充足，给人以高尚的美感。它可以在任何场合与任何食物搭配饮用。在欧美宴会、酒会、婚礼、接待上都离不开香槟酒，它被称为最富魅力的酒，有“酒中皇后”的美称。

在香槟酒的商标上标明有该酒的含糖量，一般分为五种类型。

①原型（Brut），含糖量0～1.5%。

②干型（Extra Sec），含糖量1%～2%。

③半干型（Sec），含糖量2%～4%。

④半甜型（Demi Sec），含糖量4%～6%。

⑤甜型（Doux），含糖量8%～10%。

一般来说，香槟酒和汽酒含糖量高并非好事，精于此道者绝少点含糖量高的香槟。香槟酒的售价与含糖量成反比，即含糖量越少，价格越高。

有汽葡萄酒因含有大量的二氧化碳，所以应冷藏后饮用，开瓶时不能溢出，冰冻还可使酒品味道改善，更加清凉爽口。其最佳饮用温度为4～6℃。

● 小贴士

香槟酒的开启方法

1.首先建议将酒充分地冰镇，移动时小心一点，尽量不要摇晃，除非您想特别制造一些高潮，否则最好不要在使用前摇动，不然，好好的一瓶香槟，一打开瓶盖，酒液就会化作泡沫喷冒掉了。

2.取出酒后，先除去瓶封，气泡酒的瓶封是很好撕的，不必用什么工具。

3.用左手（如果您是惯用右手的话）的食指或拇指压住软木塞的顶端，用右手去扭开铁线套。并要防止在开铁线套时软木塞突然冲出，之后再除去铁线及金属盖，环境气温处于20℃时，一般的气泡酒约有3个大气压，而香槟酒至少有6个大气压，所以要小心，不要对着人开瓶。

4.再换右手抓住软木塞，用左手握住瓶底（或瓶身）并转动瓶身。此时，软木塞会因瓶内的压力而自行向外推出，所以右手需要抓紧软木塞，以防它突然冲出，应让软木塞慢慢地推出，直到听到“嘭”的一声开瓶声。

5.倒酒应分次倒，第一次倒入酒杯后，气泡会迅速地冒起，小心不要溢出杯口，待气泡消退后再倒第二次，约倒八分满即可。

(3) 强化葡萄酒 (Fortified Wine)。强化葡萄酒是指在葡萄酒的发酵过程中掺入白兰地或食用酒精，使发酵中断，留有一定的糖分并提高酒精含量而得的葡萄酒。其酒精含量一般在14°~24°之间。其名品有西班牙的雪利 (Sherry)、马赛拉 (Marsala)、马拉加 (Malaga)，葡萄牙的钵酒 (Port)、马代拉 (Madeira) 等等。

强化葡萄酒通常用于佐食甜点，又被称为甜食酒 (Dessert Wine)。

(4) 芳香葡萄酒 (Aromatized Wine)。芳香葡萄酒是在葡萄酒发酵过程中，除掺入白兰地或食用酒精外，再加入各种芳香原料（如水果、果实和香料等）浸制而成的葡萄酒。该酒既有酒香，又有特殊的香料香味。其名品有法国的干味美思 (Dry Vermouth)、意大利的甜味美思 (Sweet Vermouth) 等。

芳香葡萄酒主要用作开胃酒，也可用于调制鸡尾酒。

(三) 酿酒的葡萄品种

葡萄是人类广泛种植的水果之一，但是世界上却没有任何一种水果能够像葡萄那样酿制出让全世界的人都广为饮用的酒品。全世界70%~80%产量的葡萄是用来酿酒的，有近70个国家生产葡萄酒。世界上的葡萄品种很多，而适合于酿制葡萄酒的葡萄与我们日常生活中所生食的水果葡萄存在着很大的区别，并且只有少数几种葡萄能够作为特定品种葡萄酒的原料，将葡萄品种名称标注在葡萄酒的酒标上。

酿酒葡萄品种在其所属40多个品种中，以原产自高加索山的维尼费拉 (Vitis vinifera) 种最重要，它在第三纪（7000多万年前）以前就已存在，几乎所有酿酒葡萄品种皆由此种西传后慢慢发展而来。尽管近60个品种的葡萄为人所熟知，但就整个葡萄王国而言，这只是沧海一粟。仅维尼费拉种的葡萄大约就有8000多种，但只有很少一部分适用于酿酒。酿酒师通常用白色和黑色来描述葡萄的颜色（有些鲜食葡萄的颜色是红的，而红色的酿酒葡萄则很少)，黑色葡萄可用来酿制红葡萄酒和桃红葡萄酒，白葡萄酒并非真是白色的，而是不同程度地带有些禾黄和绿色。

葡萄的种植主要分布在北纬30~52°，南纬15~42°的区域内。

1. 白葡萄品种

(1) 霞多利 (Chardonnay)

也称“莎当妮”，号称“白葡萄之王”，是非常著名的白葡萄品种。这种白葡萄汁味丰富，品质细腻，酿造出的葡萄酒为中度酒体，口味甘醇，果味丰富，可使人联想到苹果、芒果或任何一种热带水果味。大多数霞多利都带有来自橡木桶的烘烤香味。这个品种的葡萄对于种植环境要求不高，有较强的抗病能力，在大多数的种植区域都生长良好。霞多利果实呈绿黄色，果皮薄，果肉多汁，味清香，出汁率72%左右。霞多利是酿造高档干白葡萄酒和香槟酒的世界名种，用其酿制的葡萄酒，酒色金黄，有清新幽雅的香气，柔和悦人的果香，属世界名酒，酒的价格为一般葡萄酒的3～5倍。法国勃根第地区著名的白葡萄酒都是使用这个品种酿制。

（2）长相思（Sauvignon Blanc）

也称“白苏维翁”，是一种颇受欢迎的高品质的白色酿酒葡萄品种。它主要是用来酿制干型、清新的葡萄酒。长相思需要在熟透时采摘，酿造的葡萄酒具有柠檬、青苹果或药草的香气，有时还带有胡椒的气味。采用早摘的长相思酿造的葡萄酒，青草气息颇为浓郁。长相思葡萄酒比霞多利葡萄酒的酸度要高一些，酒体清淡，一般都呈干性。产自欧洲的这类葡萄酒大部分没有橡木味，而产自美国加利福尼亚的通常都具有橡木味。

（3）雷司令（Riesling）

也称“薏丝琳”、“贵人香”，是酿造白葡萄酒的著名葡萄品种。原产意大利和德国，是古老的欧洲种葡萄，主要分布在欧洲中部气候温暖的国家。果实呈绿黄色，果皮薄，果脐明显，有褐色斑点，果肉多汁。含糖量185.3克/升，含酸量8.0克/升，出汁率72%。雷司令属晚熟型葡萄，适合大陆性气候，多种植于向阳斜坡及沙质黏土，是葡萄优质品种中产量最高的。雷司令所酿制的葡萄酒特性明显，淡雅的花香混合植物香，也常伴随蜂蜜及矿物质香味。酸度较强，但常能与酒中的甘甜口感相平衡；酒体丰富、细致、均衡，非常适合久存。雷司令除生产干白葡萄酒外，所酿制的迟摘甜白葡萄酒品质也非常优异，即使成熟度过高也常能保持高酸度，香味浓烈幽雅，可经数十年的贮存。

（4）白诗南（Chenin Blanc）

此品种葡萄最早在法国的卢瓦尔谷地区广泛栽种。这种葡萄果皮较厚，果粒小，果实紧密，果肉多汁，含糖量173.8克/升，含酸量9.9克/升，出汁率72%。目前在美国加利福尼亚、澳大利亚、南非和南美也都有种植。白诗南可以酿制干型、甜型或起泡类的具有浓郁水果味的葡萄酒，其特有的清凉和果香也被业界称为“卢瓦尔皮诺”。品质最好的白诗南酒酸度高、质地圆润，口感非同寻常，经陈酿色泽呈深深的金黄色，可存放50年甚至更长的时间。其酒香特别容易让人联想起新鲜桃子的香味，使用早摘葡萄酿制的白诗南酒具有一种淡淡的青草和药草的芳香。

（5）赛美蓉（Sémillon）

赛美蓉在酿制葡萄酒中被广泛用来作勾兑用的葡萄品种，果实呈绿黄色，果皮相当薄，极易破损，果香浓郁，含糖量198.3克/升，含酸量6克/升，出汁率75%。该品种的葡萄在色、香、味方面都没有太出色的表现，却可以酿造出高酒精含量的酒，非常适合于用酒桶发酵和酿藏。使用赛美蓉与霞多利或长相思配合酿成的酒酒性表现稳定。而用它酿制成的无甜味葡萄酒则具有奇特的蜡质香，并伴有柠檬味。一般用赛美蓉酿的酒适合于新鲜饮用，不宜长期酿藏，但在波尔多地区也有用赛美蓉酿造的传世佳酿，像Sauternes和Barsac。赛美蓉和雷司令一样，如果气候适宜，且酿制时发生贵族霉珍萎现象，可以得到晚收的浆果极品甜味葡萄酒。

(6) 塔米娜 (Traminer)

也称“格慕斯塔米娜”(Gewurztraminer)，普遍种植于法国阿尔萨斯区(Alsace)、德国莱茵(Rhine)及意大利。主要用来酿制品味独特的干白葡萄酒，但口味却带有清新的甘甜。塔米娜属早熟葡萄品种，不适合种植在气候炎热的地区。该品种葡萄颜色呈粉红或黄色，所酿制的葡萄酒颜色金黄或微带桃红，香味非常独特浓郁，主要香系有玫瑰、热带水果(荔枝)、香料和麝香等。

2. 红葡萄品种

(1) 赤霞珠 (Cabernet Sauvignon)

也称“解百纳”、“解百纳索维浓”、“解百纳苏味浓”，是用来酿制红葡萄酒的著名品种，在全世界五大洲都有种植。它和美乐(Merlot)组合，用在法国波尔多的红酒酿造中。赤霞珠的果皮较厚，颗粒小，晚熟，果皮呈深蓝色，香气浓郁。含糖量193.7克/升，含酸量7.1克/升，出汁率62%。酿成的葡萄酒色泽深浓，特点是最能表现黑加仑子味、蜜瓜味、甘草味，酒体结构丰厚结实和酒力强劲。由于赤霞珠果皮里的葡萄鞣酸含量丰富，因此酿出的酒可以存放较长的时间，特别是经过橡木桶熟化过的酒口味更为醇厚。

(2) 佳丽酿 (Carignane)

也称“法国红”、“康百耐”、“佳酿”。原产西班牙，是西欧各国古老的优良酿酒品种之一，世界各地均有栽培。此品种在我国最早是1892年由西欧引入山东烟台。该品种是世界酿制红葡萄酒的古老品种之一，果粒中等大，果实紧密，近圆形，紫黑色，果皮厚，丹宁含量高，果肉多汁。含糖量131.3克/升，含酸量13.7克/升，出汁率81%。所酿的葡萄酒呈宝石红色，味正，香气好，宜与其他品种调配，去皮可酿成白葡萄酒或桃红葡萄酒。在我国栽培也有100多年的历史，曾一度作为主栽品种，但因其酒质较差、单独酿优质干红有困难等原因，近年来种植面积有所减少，但它有易栽培、丰产等优点，所以颇受栽培者欢迎，现在一般用它作红葡萄酒调配酒或酿制白兰地使用，因此在生产上还是有一定的推广意义和发展前景。

(3) 美乐 (Merlot)

也称“梅鹿辄”、“梅乐”、“梅鹿特”。它是原产于法国的红色酿酒葡萄品种，除了法国波尔多地区的葡萄种植者喜欢这个品种之外，目前在美国和新西兰等世界许多葡萄酒产地都有栽培。这种红色葡萄成熟期早，颜色呈紫黑色，果皮较厚，果肉多汁，含糖量208克/升，含酸量7.1克/升，出汁率74%。美乐有一种显著的草药香气，丹宁酸含量低，酸度也比较低，所酿造的葡萄酒酒味圆润、浓郁、柔顺、细腻，口感较好，有李子和红浆果的香味。最好的美乐葡萄酿制的酒品具有色泽深沉、层次丰富以及贮存时间长等特点。

(4) 黑品乐(Pinot Noir)

也称"黑皮诺",是最好的酿酒葡萄品种之一,原产于法国阿尔萨斯产区,现在在世界各个葡萄酒产区都广泛栽培。黑品乐对土壤、气候极为敏感,适于在较寒冷的地区种植。该品种葡萄果实籽粒小,果肉少,易腐烂,所以产量较低。果实呈紫黑色,圆形,整齐,果肉多汁。含糖量173克/升,含酸量8.2克/升,出汁率74%。由于它是一个普遍栽培的葡萄品种,因此,用不同产地的黑品乐酿出的葡萄酒品味也各不相同。法国勃根第地区出产的黑品乐葡萄酒通常有一种紫罗兰和浆果的香气,而来自美国的黑品乐葡萄酒则有红樱桃和番石榴的果味。但无论产自何处,黑品乐葡萄酒的口感都非常细腻、柔滑,酸度较高,十分爽口。

(5) 西拉(Shiraz、Syrah)

西拉主要用于酿制古典红葡萄酒,属中浓度酒体,具有较高的藏酿价值。完全成熟时,如上等黑品乐一样质地柔滑而浓郁。西拉是一种晚熟品种,蓝黑色,果皮色素丰富,具有独特香气。含糖量206克/升,含酸量9.3克/升,出汁率73%。这个品种在温暖的土质如花岗岩土壤中生长最佳,但如种植过密,它所特有的桑葚果香和黑胡椒味就会变淡。在澳大利亚和南非称它为"shiraz"。用它制成的酒颜色深红,酒质平衡,口味醇厚有力,易存放,特别是经过橡木桶熟化过的更好收藏。这是由于西拉酿成的酒在初期有较浓的丹宁涩味,最少要经过三年的熟化才能去掉这涩味。这个品种酿成的酒特别得到美食家的青睐。

(6) 佳美(Gamay)

佳美原产于法国勃根第,现在主要产在宝祖利村。所酿制的葡萄酒颜色呈淡紫红色,丹宁含量非常低,口感清淡,富含新鲜果香。含糖量150~180克/升,含酸量8.0~11.0克/升,出汁率71%。用佳美酿制的葡萄酒简单易饮,通常不适宜久存,属于酒龄年轻时饮用的葡萄酒。但如果是生长在火山页岩、石灰含量少的土质上的佳美葡萄,也能生产出丰厚浓郁耐久存的红葡萄酒,如几个宝祖利的特级产区 MoulinàVent、Saint - Amour 等等都有出品。除了宝祖利村之外,以卢瓦尔河谷种植最多。至于美国加利福尼亚州产的 Gamay Beau jolais 则是黑品乐葡萄(Pinot Noir)的一种,并非真正的佳美种。

(7) 增芳德(Zinfandel)

主要种植区是美国的加利福尼亚州,用以配制红葡萄酒。尽管其原产地在欧洲,在19世纪由意大利传入加州,但现在许多人已把它当作了美国加利福尼亚州独有的"特产"。在加利福尼亚州增芳德的酿制用途非常广泛,能酿造出许多种类风格截然不同的增芳德酒,有丰满的、轻盈的,颜色也有深的、浅的,是美国最广泛种植的葡萄品种之一。

(四) 葡萄酒的气候与年份

1. 气候

不同的葡萄品种对于降水量和气候温度的要求也有轻微的差别。葡萄顺利生长的条件是具备充足的阳光（特别是在春季和8月初时），温暖的气温，年平均温度在14~15℃，夏季平均温度不低于19℃，并且不能有酷暑和寒秋。同时秋季葡萄收获时天气必须干燥，不能下雨。年平均降水为675毫升左右，并且大部分降雨分布在秋冬季节，相对干燥的夏秋季节特别有利于葡萄的生长。另外，偶然性的灾难性气候（寒流、大风、暴雨、冰雹等）对于葡萄的产量影响也是不容忽视的。

2. 葡萄酒的年份

葡萄酒的酿制年份标注在酒标上，可以使消费者得知：(1) 该酒酒龄；(2) 依据专家制定的“葡萄酒年份表”推断出该酒的品质。

葡萄酒的质量与葡萄收获的年份存在着一定的联系。天气的变化每年不同，产出来的葡萄酒自然也不同。天气变化比较规律稳定的地区，不同年份间的差别自然也很少。如阿根廷的蒙多萨（Medoza）位于沙漠区，雨量稀少，仅靠雪水灌溉，天气稳定，年年都有好收成，所以年份好坏的问题并不突出。

红葡萄酒和白葡萄酒对天气的要求并不相同，秋季葡萄收获时的高温有利红葡萄的成熟，但过度的高温却常常使白葡萄的酸度不足，酿成的白葡萄酒柔弱无力，失去特性。1949年法国勃根第的酷暑和秋老虎，造就了特优质的红葡萄酒，而白葡萄酒却相对失去了均衡细致的品质。

此外，即使位于同一产区，天气变化对葡萄酒的影响也不相同，不同的葡萄品种，不同排水性和吸热性的土质，加上各种小区域气候的变化等等，都让年份好坏的评定无法完全类推适用于整个产区。以法国波尔多区为例，圣艾美浓产区以种植美乐种葡萄为主，相对于以赤霞珠种葡萄为主的上梅多克产区，同一年份天气所产生的影响力自然不会相同。

有许多产区依循年份的变化，制造出不同类型的葡萄酒，而一些特殊的葡萄酒只有在当年气候条件适合时才能生产酿制。例如葡萄牙波特酒产区的特优年份波特酒，德国的Trocken - Beeren - Auslese等级的贵腐甜白葡萄酒，匈牙利Tokaji产区的Aszu贵腐甜白葡萄酒以及阿尔萨斯的迟摘葡萄酒（Vendange tardive）和贵腐甜白葡萄酒（S. G. N.）等等，都是只有在特殊年份才能生产的难得佳酿。

从17世纪末葡萄酒开始被装在玻璃瓶中销售后，葡萄酒的年份就逐渐开始具有了商业上的价值。现在几乎所有品质佳的葡萄酒都标有年份。特优年份的葡萄酒价格常常比平庸的年份高出数倍。以法国波尔多近十几年来最著名的1982年份的葡萄酒为例，Mouton - Rothschild城堡酒厂1982年的酒品法国市场价格244欧元左右，相对于1981年酒品的61欧元，整整高出近四倍。较优年份的酒通常口味比较浓郁、丰富而且比较耐久存，同时，这也意味此类葡萄酒需要较长的时间才能达到成熟期，如果在酒品太年轻时就饮用，可能反而比不上正值成熟期且价格低廉的平庸年份的酒品。选择年份酒品时，除了考虑年份好坏外，葡萄酒是否成熟也要一并考虑，以免享受不到酒的真正香醇。

（五）葡萄酒的标签

1．葡萄酒标签

简单地讲，葡萄酒标签包含了非常多的关于此瓶酒的信息。按照不同国家和地区的规定有些内容是必须写在酒的标签上的，特别是涉及酒的等级归属（例如是餐桌酒或是属于产地命名监督机构 AOC 认可的酒）、原产地、酒精含量、酿制年份、生产厂家的名称和地址等等。

2．葡萄酒背签

背签包含的信息比标签更丰富，包含着对葡萄酒和生产厂家的地域准确性描述。在有些国家，一些注解是强制要求必须书写在背签上的，例如酒精的含量、进口商和销售商的联络方式、进出口检疫的标志等等，并且要求将这些内容翻译成当地的语言文字标注，否则，就不能进入市场销售。

（六）外国著名的葡萄酒产地

1．法国（法国葡萄酒法语为 Vin）

法国的葡萄酒工业产值居本国工业总产值的第一位，这在世界上是少有的。法国葡萄酒不仅产量大，品种多，而且以其卓越的品质闻名于世。法国葡萄酒酒精度最低8°，这种葡萄酒属大众化的饮品；酒精含量在10°~12°属高级葡萄酒。法国葡萄酒分成四个等级。

第一级 A. O. C. 级——即“法定产区酒”级。其产地、制造方式、品种、产量皆受法国农政单位严格管制，这一级约占25%。

第二级 V. D. Q. S. 级——即“优良地区酒”级。受农政单位若干程度管制，这一级最少，只占约3%，因为几乎所有优良地区酒都会想办法升格到 A. O. C. 。

第三级 V. D. P. 级——即“地区酒”级（Vins de Pays）。受农政单位管制程度小，可特别表现出地方风味，占9%。

第四级 V. D. T. 级——即“日常酒”级（Vins de Table）。占50%的最大比例，可用任何产区的任何葡萄种制造。

法国最著名的葡萄酒产区是波尔多、勃根第和香槟区三个举世公认的著名葡萄酒产地，风行世界的优质葡萄酒有半数生产于法国这些地区。

（1）波尔多（Bordeaux）

波尔多地区位于法国西南部，自古以来就是法国最重要的葡萄酒产地，占有法国 A. O. C. 级著名葡萄酒的30%左右。该区生产红、白、玫瑰红及葡萄汽酒，其中波尔多陈酿红葡萄酒产量最多，最有名气。

波尔多葡萄酒酒系十分庞大复杂，可分为许多品种和类别，每一种类别都以产地名称和古代城堡命名。波尔多有五个著名葡萄酒产区：美度（Medoc）、圣埃米利永（Saint Emilion）、格雷夫斯（Graves）、苏太尼（Sauternes）和波梅罗（Pomerol）。

（2）勃根第（Burgundy）

勃根第位于法国东部一个风景秀丽的地方，其属下的产区从北部的第戎市（Dijon）向南部的里昂市（Lyon）延伸分布，并与其南部罗纳河谷（Rhone Valley）葡萄产区连成一片，形成长达数百公里的葡萄园。勃根第以卓越的葡萄酒著称，是当今世界最引人注目的高级葡萄酒产地，主要生产红、白葡萄酒，其中以红葡萄酒最有名气，产量约占80%，白葡萄酒只占20%。勃根第的葡萄园种植面积小于波尔多，只有30000公顷左右。由于历史原因，勃根第的城堡均已毁坏，所以葡萄酒没有以古城堡名称命名。勃根第红葡萄酒具有樱桃的甜味，并夹带茴香、玫瑰香和梅李香的复合香味，酒度略高，口感强劲。勃根第可分成三大产区，即：夏布利（Chablis）、金坡地（Cote d'Or）和南勃根第（Burgundy Sud）。

（3）香槟区（Champagne）

香槟区位于法国北部，原是法国一个大省份名称，后来被划分成几个小省份。香槟区产地主要集中在现在的马恩省（Mame）境内。

法国香槟区有三个最著名的产区，即：兰斯山地（Montagne de Reims）、马尔尼谷地（Vallee dela Marne）和白葡萄坡地（Cotes dos Blancs）。其中位于法国东北100公里的兰斯地区出产的香槟酒最有名气。在兰斯4万公顷的土地中，大约只有1.8万公顷土地适宜种植专供生产香槟酒的葡萄。

法国香槟的牌号一般不以原料或产地名称命名，而以生产者命名，最著名的有：宝林歇（Bollinger）、海德西克（Heidsieck）、库葛（Krug）、梅西埃（Mercier）等。

● **延伸阅读**

法国八大酒庄

“红酒之乡”法国有八大酒庄赫赫有名，它们分别是拉斐庄、拉图庄、奥比安庄、玛高庄、武当庄、白马庄、奥松庄和柏翠庄，法国最顶级的红酒都产自其中。

1. 拉斐庄（Chateau Lafite Rothschild）

一谈到法国红酒或波尔多红酒，相信最为大众所熟悉的就是拉斐庄。早在1855年万国博览会上，拉斐庄就已是排名第一的酒庄（当年把参展酒庄按酒质、售价、名气及历史分为五个级别，排名百多年变动不大）。成熟的Lafite红酒特性是平衡、柔顺，入口有浓烈的橡木味道，十分独特。除了招牌红酒Lafite外，酒庄还在智利创立了Los Vasco的副牌，大量生产价格低廉的红白酒，积极拓展大众市场。

2. 拉图庄（Chateau Latour）

在法文中，Latour的意思是指“塔”，Chateau Latuor就相当于“塔牌”（因酒庄之中有一座历史久远的塔而得名）。不要取笑这个名字老土，在不少小波尔多红酒客的心目中它可是酒皇中的酒皇！因为Latuor的风格雄浑刚劲、绝不妥协，一些原本喜爱烈酒的酒客因为健康原因要改喝红酒，Latour便成了他们的首选。Latour酒庄也因为有众多酒客捧场而成为酒价最昂贵的一级酒庄之一。

3. 奥比安庄（Chateau Haut–Brion）

早在1855年，奥比安庄就已赫赫有名，一级酒庄的排行榜上如果少了它，权威性就要受到质疑。奥比安庄园现在为美国人所拥有。庄园出产的红酒有属于Graves区的特殊泥土及矿石香气，口感浓烈而回味无穷。奥比安庄除了红酒知名外，其出产的Haut-BrionBlanc白酒也是小波尔多公认的最顶级的白酒之一。

4. 玛高庄（Chateau Margaux）

Margaux是波尔多红酒产区之一，但也是酒庄的名称。能够使用产区作为酒庄名称，酒石酸质自然有其过人之处，历史也非常悠久。Chateau Margaux是法国国宴指定用酒，成熟的Chateau Margux口感比较柔顺，有复杂的香味，如果碰到上佳年份，会有紫罗兰的花香。如果说Latour是梅铎区“酒皇”的话，那么Chateau Margaux就应该是“酒后”了。

5. 武当庄（Chateau Mouton Rothschild）

“武当”是法文Mouton的音译，它的原意是指“羊”，酒庄原是“羊庄”（酒庄所在地原来是给牧羊人放羊的山坡）。在1973年，法国才破例让武当庄升格为一级酒庄，到目前为止也是唯一一座获此殊荣的酒庄。武当庄庄主非常有商业头脑，不但普通餐酒Mouton Cadet的年出产量达数百万瓶，酒庄每年还会邀请一位世界知名的艺术家，替“招牌酒”——Mouton Rothschild设计当年的标签。因为酒的标签本身就颇有艺术价值，所以就算那年的酒不好喝，单是瓶子已是珍贵的藏品。据悉现在要集齐由1945年至今全套的Mouton酒，需人民币50万元以上。而Mouton红酒的特性，就是开瓶之后，酒质与香味变化多端，通常带有咖啡及朱古力香。

6. 白马庄（Chateau Cheval Blanc）

1947年份的Cheval Blanc，在不少专业品酒家的心目之中是近100年来波尔多最好的酒！在1996年的Saint Emilion区的等级排名表之中，Cheval Blanc位列“超特级一级酒”。Cheval Blanc标签是白底金，十分优雅，与酒的品质非常相符。Cheval Blanc在未成熟的时候会带点草表青的味道，但当它成熟以后便会散发独特的花香，酒质平衡而优雅。

7. 奥松庄（Chateau Ausone）

在1996年的Saint Emilion酒庄排名之中，与白马庄同级的只有奥松庄一个。而奥松庄也是八大酒庄里最少人认识的酒庄。因为新任酒庄主人在20世纪90年代中后期对酒庄进行了大幅革新，从严要求酒的品质，凡是不符合规格的葡萄都用来酿造副牌酒Second Labet或都卖给其他酿造商酿造低级餐酒，因此，近年招牌酒Ausone的年产量都在2000箱以下，变得异常珍贵。Ausone的特性就是耐藏，要陈放很长一段时间才能饮用，酒质浑厚，带有咖啡与木桶香味，非常大气。

8. 柏翠庄（Petrus）

通常酒庄名字之前会冠上Chateau一词，Chateau的意思是“古堡”——因为法国酒庄大多有一座美丽的大屋或古堡。在波尔多八大酒庄之中，只有柏翠庄没有冠以Chateau，而酒庄也没有漂亮大屋或古堡，只有小屋，Petrus红酒的产量也少得可怜，因此其售价也是八大酒庄之中最贵的。Petrus红酒是用100%Meriot葡萄酿制而成，这种红酒通常适合早饮但不耐储藏，可是柏翠庄的地质特别优越，蕴藏大量矿物质，因此柏翠庄的酒兼具早饮及耐储藏的特色。虽然柏翠庄没有排名，但在酒客心目中，它是红酒王中王。

2. 意大利（意大利葡萄酒意大利语为 Vino）

意大利是世界上最大的葡萄酒生产国和消费国。据统计，意大利葡萄种植面积以全国人口平均计算，人均占有 0.4 亩以上，假如当年生产 1150 万吨葡萄，其中就有 84% 的葡萄用于酿酒。意大利的葡萄平均年产量约 800 万吨，占世界总量的 21%。意大利的葡萄酒种类繁多，风格各异，主要以生产佐餐红、白葡萄酒最为大宗，其酒精含量约在 10% ~11%，这种餐桌葡萄酒在意大利叫做“Vini da Pasto”。高级葡萄酒酒精度必须不低于 13%，至少陈酿 4 年，头 2 年是用木桶陈酿，后 2 年需要在瓶中陈酿。

意大利葡萄酒分成两个级别：一是“原产地管制法”，简称“D. O. C.”，由全国葡萄酒管理委员会对 2000 多家生产 D. O. C. 葡萄酒的酿酒厂进行监督管理；另一个是“原产地管制及保证法”，简称“D. O. C. G.”，这个级别要求标准相当高，全国仅有为数不多的葡萄酒品种能荣登这一级别的宝座。

意大利北部生产最佳葡萄酒，尤其是皮埃蒙特（Piedmont）和托斯卡纳（Toscana）两个省份生产意大利最优秀的葡萄酒。意大利著名葡萄酒品牌有：

Barolo 巴罗咯红葡萄酒

Barbaresco 巴巴莱斯库红葡萄酒

Chianti 奇安蒂红葡萄酒

Soave 索奥夫白葡萄酒

其中，Barolo 在世界相当有名气。意大利葡萄酒种类很多，品牌名称常以产地、葡萄品种或业主自定的名称命名，较为复杂。

3. 德国（德国葡萄酒德语为 Wein）

德国是世界著名的葡萄酒生产国之一，生产历史悠久，酿酒技术卓越，质量管理严格，产品在世界上享有较高声誉。但由于地理气候的限制，葡萄种植困难，所以葡萄酒生产工本费高，产品售价比较昂贵。德国以生产白葡萄酒著称，主要采用雷司令（Riesling）、西万尼（Sylvaner）和米勒杜尔高（Muller - Thurgau）三个葡萄品种为原料酿制，其中雷司令是酿制优质葡萄酒的最好品种。德国著名葡萄酒产区主要集中在摩泽尔河和莱茵河两岸地区。

（1）摩泽尔（Mosel）

该地区葡萄园分布在摩泽尔河及其支流萨尔河（Saar）和鲁沃河（Ruwer）两岸，生产德国最优秀的白葡萄酒。著名的葡萄酒品牌有：

Bernkasteler 贝恩卡斯特尔

Erdener 厄尔丹纳

Graacher 格雷茨尔

Piesporter 皮尔斯波特尔

Trittenheimer 特里顿海默

Zeltinger 泽廷格

（2）莱茵河（Rhein）

莱茵河岸自古以来是德国重要的葡萄种植区。古堡沿河两岸矗立，护卫着山坡上的葡萄园。其中三个最重要的葡萄产区是：莱茵法尔茨（Rheinpfalz）、莱茵高（Rheingau）和莱茵黑森（Rheinhessen）。著名的葡萄酒品牌有：

Deidesheimer 台德斯海姆

Forster 福尔斯特

Ungsteiner 昂格斯坦尔

Wachenheimer 法亨海默

Hochheimer 霍赫海默

Hattenheimer 哈坦海默

4. 其他国家

（1）西班牙

西班牙是世界葡萄种植面积最大的国家之一，葡萄园面积总共160万顷（合2400万亩）。全国约有16000个酒厂，年产葡萄酒400万吨左右，仅次于意大利和法国，居世界第三位。西班牙葡萄酒业历史悠久，早在公元14世纪，英国就已进口西班牙葡萄酒。1970年，西班牙政府确定了葡萄酒产区，建立了“全国葡萄酒产地命名协会”、“农业生产基金协调会”以及“葡萄酒与葡萄栽培研究所”等管理监督机构。

西班牙主要生产红、白、玫瑰红葡萄酒，其中红葡萄酒最有名气。西班牙以红葡萄酒为酒基生产的“雪利酒”（Sherry）在世界上非常有名气。这种甜食酒将在“配制酒”这一节加以阐述。西班牙的主要葡萄酒产区有：

Alicante 阿利坎特

La Mancha 拉曼查

Rioja 里奥哈

Catalonia 加泰罗尼亚

Navarra 纳瓦拉

Valencia 巴伦西亚

其中，位于西班牙北部山区的里奥哈产区最有名气。该区由三个生产区组成：里奥哈阿尔塔（Rioja Alta）、里奥哈阿拉维萨（Rioja Alavesas）和里奥哈巴哈（Rioja Baja）。优质里奥哈葡萄酒要在橡木桶中陈酿至少2年才称为“佳酿”（Reserve），而特酿（Grand Reserve）则需先在橡木桶中陈酿3年后，又在瓶中贮存陈酿3年以上。

西班牙将葡萄酒分成普通餐酒（Table wine）和高档葡萄酒（Quality wine），在普通餐酒内还分为：

a. 普通餐酒（Vino de mesa，简称VDM）

相当于法国的Vins de Table，是使用非法定品种或者方法酿成的酒。比如在

Rioja，种植 Cabernet sauvignon、Merlot 酿成的酒就有可能被标成“Vino de mesa de navarra”。

b. 特级餐酒（Vino comarcal，简称 VC）

这相当于法国的 Vins de Pays。全西班牙共有 21 个大产区被官方定为 VC。酒标用“ Vino Comarcal de + 产地”来标注。

c. 单一品种餐酒（Vino de la tierra，简称 VDLT）

这相当于法国的 V. D. Q. S.，酒标用“Vino de la Tierra + 产地”来标注。而高档葡萄酒则是 Denominaciones de Origen（简称 DO）和 Denominaciones de Origen Calificada（简称 DOC）。DO 相当于法国的 A. O. C.，DOC 则类似于意大利的 D. O. C. G.。

（2）阿根廷

阿根廷是世界第五大产酒国，属“新世界葡萄酒”的代表性国家。阿根廷葡萄酒业的发展受西班牙和意大利影响深远，最有系统的葡萄园和酒厂也是两国移民后裔在圣约翰（San Juan）和门多萨（Mendoza）省所设立的。阿根廷的产酒区有圣约翰（San Juan）、拉里奥哈（La Rioja）、里奥内格罗（Rio Negro）和萨尔塔（Salta），传统的酿酒葡萄品种是原产法国的马柏（Malbec）和阿根廷自有的白葡萄品种妥伦特斯（Torrontes），现在为刺激出口，葡萄农已经开始大量种植在世界市场销量最好的赤霞珠（Cabernet Sauvignon）和霞多利（Chardonnay）。主要的葡萄酒品牌有 J&F Lurton 等。

（3）美国

在美国，葡萄酒的生产与法国和意大利等原产地相比，属于新兴产业。但在近二三十年来，美国葡萄酒业获得了飞跃式的发展，逐渐确立了自己的风格特色。美国葡萄酒的生产主要集中在加利福尼亚州和纽约州。加利福尼亚生产的葡萄酒占全美国的75% ~85%，而且全美最好的葡萄酒均产自加州，主要产区为纳帕山谷、索罗山谷和俄罗斯河山谷。最大最出名的葡萄酒产地是威廉美特山谷。

纽约州是美国仅次于加州的第二大葡萄酒生产州，年产葡萄酒约 100 万升，该区 2/3 的葡萄品种是美国土生土长的食用葡萄。美法杂交的酿酒葡萄的种植近年来得到发展，并且在葡萄酒酿制中起着越来越重要的作用。纽约州葡萄种植园约占 4000 公顷，其中最著名的是芬格湖地区，该区生产的葡萄酒有红、白、起泡等几类。

（4）澳大利亚

澳大利亚是“新世界葡萄酒”产区之一，虽然其酿酒的历史不如法国、意大利等国家悠久，但其气候、降雨量等得天独厚，因此所酿制的葡萄酒在世界上已经享有一定声誉。澳大利亚拥有大面积的葡萄种植园，向 70 多个国家出口葡萄酒。澳大利亚由于产地不同，葡萄品种也很多，不但能生产红白静态葡萄酒、雪利酒、波特酒、玫瑰红起泡葡萄酒，而且剩余的发酵汁还用于蒸馏制酒。

澳大利亚著名的葡萄酒产地主要集中在南海沿海，主要有新南威尔士州的亨特河谷、南澳大利亚的麦克拉伦、维多利亚的格莱特·威士顿（包括塔斯尼亚岛）、西澳大利亚、昆士兰等。

亨特河流域主要生产酒体轻盈的饮料葡萄酒，适合于家庭消费，昆士兰和帕斯葡萄园生产限量的体轻和强化葡萄酒。

此外，葡萄牙、匈牙利、智利、瑞士、前南斯拉夫等国家都生产许多著名的优质葡萄酒，这里就不再一一介绍。

● 小贴士

如何品尝葡萄酒

品尝葡萄酒一般从三个方面进行，即所谓的“一观其色，二闻其香，三尝其味”。

观色：把酒倒入透明葡萄酒杯中，举至齐眼高观察酒体颜色。优质高档葡萄酒都应具有相对稳定的颜色。一般白葡萄酒呈浅禾秆黄色，澄清透明；干红葡萄酒呈深宝石红色，澄清近乎透明；干桃红葡萄酒呈玫瑰红色，澄清透明。

闻香：这是判定酒质优劣最明显、最可靠的方法，我们只需要闻一下便能辨其优劣。首先将酒杯轻轻转动，使杯内酒沿杯壁旋转，这样可增加香气浓度，有助于嗅尝。如果是优质干白葡萄酒，则香气比较浓，表现为清新宜人的果香；如果是优质干红葡萄酒的香气则表现为酒香和陈酿香。

品味：将酒杯举起，杯口放在唇之间，压住下唇，头部稍向后仰，把酒轻轻地吸入口中半口左右为宜，使酒均匀地分布在舌头表面，然后将葡萄酒控制在口腔前部，并品尝大约 10 秒钟后咽下，在停留的过程中所获得的感觉是逐渐变化的。

品酒的顺序也讲究“先轻后重，先淡后浓”和温度适中的原则。如：一般先品尝白葡萄酒，再品尝红葡萄酒。白葡萄酒一般在 10℃~14℃时品尝较合适，而红葡萄酒则宜在更高的温度下品尝。

二、外国啤酒

（一）外国啤酒的起源与发展

啤酒的起源与谷物的起源密切相关。人类使用谷物制造酒类饮料已有 8000 多年的历史。已知最古老的酒类文献，是公元前 6000 年左右巴比伦人用黏土板雕刻的献祭用啤酒制作法。公元前 4000 年美索不达米亚地区已有用大麦、小麦、蜂蜜制作的 16 种啤酒。公元前 3000 年起开始使用苦味剂。公元前 18 世纪，古巴比伦国王汉穆拉比（Hammurapi 约前 1792 ~ 公元前 1750）颁布的法典中，已有关于啤酒的详细记载。公元前 1300 年左右，埃及的啤酒作为国家管理下的优秀产业得到高度发展。拿破仑的埃及远征军在埃及发现的罗塞塔石碑上的象形文字表明，在公元前196年左右当地已盛行啤酒酒宴。苦味剂虽早已使用，但首次明确使用酒花作为苦味剂是在公元768年。

啤酒的酿造技术是由埃及通过希腊传到西欧的。公元1~2世纪，古罗马政治家普利尼（公元62~113）曾提到过啤酒的生产方法，其中包括酒花的使用。中世纪以前，啤酒多由妇女在家庭酿制。到中世纪，啤酒的酿造已由家庭生产转向修道院和乡村的作坊生产，并成为修道院生活的一个重要内容。修道院的主要饮食是面包和啤酒。中世纪的修道院改进了啤酒酿造技术，与此同时，啤酒的贸易关系也建立并掌握在牧师手中。中世纪，在欧洲可用啤酒来向教会交纳什一税、进行交易和向政府缴税。在中世纪的德国，啤酒的酿造业主结成了坚强的同业公会。使用啤酒花作苦味剂的德国啤酒也已输往国外，不来梅、汉堡等城市均因此而繁荣起来。

17~18世纪，德国啤酒盛行，一度使葡萄酒业不景气。19世纪初，英国的啤酒生产大规模工业化，年产量达20亿升。19世纪中叶，德国巴伐利亚开始出现下面发酵法，酿出的啤酒由于风味好，逐渐在全国流行。目前在德国，92%的啤酒是下面发酵法生产的。德国在19世纪颁布法令，严格规定啤酒的原料以保持啤酒的纯度，而且由于实行下面发酵法和进行有规律的酵母纯粹培养，提高了啤酒的质量，成为近代慕尼黑啤酒享有盛誉的基础。在美洲新大陆，17世纪初由荷兰、英国的新教徒带入啤酒生产技术，1637年在马萨诸塞建立了最初的啤酒工厂。不久，啤酒作为近代工业迅速发展，使美国成为超过德国的啤酒生产国。

19世纪，酿造学家相继阐明有关酿造技术。1845年，C. J巴林阐明发酵度理论；1857年，L. 巴斯德确立生物发酵学说；1881年，E. 汉森发明了酵母纯粹培养法，使啤酒酿造技术得到飞跃的进步，由神秘化、经验主义走向科学化。再加上蒸汽机的应用和1874年林德冷冻机的发明，使啤酒的工业化大生产成为现实。目前全世界啤酒年产量已居各种酒类之首，突破了1700亿升。

目前，世界上生产啤酒最多的国家是美国，年产量达到2000万吨。德国则是世界上饮用啤酒最多的国家，人均年饮量多达150多升，德国慕尼黑啤酒节已成为国际性的狂欢节。英、德、日均为世界著名的啤酒生产国。

（二）啤酒的原料

酿制啤酒的原料主要分为四大类：水、可发酵的谷物、酵母和啤酒花。酿制啤酒所使用最多的可发酵谷物是大麦，而水是酿制啤酒的“血液”，麦芽是啤酒的核心，啤酒花是酿制啤酒的“灵魂”。

1. 水

水是酿制啤酒的“血液”，啤酒中至少含有90%的水分，水中的无机物的含量、有机物和微生物的存在会直接影响啤酒的质量。一般啤酒厂都需要建立一套酿造用水的处理系统。也有些啤酒厂采用天然高质量的水源，如我国青岛啤酒所使用的就是崂山矿泉水。

2. 大麦

以籽粒生长形态分类可将大麦分为二棱大麦、四棱大麦和六棱大麦三种；以播种时间分类可分为春大麦和冬大麦两种；以麦穗形态分类可分为直穗大麦和曲穗大麦。啤酒工业上用的大麦主要为二棱大麦。世界上著名的大麦品种有 Harrington、Crystal、Optic、Robust 等。主要大麦产国有加拿大、澳大利亚、法国、中国等。啤酒工业上评价一种大麦的质量主要看它的千粒重、蛋白质、发芽力、水分及夹杂量等。

3. 酵母

啤酒酵母是一种不能运动的单细胞低等植物，其细胞只有借助显微镜才能看到，肉眼看到的乳白色湿润的酵母泥是无数酵母细胞的集合体。自然界存在的酵母很多，但不是所有的酵母都可以用来酿造啤酒的，科学家们把对啤酒发酵有利的酵母称为“啤酒酵母”。在啤酒生产中，酵母需要经过纯粹的培养而获得。啤酒中的酒精和二氧化碳都是啤酒酵母发酵而产生的。

4. 酒花

酒花在我国俗称“蛇麻花”、“啤酒花”、“忽布”等。酒花的英文是“Hop”，拉丁学名是“蛇麻”（Humulus lupuls），是一种多年生缠绕草本植物，属桑科律草属，有的植株生长期可长达50年，叶子呈心状卵形，常有三五个裂片，叶面非常粗糙，主枝按顺时针方向右旋攀沿而上。只有雌株才能结出花体，每年6~7月间开始开花。它含有蛇麻苦味素，啤酒中所具有的独特清爽的苦味实际上就是酒花的贡献，酒花被称为“啤酒之魂”。在啤酒酿造的过程中加入酒花，能够赋予啤酒独特的香气，使啤酒具有特殊的苦味和香味，增加啤酒泡沫的持久性和提高啤酒的稳定性，抑制杂菌的繁殖，防止啤酒腐败，使啤酒具有健胃、利尿和镇静的医药效果。产地不同，酒花所产生的风味也不同，宾客常常会在饮用时认定自已喜爱的风味。

酒花以茎的颜色可分为紫茎酒花、绿茎酒花以及白茎酒花；以成熟期分类分为早熟酒花、中熟酒花及晚熟酒花；以酒花类型可分为香型酒花、苦型酒花和兼型酒花。在实际啤酒工业生产中，往往以香型、苦型、兼型酒花来区分酒花。世界著名的酒花有 Saaz、Golding、Spalter、Northern Brewery、Hallertauer 等。著名的酒花生产国有德国、捷克、美国及英国等。我国的酒花产地主要位于新疆。酒花的主要成分为 α 酸、β 酸和酒花油。工业中使用的酒花制品为压缩花、颗粒酒花及酒花浸膏。酒花不但可以防止啤酒中腐败菌的繁殖，还有杀死发酵过程中所产生的乳酸菌和酪酸菌的作用。

（三）啤酒的生产工艺

啤酒生产过程分为麦芽制造、麦芽汁制造、前发酵、后发酵、过滤灭菌和包装等几道工序。

1．麦芽制造

大麦浸渍吸水后，在适宜的温度和湿度下发芽，发芽时产生各种水解酶，如蛋白酶、糖化酶、葡聚糖酶等，这些酶可将麦芽本身的蛋白质分解成肽和氨基酸，将淀粉分解成糊精和麦芽糖等低分子物质。发芽到一定程度，就要中止发芽，经过干燥，制成水分含量较低的麦芽。

2．麦芽汁的制造

麦芽经过适当的粉碎，加入温水，在一定的温度下，利用麦芽本身的酶制剂进行糖化（主要将麦芽中的淀粉水解成麦芽糖）。为了降低生产成本，还可以加入一定比例的大米粉作辅料（大米粉中先加水煮沸）。制成的麦芽，用过滤槽进行过滤，得到麦芽汁，将麦芽汁输送到麦汁煮沸锅中，将多余的水分蒸发掉，并加入酒花。酒花加入到啤酒中，可使啤酒带有独特的酒花香味和苦味，同时，酒花中的一些成分还具有防腐作用，可延长啤酒的保藏期。

3．发酵

麦芽汁经过冷却后，加入酵母菌，输送到发酵罐中，开始发酵。传统工艺分为前发酵和后发酵，分别在不同的发酵罐中进行，现在流行的做法是在同一个罐内进行前发酵和后发酵。前发酵主要是利用酵母菌将麦芽汁中的麦芽糖转变成酒精；后发酵主要是产生一些风味物质，排除掉啤酒中的异味，并促进啤酒的成熟。这期间如控制一定的罐内压力，可使发酵时产生的二氧化碳保留在啤酒中。

4．过滤灭菌

经过两个星期左右的发酵（有些啤酒发酵期可能长达几个月），将啤酒过滤，除去啤酒中的酵母菌和微小的颗粒，然后再经过低温灭菌（62℃左右）冷却，啤酒就可以包装销售。

5．包装

包装方式主要有瓶装和罐装，还有桶装等。

（四）啤酒的特点

1．啤酒的营养价值

啤酒是用麦芽花糖化后加入啤酒花，由酵母菌发酵酿制成的。它有充沛的二氧化碳和丰富的营养成分，是发热量最高的饮料。它含有11种维生素，17种氨基酸，并多以液体状态存在于酒液中，1升啤酒经消化后产生的热量相当于10个鸡蛋或500克瘦肉或250克面包或200毫升牛奶，具有清凉、解渴、健胃、利尿、增进食欲等功效，素有“液体面包”的美称，为国际上产量最大的饮料酒。

2．啤酒的两种主要“度”

（1）麦芽汁浓度

麦芽汁浓度是指啤酒酒液中麦芽汁含量所占的体积比例，以度（°）来表示。啤酒的麦芽汁浓度一般在7°～18°之间。

啤酒通常以麦芽汁浓度来衡量其口味与颜色。另外，啤酒的颜色也受麦芽烘烤程度的影响。近年还有一些麦芽汁浓度在7°以下的啤酒面市。

（2）酒度

啤酒的酒度较低，一般在1.2°~8.5°之间。它与麦芽汁浓度成正比。

（五）啤酒的分类

1. 根据啤酒灭菌处理程度分类

根据啤酒是否经过灭菌处理，可分为生啤和熟啤两类。

（1）生啤酒

也称“鲜啤酒”，北方地区有的称“揸啤酒”，这种啤酒的出现被认为是啤酒消费史上的一次革命。它和普通啤酒相比只是最后一道工序未经灭菌处理。鲜啤酒中仍有酵母菌生存，所以口味淡雅清爽，酒花香味浓，更易于开胃健脾。生啤酒的保存期是3天~7天。随着无菌灌装设备的不断完善，现在已有能保存2个月左右的罐装、瓶装和大桶装的鲜啤酒。啤酒的酵母菌是由多种矿物质组成的细胚体，维生素含量高。“揸啤”是这种啤酒的俗称，这里的“揸”来自于英文JAR的谐音，即广口杯子。这种啤酒在生产线上采取全封闭灌装，在售酒器售酒时即冲入二氧化碳。

（2）熟啤酒

是装配加盖后，经过高温将啤酒内酵母菌杀死，稳定性较好。多为中浓度啤酒，在10℃~25℃的温度下，一般可保存60天以上，可远销外地或出口。

2. 按麦汁浓度分类

根据麦汁浓度可将啤酒分为低浓度、中浓度和高浓度三种。

（1）低浓度啤酒

多为鲜甜酒，其浓度（以麦汁浓度计）在7°~8°之间，含酒精2%以下。

（2）中浓度啤酒

其浓度在11°~12°之间，含酒精3%~3.8%。

（3）高浓度啤酒

其浓度在14°~20°之间，含酒精约5%。许多高级啤酒和黑啤酒多属于高浓度啤酒。

3. 根据啤酒颜色分类

根据啤酒颜色的深浅不同，还可以分为黄啤酒和黑啤酒两种。

（1）黄啤酒

色浅黄透明又称“浅黄色啤酒”。口味清爽，酒花香气突出。我国消费习惯以黄啤为主，并以色浅为佳。

（2）黑啤酒

或称“深色啤酒”，是用一部分高温烘烤的焦香长麦芽作原料发酵而成，呈咖啡色，富有光泽，麦汁浓度较高，发酵度较低，口味较醇厚，有明显的麦芽香味，氨基酸含量也高一些。

4. 按含糖量分类

(1) 干啤酒

指啤酒在酿制过程中，将糖分去除使酒液中糖的含量在0.5%以下。这种啤酒的特点是发酵度高，含有极少的残留还原糖。其色泽更浅、口感更净、口味更爽、热值更低，适合于对摄取糖分有禁忌的人饮用。

(2) 半干啤酒

指含糖量在0.5%～1.2%之间的啤酒。

5. 按欧美传统风味分类

(1) 慕尼黑啤酒（Munchen）

麦芽汁浓度在12°。特点是色泽深，具有浓郁的焦香麦芽味，口味浓醇而甜，苦味轻。

(2) 多特蒙啤酒（Dortmund）

麦芽汁浓度为13°。特点是色泽浅，酒精含量较高，苦味轻，口味醇而爽口。

(3) 比尔森啤酒（Pilsener）

麦芽汁浓度在11°～12°。特点是色泽浅，泡沫好，酒花香味浓，苦味重而不长，口味醇爽。

(4) 司都特啤酒（Stour）

其一般产品的麦芽汁浓度为12°，高档产品的麦芽汁浓度为20°。特点是色泽深褐，酒花苦味重，有明显的焦麦芽苦味，口味甜而醇，酒度为4°～7°，泡沫好。

(5) 跑特啤酒（Porter）

与司都特啤酒较相似，但口味要浅淡，色泽也不如其深沉，泡沫浓而稠，口味偏甜，酒度为4.5°。

(6) 拉戈啤酒（Lager）

经陈年或贮存过的啤酒，酒质清淡，富有气泡，酒度为4°。

(7) 包克啤酒（Bock）

一种特殊酿制的浓质啤酒，一般在春天生产，一年中只有6个月有供应。包克啤酒浓而甜，色泽棕色，酒体较重，酒度一般低于4°。

(8) 爱尔啤酒（Ale）

爱尔啤酒是英式发酵啤酒的总称。酒体完满充实，品质浓厚，口味较苦，二氧化碳含量较低，酒度为4.5°。

6. 按包装容器分类

(1) 瓶装啤酒

国内主要为640毫升和335毫升两种包装。国际上还有500毫升和330毫升等其他规格。

(2) 易拉罐装啤酒

采用铝合金为材料，规格多为355毫升。便于携带，但成本高。

（3）桶装啤酒

包装材料一般为不锈钢或塑料，可循环使用，容量为30升，主要用来装生啤酒。

7. 按酒精浓度分类

（1）低醇啤酒

一般来说啤酒的酒精含量低于2.5°，就称为低醇啤酒。

（2）无醇啤酒

啤酒的酒精含量低于0.5°的啤酒称“无醇啤酒”。这种啤酒是采用特殊的工艺方法抑制啤酒发酵时的酒精成分，或是先酿成普通啤酒后，再采用蒸馏法、反渗透法去除啤酒中的酒精成分。这种啤酒不但保留啤酒原有的风味，而且营养丰富，热值低，深受对酒精有禁忌的人欢迎。

（六）世界著名啤酒品牌

1. 百威啤酒（BUDWEISER）

创始于1876年的美国百威啤酒，百多年的发展中一直以其纯正的口感和过硬的质量赢得了全世界消费者的青睐，成为世界最畅销的啤酒，长久以来被誉为“啤酒之王”。创始人阿道普斯·布施最大的贡献在于其独特的销售理念。

2. 嘉士伯啤酒（CARLSBERG）

嘉士伯啤酒由丹麦啤酒巨人CARLSBERG公司出品。CARLSBERG公司是仅次于荷兰喜力啤酒公司的国际性啤酒生产商，1847年创立，至今已有160多年的历史，在全球40多个国家都有生产基地，远销世界140多个国家和地区，产品风行全球。

3. 喜力啤酒（HEINEKEN）

总部位于荷兰，是世界第四大啤酒公司。多年来喜力凭借着出色的品牌战略和过硬的品质保证，成为全球顶级的啤酒品牌。喜力啤酒在全世界170多个国家和地区热销，其优良品质一直得到业内和广大消费者的认可。喜力主要以蛇麻子为原料酿制而成，口感平顺甘醇，不含枯涩刺激味道。

4. 朝日啤酒（ASAHI）

ASAHI酒厂的历史可追溯到110年前，一直稳居日本前三大啤酒品牌的位置，是日本唯一年销量突破1亿箱的产品。

5. 麒麟啤酒（KIRIN）

日本品牌，其公司麒麟啤酒株式会社于1907年创立。为了让历史悠久的麒麟品牌更具魅力，麒麟集团努力提供独创价值的崭新商品及服务，以期满足顾客的生活所需。

6. 生力（SAN MIGUEL）

香港生力啤酒厂有限公司是1948年菲律宾生力公司首家在海外设立的啤酒

厂，并于1963年在香港股票市场上市。目前国内广州和石家庄都有其设立的生产厂。品种有：生力啤酒、生力清啤、生力黑啤、卢云堡、蓝冰啤等。

此外，德国的卢云堡（LOWENBRAU）、爱尔兰的健力士（ GUINNESS）、新加坡的虎牌（TIGER）、澳大利亚的富士达（FOSTER'S）、墨西哥的科罗娜（CORONA）以及我国的青岛（TSING TAO）等品牌在世界上都享有盛名。

● 延伸阅读

慕尼黑与慕尼黑啤酒节

慕尼黑城市概况

慕尼黑位于德国东南部，是拜恩（巴伐利亚）州的首府，德国第三大城市，也是一座有800年历史的文化古城。这里人文荟萃，在保守的德国南部，算是自由主义气氛比较浓厚的都市，洋溢着传统的欢乐气息。

慕尼黑盛产啤酒，人们惯称慕尼黑为“啤酒之都”。对慕尼黑人来说不可一日无啤酒，人均饮用量世界第一。慕尼黑啤酒节（Octoberfest）是慕尼黑民间的传统节日。在德语中，这个节日的本意为“十月节”，节日活动也不单纯只有啤酒一项。也许慕尼黑的啤酒太有名了，这个节日也就被外人叫做“啤酒节”了。慕尼黑人可能只知有个十月节，不知有个啤酒节。不过，目前啤酒的确是这个节日的主角。

德国是个盛产啤酒的国家，其产量仅次于美国，居世界第二位。德国所产啤酒质优味醇、品种多样，享誉世界。巴伐利亚的啤酒产销量居德国第一，而作为其首府的慕尼黑的啤酒馆规模庞大有如迷宫，啤酒节也是历史悠久，载誉全球。

慕尼黑啤酒节

慕尼黑啤酒节的起源，与一场浪漫的皇家世纪婚礼有关。据说在1810年10月12日这天，是巴伐利亚王国的王储路德威希一世迎娶来自北方的泰瑞莎公主的好日子。由于大批民众涌入城中庆祝，当时正好是啤酒花收成的季节，皇室于是准备了流水席式的佳酿美食飨宴，招待宾客无限畅饮享用，并加上传统歌舞的表演助兴，连续数天数夜的吃喝狂欢庆祝方式，就成为慕尼黑啤酒节（Octoberfest）的传统与特色。其实德文Octoberfest正是10月节庆的意思，也因此，百年来这项活动都是在9月与10月之间盛大举行。

慕尼黑啤酒节是德国慕尼黑市的传统民间节日，一直在慕尼黑市中心的玛丽亚草地举行。它开始于5月份，9月份的最后一个星期进入高潮，一直到10月末结束，因此也被称为“十月节”。

作为有着近200年历史的民间节日，慕尼黑啤酒节完整地保留了巴伐利亚的民间风俗，包括传统的民族音乐、民族服饰、当地的特色食品、最大可容纳万人的啤酒大棚、巴伐利亚人的热情好客等等，共同烘托出一个让人释放热情的磁场。而在啤酒节现场，传统的巴伐利亚民族服装也格外惹眼，有穿着艳丽的紧胸绣花衣裙姑娘，也有一身传统背带短裤装束的男人。一个个身材矫健、热情奔放的巴伐利亚啤酒女郎穿梭在人群中，把一杯杯荡漾着白色泡沫的鲜啤酒端到了人们面前。人们坐在传统的长板凳上及长木桌前，享受着德国啤酒、当地特色的烤猪腿和面包圈。啤酒棚中央的舞台上，乐队演奏的民歌和流行音乐，处处透出传统的气息……

慕尼黑啤酒节之所以闻名，不仅因为它是全世界最大的狂欢节，而且也因为它完整地保留了巴伐利亚州当地的风土民情。啤酒节的第一天早上，身穿传统服装的德国各州代表及其他国家的游行队伍聚在一起，由慕尼黑市长与酒厂老板带领，游行至主要的举办场地——特蕾莎广场（Theresienwiese），那里架设起数座巨型帐篷，里面摆满各厂牌的啤酒供人畅饮。慕尼黑当地人的海量称雄全州，平均每人每年要喝200多升啤酒。依据纪录，在节庆期间人潮多达600万，共喝掉600万升的啤酒，吃掉20万条德国香肠。人们用华丽的马车运送啤酒，在巨大的啤酒帐篷中开怀畅饮的同时，欣赏巴伐利亚铜管乐队演奏的民歌乐曲和令人陶醉的情歌雅调。除此之外，还有一系列丰富多彩的娱乐活动，如赛马、射击、杂耍、各种游艺活动及戏剧演出、民族音乐会等。在这些活动中，慕尼黑人充分表现出自己民族的热情、豪放、充满活力的性格。令人惊讶的是参加啤酒节的啤酒不仅没有外国品牌，也没有慕尼黑以外的啤酒品牌，全部是慕尼黑当地的啤酒。也许慕尼黑啤酒节之所以近200年来经久不衰，正是源于它的本地化，只有本地化了才可能国际化。

平日，德国人给人的突出印象是工作态度认真、严谨，服从命令，遵守纪律和原则性强，但似乎缺乏幽默和热情。然而，在慕尼黑啤酒节上，人们可以发现德国人生气勃勃、热情洋溢的另一面。尤其是巴伐利亚人对于自身的文化和传统所表现出的执著与自豪感，给来自世界各地的人们留下深刻印象。啤酒节活动在晚上11时结束之后，许多人意犹未尽，仍会转战至通宵开放的酒馆续摊，真是回味无穷……

三、日本清酒

清酒（Sake）在日本俗称“日本酒”，它与我国黄酒为同一类型的低度米酒。清酒是以精白米为主要原料，以久负盛名的滩之宫水为水源，并采用优质微生物“米曲霉纯菌”作为酿酒的糖化剂，以纯种的清酒酵母为发酵剂，在低温的环境下边糖化边发酵，酿制出清酒原酒，然后经过过滤、杀菌、贮藏、勾兑等工艺酿制而成的一种低酒精含量的酒品。清酒在日本享有“国酒”之誉，并以英文“Sake”闻名世界，行销60多个国家和地区。

清酒的品牌很多，大约有500多个，命名方法各异，一般是以人名、动物、植物、名胜古迹及酿制方法取名。著名的品牌有：大关、日本盛、月桂冠、白雪、白鹿、白鹤、白鹰、松竹梅、秀兰、菊正宗、富贵、御代荣等。

（一）特点

清酒色泽呈淡黄色或无色，清亮透明，具有独特的清酒香，口味酸度小，微苦，呈琥珀酸味，绵柔爽口，其酸、甜、苦、辣、涩味协调，酒精浓度一般介于15% ~17%之间，和葡萄酒相似。含多种氨基酸和维生素，是营养丰富的饮料酒。

（二）分类

1. 按制法分类

（1）纯米大吟酿

特点：采用吟酿的酿造法酿制，带有浓郁的花香或果香。精米度在50%以下。（注：精米度是指大米表层磨成米粉去掉后所剩米心的程度。如精米度70%，就是磨掉大米30%的表层。越高级的清酒，精米度的数字就越小。）

（2）大吟酿

特点：是清酒中等级最高的酒，因为它在酿造过程中除掉最多不利于酿酒的脂肪和蛋白质，仅留下富含淀粉质的米心部分，使酿造成功的大吟酿能散发出多层次的果香、木香、米香和花香。精米度在50%以下。

（3）纯米吟酿

特点：本来不是大量生产的产品，它的出现原本是为了研究酿造技术和供日本全国新酒评鉴会比赛使用。精米度在60%以下。

（4）吟酿酒

近几十年才慢慢变成正式产品。从原料米的处理，到最后装瓶等阶段的技术要求都很高。特点：香味独特，色泽良好。精米度在60%以下。

（5）纯米酒

纯粹以米酿造出来的日本酒，是真正日本酒的原本风味。完全不添加酿造酒精，仅以米曲发酵。特点：香味馥郁，口感浓醇。精米度在70%以下。

（6）本酿造酒

是优良酒厂的基本产品。除了用少量的酒精来调整味道，使香味口感圆润顺口之外，本酿造酒不能添加糖类或香精。酿造法已有数百年历史。特点：香味、色泽良好。精米度在70%以下。

2. 按口味分类

（1）甜口酒。糖分较多，酸度较低。

（2）辣口酒。酒精度高，糖分少。

（3）浓醇酒。浸出物糖分含量较多，口味醇厚。

（4）淡丽酒。浸出物糖分含量较少，爽口。

（5）高酸味清酒。酸度高，酸味大为特征。

（6）原酒。制成后不加水稀释的清酒。

（7）市售酒。指原酒加水稀释后装瓶出售的清酒。

3. 按清酒税法规定的级别分类

（1）特级清酒。品质优秀，酒度16°以上，原浸出物浓度30%以上。

（2）一级清酒。品质较优，酒度16°以上，原浸出物浓度29%以上。

（3）二级清酒。品质一般，酒度15°以上，原浸出物浓度26.5%以上。

4. 按贮存期分类

（1）新酒。压滤后未过夏的清酒。

（2）老酒。贮存过一夏的清酒。

（3）老陈酒。贮存过两个夏季的清酒。

目前，日本的一些清酒的生产厂商注意到女性消费者日渐增加，开发生产出更加受女性消费者青睐的“香槟清酒”，又称“发泡清酒”。新的生产工艺缩短了普通清酒的发酵程序，使剩余的糖分在酒瓶中继续发酵，产生二氧化碳气体，使开瓶后立刻产生气泡。同时，还在酒中加入了从鲜花和水果中提取的香料，使这种清酒带有了花果的清香。这样生产出的香槟清酒，酒精度要比普通的日本酒低4°~5°，对于不善饮酒的人士和女性来讲都是合适的。

（三）清酒的饮用与服务

1. 酒杯

一般要求使用褐色或青紫色玻璃杯。

2. 饮用温度

一般以16℃左右最为适宜，低于13℃则酒香难以挥发和感知。另外，清酒如要加温后饮用，一般加温至40℃~50℃，使用浅平碗或小陶瓷杯盛载。

第二节　外国蒸馏酒

外国最主要的蒸馏酒是白兰地和威士忌，其次是金酒、伏特加、朗姆酒、特基拉及阿夸维特。目前，国际上最为流行的鸡尾酒中，大多数都是以它们作基酒调制而成的。下面分别讲述这几类酒。

一、白兰地（Brandy）

白兰地是英文Brandy的译音，它是以水果为原料，经发酵、蒸馏制成的酒。通常，我们所称的Brandy（白兰地）专指以葡萄为原料，通过发酵再蒸馏制成的酒。而以其他水果为原料，通过同样的方法制成的酒，常在白兰地酒前面加上水果原料的名称以区别其种类。比如，以樱桃为原料制成的白兰地称为“樱桃白兰地”（Cherry Brandy），以苹果为原料制成的白兰地称为“苹果白兰地”（Apple Brandy）。“白兰地”一词属于术语，相当于中国的“烧酒”。

（一）白兰地的起源与发展

白兰地起源于法国干邑镇（Cognac）。干邑地区位于法国西南部，那里生产葡萄和葡萄酒。早在公元12世纪，干邑生产的葡萄酒就已经销往欧洲各国，外国商船也常来夏朗德省滨海口岸购买其葡萄酒。约在16世纪中叶，为便于葡萄酒的出口，减少海运的船舱占用空间及大批出口所需缴纳的税金，同时也为避免因长途运输发生的葡萄酒变质现象，干邑镇的酒商把葡萄酒加以蒸馏浓缩后出口，然后输入国的厂家再按比例兑水稀释出售。这种把葡萄酒加以蒸馏后制成的酒即为早期的法国白兰地。

公元17世纪初，法国其他地区已开始效仿干邑镇的办法去蒸馏葡萄酒，并由法国逐渐传播到整个欧洲的葡萄酒生产国家和世界各地。

公元1701年，法国卷入了“西班牙王位继承战争”，法国白兰地也遭到禁运。酒商们不得不将白兰地妥善储藏起来，以待时机。他们利用干邑镇盛产的橡木做成橡木桶，把白兰地贮藏在木桶中。1704年战争结束，酒商们意外地发现，本来无色的白兰地竟然变成了美丽的琥珀色，酒没有变质，而且香味更浓。于是从那时起，用橡木桶陈酿工艺就成为干邑白兰地的重要制作程序，这种制作程序也很快流传到世界各地。

公元1887年以后，法国改变了出口外销白兰地的包装，从单一的木桶装变成木桶装和瓶装。随着产品外包装的改进，干邑白兰地的身价也随之提高，销售量稳步上升。据统计，当时每年出口干邑白兰地的销售额已达3亿法郎。

目前，著名的白兰地酒生产国家有法国、德国、意大利、西班牙和美国。

（二）白兰地的特点与分类

白兰地是以葡萄为原料，经过榨汁、去皮、去核、发酵等程序，得到含酒精较低的葡萄原酒，再将葡萄原酒蒸馏得到无色烈性酒。将得到的烈性酒放入橡木桶储存、陈酿，再进行勾兑以达到理想的颜色、芳香、味道和酒精度，从而得到优质的白兰地。最后将勾兑好的白兰地装瓶。

白兰地酒度在40°~43°之间，虽属烈性酒，但由于经过长时间的陈酿，其口感柔和，香味纯正，饮用后给人以高雅、舒畅的享受。白兰地呈美丽的琥珀色，富有吸引力，其悠久的历史也给它蒙上了一层神秘的色彩。

白兰地酿造工艺精湛，特别讲究陈酿时间与勾兑的技艺，其中陈酿时间的长短更是衡量白兰地酒质优劣的重要标准。干邑地区各厂家贮藏在橡木桶中的白兰地，有的长达40~70年之久。他们利用不同年限的酒，按各自世代相传的秘方进行精心调配勾兑，创造出各种不同品质、不同风格的干邑白兰地。酿造白兰地很讲究贮存酒所使用的橡木桶。由于橡木桶对酒质的影响很大，因此，木材的选择和酒桶的制作要求非常严格。最好的橡木是来自干邑地区利穆赞和托塞斯两个地方的特产橡木。由于白兰地酒质的好坏以及酒品的等级与其在橡木桶中的陈酿时间有着紧密的关系，因此，酿藏对于白兰地酒来说至关重要。关于具体酿藏多少年，各酒厂依据法国政府的规定，所定的陈酿时间也有所不同。在这里需要特别强调的是，白兰地酒在酿藏期间酒质的变化只是在橡木桶中进行的，装瓶后其酒液的品质不会再发生任何的变化。

世界上有很多国家都生产白兰地，如法国、德国、意大利、西班牙、美国等，但以法国生产的白兰地为最好，而法国白兰地又以干邑和阿尔玛涅克两个地区的产品为最佳，其中，干邑的品质被举世公认，最负盛名。

白兰地以产地和原料的不同可分为：干邑、阿尔玛涅克、法国白兰地、其他国家白兰地、葡萄白兰地和水果白兰地六大类。

（三）干邑（Cognac）

全世界最著名的白兰地酒来自法国干邑地区。干邑，音译为“科涅克”，位于法国西南部，是波尔多北部夏朗德省境内的一个小镇。它是一座古镇，面积约10万公顷。科涅克地区土壤非常适宜葡萄的生长和成熟，但由于气候较冷，葡萄的糖度含量较低（一般只有18%、19%左右），故此，其葡萄酒产品很难与南方的波尔多地区生产的葡萄酒相比拟。在17世纪随着蒸馏技术的引进，特别是19世纪在法国皇帝拿破仑的庇护下，科涅克地区一跃成为酿制葡萄蒸馏酒的著名产地。公元1909年，法国政府颁布酒法明文规定，只有在夏朗德省境内，干邑镇周围的36个县市所生产的白兰地方可命名为“干邑”（Cognac），除此以外的任何地区不能用“Cognac”一词来命名，而只能用其他指定的名称命名。这一规定以法律条文的形式确立了“干邑”白兰地的生产地位。正如英语的一句话：“All Cognac is brandy，but not all brandy is Cognac。”（所有的干邑都是白兰地，但并非所有的白兰地都是干邑。）这也就说明了干邑的权威性，干邑不愧为“白兰地之王”。

干邑地区又分为7个小区，所产酒的品质也有高低之分，按顺序排列如下：

大香槟区（Grand Champagne）

小香槟区（Petite Champagne）

波尔德里（Borderies）

凡兹园（Fins Bois）

邦兹园（Bons Bois）

奥尔迪南雷园（Bois Ordinaires）

松门园（Bois Commus）

1. 干邑白兰地等级划分

白兰地酒的质量与贮存期有很大关系，贮存时间越长，酒质越好。因此，白兰地在装瓶出售时，在瓶身或标贴上都印有表示酒龄的标志，这些标志的含义如下表3-2所示：

表3-2 白兰地酒龄标志含义对照表

英文标志 酒龄标志	代表含义	代表酒龄
☆	/	3年
☆☆	/	4年
☆☆☆	/	5年
V. O.	VERY OLD	10~12年
V. O. P.	VERY OLD PALE	12~20年
V. S. O. P	VERY SUPERILR OLD PALE	20~30年
F. O. V	FINE OLD VERY	30~40年
Napoleon（拿破仑）	/	40年以上
X. O	EXTRA OLD	50年以上
X.	/	70年以上
E	ESPECIAL（特别的）	
F	FINE（好的）	
V	VERY（很好）	
O	OLD（老的）	
S	SUPERIOR（上好的）	
P	PALE（淡色而苍老的）	
X	EXTRA（格外的）	

2. 著名干邑白兰地品牌

（1）奥吉尔（AUGIER）

奥吉尔，以酿酒公司名命名。该公司有350余年白兰地酒生产历史。“奥吉尔”牌白兰地酒有“三星”和“V. S. O. P”（陈酿）两个主要产品。“三星”白兰地散发着橡木桶香气；而“V. S. O. P”采用传统生产方法使用贮存期4年以上的白兰地酒制作，其口味顺畅、平滑。

（2）百事吉（BISQUIT）

百事吉，以酿酒公司名命名。该公司已有170余年历史。目前，它是欧洲最大的酿酒公司。该公司以传统的生产工艺和严格的质量管理而赢得顾客信任。百事吉商标的产品有“V. S. O. P”产品、XO产品及EXTRA产品。该公司的BISQUIT PRIVILEGE（百事吉世纪珍藏）自称为100年以上的珍藏，酒味芳香，酒质浓郁，入口柔顺，是酒液天然熟化的结果，绝无加水稀释的痕迹。

(3) 金花(CAMUS)

金花，以酿酒公司名命名。该公司于1863年在干邑地区创立。金花酿酒公司产品特点是使用旧橡木桶熟化白兰地酒，从而减少橡木桶的颜色和味道，保持酒质清淡。该公司在法国干邑地区的大香槟区（最好的葡萄种植地块）和边缘地区都有葡萄园。其产品常常以这两个地区生产的白兰地酒再勾兑其他白兰地酒而成。此外，该酒厂非常重视酒瓶的包装以赢得顾客欢迎。该公司的NAPOLEAN（拿破仑）产品采用大香槟区生产的原酒为主，受到世界各地市场的好评。该公司的“V. S. O. P”产品是针对亚洲顾客口味而设计的，采用边缘地区酿造的原酒为主，精心调配而成。而“X. O”产品，自称为由170余种贮存期在50年以上的各种白兰地酒勾兑而成。

(4) 克尔波亚杰（COURVOISIER）或拿破仑

克尔波亚杰，以酿酒公司名命名。该公司创建于1790年。该公司在拿破仑一世在位时，由于献上自己公司酿制的优质白兰地而受到赞赏。在拿破仑三世时，它被指定为白兰地酒承办商。该公司酿制的“三星”产品是略带甘甜口味的优质白兰地酒。该公司的“V. S. O. P”产品采用香槟区的葡萄为原料，得到市场的好评。其“X. O”产品为公司的最高产品，在1986年国际葡萄酒和烈性酒大赛中，被选为世界第一优良白兰地。

(5) 轩尼诗（HENNESSY）

轩尼诗，以酿酒公司名命名。该公司创建于1765年。在拿破仑三世时，该公司已经使用能够证明白兰地酒级别的星号，至目前，“轩尼诗”这个名字已经成为白兰地酒的代名词。“轩尼诗”家族经过6代人的努力，使它的产品质量不断提高，产品生产量不断扩大，已成为干邑地区最大的三家酿酒公司之一。该公司目前的产品有“三星”、“V. S. O. P”、“SPECIAL”和“X. O”等产品。

(6) 御鹿（HINE）或海因

御鹿，以酿酒公司名命名。该公司创建于1763年。由于一直由英国的海因家族经营和管理，因此，在1962年，被英国伊丽莎白女王指定为英国王室酒类承办商。在该公司的产品中，“ANTIQUE”（古董）是圆润可口的陈酿；“TRIOMPHE”（多利翁芙）产品采用香槟区葡萄为原料，是具有高雅口味和微妙香气的极品；而“RSESRVE”（珍品）采用海因家族秘藏的古酒制成，并且有手写的编号。

(7) 马爹利（MARTELL）

马爹利，以酿酒公司名命名。该公司创建于1715年，一直由马爹利家族经营和管理，并获得“稀世罕见的美酒”美誉。目前该公司已成为施格兰公司的一员。该公司的“三星”产品使顾客花大众化的价格领略到芬芳甘醇的美酒；该公司的“V. S. O. P”产品长时间以“MEDALLION”（奖章）的别名问世，具有轻柔口感，是世界上酒迷喜爱的产品；“CORDON RUBY”（红带）是酿酒师们从酒库中挑选各种香味俱全的白兰地酒混合而成；该公司的"NAPOLEAN"产品被人们称作是"拿破仑中的拿破仑"，是白兰地酒中的极品；而"CORBON BLUE"（蓝带）品味圆润，气味芳香。

（8）人头马（REMY MARTIN）

人头马，以酿酒公司名命名。该公司创建于1724年，是著名的、具有悠久历史的酿酒公司。由于该公司产品特点是选用大小香槟区的葡萄为原料，以传统的小蒸馏器进行蒸馏，品质优秀，因此，被法国政府冠以特别的荣誉名称——"FINE CHAMPAGNE COGNAC"（特优香槟区干邑）。该公司的"NAPOLEAN"（拿破仑）产品酒味刚强，它不是以白兰地酒级别出现的，而是以商标出现。该公司的另一产品——人头马，卓越非凡，口感轻柔，口味丰富，采用6年以上的陈酒混合而成。其他产品如人头马俱乐部有着淡雅和清香的味道，X. O则具有浓郁芬芳的特点。

（四）其他地区白兰地及其品牌

1. 阿玛邑（Armgnac）

阿玛邑，又译为阿玛涅克、雅文邑，位于法国西南的热尔省（Gers），它不如干邑那么出名，但生产的白兰地都是世界优秀酒品。

阿玛邑白兰地色泽呈琥珀色，发黑发亮，酒香浓郁，回味悠长，酒度为43°，著名的牌子有以下几种。

（1）夏博（Chabot）

阿玛邑白兰地酒是法国著名品牌，目前在阿玛邑白兰地酒当中，夏博（Chabot）的销量始终居于首位。

（2）圣·毕旁（Saint - Vivant）

以酿酒公司名命名，公司创建于1947年，生产规模排名在阿玛邑地区的第四位。该酒酒瓶较为与众不同，其设计采用16世纪左右吹玻璃的独特造型而著名，瓶颈呈倾斜状，在各种酒瓶中显得非常特殊。

（3）索法尔（Sauval）

以酿酒公司名命名。该产品以著名白兰地酒生产区泰那雷斯生产的原酒制成，品质优秀，其中拿破仑级产品混合了5年以上的原酒，属于该公司的高级产品。

（4）库沙达（Caussade）

商标全名为Marquis de Caussade，因其酒瓶上绘有蓝色蝴蝶图案，故又名"蓝蝶阿玛邑"。该酒的分类等级除了陈酿（V. S. O. P）和特酿（X. O）以外，还以酒龄来划分为库沙达12年、17年、21年和30年等多个种类。

（5）卡尔波尼（Carbonel）

由位于阿玛邑地区诺卡罗城的CGA公司出品。该公司创立于1880年，在1884年以瓶装酒的形式开始上市销售。一般的阿玛邑只经过一次蒸馏出酒，该酒则采取两次蒸馏，因此该酒的口味较为细腻、丰富。

（6）卡斯塔奴（Castagnon）

卡斯塔奴又称“骑士阿玛邑”，也是由位于阿玛邑地区诺卡罗城的CGA公司出品的。卡斯塔奴采用阿玛邑各地区的原酒混合配制而成，分为水晶瓶特酿、黑骑士、白骑士等多个品种。

2. 法国白兰地（French Brandy）

除干邑和阿玛邑以外的任何法国葡萄蒸馏酒都统称为“法国白兰地”（Brandy）。其价格比较低廉，质量不错，外包装亦很讲究，在市场上颇具竞争力。近年来，这种普通法国白兰地对干邑的销售量有较大影响。法国普通白兰地一般放在橡木桶内陈酿2~3年就装瓶出售了。较好的品牌有：

巴蒂尼（Bardinet），法国产销量最大的法国白兰地，同时也是世界各地免税商店销量最多的法国白兰地之一。其品牌创立于1857年。

另外，还有喜都（Choteau）、克里耶尔（Courriere）等，以及在我国酒吧常见的富豪、大将军等法国白兰地。

3. 苹果白兰地（Apple brandy）

苹果白兰地是将苹果发酵后压榨出苹果汁，再加以蒸馏而酿制成的一种水果白兰地酒。它的主要产地在法国的北部和英国、美国等世界上许多苹果的生产地。美国生产的苹果白兰地酒液被称为“Apple jack”，需要在橡木桶中陈酿5年才能销售。加拿大称为“Pomal”，德国称为“Apfelschnapps”。而世界最为著名的苹果白兰地酒是法国诺曼底的卡尔瓦多斯生产的，被称为“Calvados”。该酒色泽呈琥珀色，光泽明亮发黄，酒香清芬，果香浓郁，口味微甜，甜度在40°~50°左右。一般法国生产的苹果白兰地酒需要陈酿10年才能上市销售。

苹果白兰地的著名品牌有：布鲁耶城堡（Chateau Du Breuil）、布拉德（Boulard）、杜彭特（Dupont）以及罗杰·古鲁特（Roger Groult）等。

4. 樱桃白兰地（Kirschwasser）

这种酒使用的主原料是樱桃，酿制时必须将其果蒂去掉，将果实压榨后加水使其发酵，然后经过蒸馏、酿藏而成。它的主要产地在法国的阿尔萨斯（Alsace）、德国的斯瓦兹沃特（Schwarzwald）、瑞士和东欧等地区。

另外，在世界各地还有许多以其他水果为原料酿制而成的白兰地酒，只是在产量上、销售量上和名气上没有以上那些白兰地酒大而已，如李子白兰地酒、苹果白兰地酒等。

除以上白兰地外，还有美国的克利斯丁兄弟（Christian）和吉尔德（Guild）、西班牙的卡罗斯（Carlos）、意大利的布顿（Buton）、德国的阿斯巴赫（Asbach）、葡萄牙的康梅达（Cumenada）、加拿大的安大略（Ontario）小木桶和基尔德（Guild）等质量较好的白兰地。

（五）白兰地的饮用及品尝方法

1. 白兰地酒常有三种饮用方法

（1）净饮（纯饮）。将一盎司白兰地倒入白兰地杯中，饮用时，用手心温度将白兰地稍加温一下，让其香味挥发，一边欣赏其香气，一边饮用。

（2）加冰块饮用。将少量冰块放进白兰地酒杯，再放一盎司白兰地酒。

（3）与汽水或果汁混合饮用。将白兰地倒入高杯中，加冷藏过的汽水或果汁。

2. 白兰地酒的品尝程序

（1）观色。看白兰地的颜色，上乘的白兰地的颜色应呈金黄色，晶莹剔透，既灿烂又不娇艳。带有暗红色的白兰地质量较差，有些是加色素所致。

（2）闻香。法国科涅克白兰地香味独特，素有“可喝的香水”的美称。高质量的白兰地，其味道并不单一，应是丰富多彩、有层次的，其香味不断翻滚，经久不散。

（3）尝味。第一口不要喝得太多，一小滴白兰地沿着舌头进入喉咙，通过舌头上不同味感区，可感受到醇香的酒味。第二口可多喝一些，感受那些温暖的、没有强烈刺激的、葡萄发酵后与橡木桶所形成的酒香味。

根据不同的场合要求，常采用白兰地专用杯（或称球形杯）及郁金香形杯。

白兰地酒杯是为了充分享用白兰地而特别设计的。“闻”是享受的主要部分，窄口的设计是让酒的香味尽量长时间地留在杯内，以慢慢享受。大肚是为什么呢？白兰地的酒精含量在40°左右，散发较慢，大肚用来加热以利酒香散发。为了充分享其酒香，喝酒时，可手掌托杯，以使温度传至酒中，使杯内的白兰地稍加温，易于香气散发，同时又要晃动酒杯，以扩大酒与空气的接触面，增加酒香味的散发。

二、威士忌（Whisky）

威士忌酒是以大麦、黑麦、燕麦、小麦、玉米等谷物为原料，经发酵、蒸馏后放入橡木桶中陈酿再勾兑而成的一种酒精饮料。其颜色为褐色，酒精度常在40°~43°之间，最高可达66°。主要生产国为英语国家。威士忌是世界最著名的酒品之一，也是谷物蒸馏酒中最重要的烈性酒。

“威士忌”一词，是古代居住在爱尔兰和苏格兰高地的塞尔特人的语言，古爱尔兰人称此酒为“VISAGE BEATHA”，古苏格兰人称为“VISAGE BAUGH”，有“生命之水”之意。经过千年的变迁，才逐渐演变成“Whiskey”。不同国家对威士忌的写法也有差异，爱尔兰和美国写为“Whiskey”，在该字中多了一个字母“e”，而苏格兰和加拿大则写成“Whisky”，尾音有长短之别。

（一）威士忌酒的起源与发展

公元12世纪，爱尔兰岛上已有一种以大麦作为基本原料生产的蒸馏酒，其蒸馏方法是从西班牙传入爱尔兰的。这种酒含芳香物质，具有一定的医药功能。

公元1171年，英国国王亨利二世（HENRY II，1154～1189年）在位，举兵入侵爱尔兰，并将这种酒的酿造法带到了苏格兰。当时，居住在苏格兰北部的盖尔人（Gael）称这种酒为“Visage beatha”，意为“生命之水”。这种“生命之水”即为早期威士忌的雏形。

公元1494年的苏格兰文献《财政簿册》上，曾记载过苏格兰人蒸馏威士忌的历史。19世纪，英国连续式蒸馏器的出现，使苏格兰威士忌进入了商业化的生产。

公元1700年以后，居住在美国宾夕法尼亚州和马里兰州的爱尔兰和苏格兰移民，开始在那里建立起家庭式的酿酒作坊，从事蒸馏威士忌酒。随着美国人向西迁移，1789年，欧洲大陆移民来到了肯塔基州的波本镇（Bourbon County），开始蒸馏威士忌。这种后来被称为“肯塔基波本威士忌”（Kentucky Bourbon Whiskey），以其优异的质量和独特的风格成为美国威士忌的代名词。

欧洲移民把蒸馏技术带到了美国，同时也传到了加拿大。1857年，家庭式的“施格兰”（Seagram）酿酒作坊在加拿大安大略省建立，从事威士忌的生产。1920年，山姆·布朗夫曼（Samuel Bronfman）接掌“施格兰”的业务，创建了施格兰酒厂（House of Seagram）。他利用当地丰富的谷物原料及柔和的淡水资源，生产出优质的威士忌，产品行销世界各地。如今，加拿大威士忌以其酒体轻盈的特点，成为世界上配制混合酒的重要基酒。

19世纪下半叶，日本受西方蒸馏酒工艺的影响，开始进口原料酒进行调配威士忌。1933年，日本三得利（Suntory）公司的创始人乌井信治郎开始在京都郊外的山崎县建立了日本第一座生产麦芽威士忌的工厂。从那时候起，日本威士忌逐渐发展起来，并成为国内大宗的饮品之一。

威士忌不仅酿造历史悠久，酿造工艺精良，而且产量大，市场销售旺，深受消费者的欢迎，是世界最著名的蒸馏酒品之一，同时也是酒吧单杯“纯饮”销售量最大的酒水品种之一。目前，苏格兰威士忌是世界上最畅销的谷物蒸馏酒。

（二）威士忌的生产工艺

一般威士忌的酿制工艺过程可分为下列七个步骤（见下图3－4）

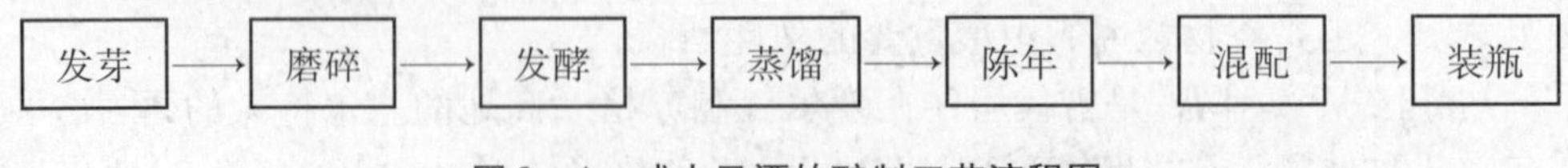

图3－4　威士忌酒的酿制工艺流程图

1. 发芽（Malting）

首先将去除杂质后的麦类（Malt）或谷类（Grain）浸泡在热水中使其发芽，其间所需的时间视麦类或谷类品种的不同而有所差异，但一般而言约需要一至两周的时间来进行发芽的过程，待其发芽后再将其烘干或使用泥煤（Peat）熏干，等冷却后再储放大约一个月的时间，发芽的过程即算完成。在这里特别值得一提的是，在所有的威士忌中，只有苏格兰地区所生产的威士忌是使用泥煤将发芽过的麦类或谷类熏干的，因此就赋予了苏格兰威士忌一种独特的风味，即泥煤的烟熏味，而这是其他种类的威士忌所没有的一个特色。

2. 磨碎（Mashing）

将存放过一个月后的发芽麦类或谷类放入特制的不锈钢槽中加以捣碎并煮熟成汁，其间所需要的时间约8～12小时。通常在磨碎的过程中，温度及时间的控制是相当重要的环节，过高的温度或过长的时间都会影响到麦芽汁（或谷类的汁）的品质。

3. 发酵（Fermentation）

是将冷却后的麦芽汁加入酵母菌进行发酵的过程。由于酵母能将麦芽汁中醣转化成酒精，因此在完成发酵过程后会产生酒精浓度5%～6%的液体，此时的液体被称之为“Wash”或“Beer”。由于酵母的种类很多，对于发酵过程的影响又不尽相同，因此各个不同的威士忌品牌都将其使用的酵母的种类及数量视为商业机密，不轻易告诉外人，一般来讲在发酵的过程中威士忌厂会使用至少两种以上不同品种的酵母来进行发酵，最多也有使用十几种不同品种的酵母混合在一起来进行发酵。

4. 蒸馏（Distillation）

一般而言蒸馏具有浓缩的作用，因此当麦类或谷类经发酵后形成低酒精度的“Beer”后，还需要经过蒸馏的步骤才能形成威士忌酒，这时的威士忌酒精浓度在60%～70%间，被称之为“新酒”。麦类与谷类原料所使用的蒸馏方式有所不同，由麦类制成的麦芽威士忌是采取单一蒸馏法，即以单一蒸馏容器进行二次的蒸馏过程，并在第二次蒸馏后，将冷凝流出的酒去头掐尾，只取中间的“酒心”（Heart）部分成为威士忌新酒。由谷类制成的威士忌酒则是采取连续式的蒸馏方法，使用两个蒸馏容器以串联方式一次连续进行两个阶段的蒸馏过程。基本上各个酒厂在筛选“酒心”的量上，并无一固定统一的比例标准，完全是依各酒厂的酒品要求自行决定。一般各个酒厂取“酒心”的比例多掌握在60%～70%之间，也有的酒厂为制造高品质的威士忌酒，只取其纯度最高的部分来使用。如享誉全球的麦卡伦（Macallan）单一麦芽威士忌即是如此，即只取17%的“酒心”来作为酿制威士忌酒的新酒使用。

5. 陈年（Maturing）

蒸馏过后的新酒必须经过陈年的过程，使其经过橡木桶的陈酿来吸收植物的天然香气，并产生出漂亮的琥珀色，同时亦可逐渐降低其高浓度酒精的强烈刺激感。目前在苏格兰地区有相关的法令来规范陈年的酒龄时间，即每一种酒所标示的酒龄都必须是真实无误的，苏格兰威士忌酒至少要在木酒桶中酝藏三年以上，才能上市销售。有了这样的严格措施规定，一方面可保障消费者的权益，另一方面更使苏格兰地区出产的威士忌酒在全世界建立起了高品质的形象。

6. 混配（Blending）

由于麦类及谷类原料的品种众多，因此所制造而成的威士忌酒也存在着各不相同的风味，这些就靠各个酒厂的调酒大师依其经验的不同和本品牌酒质的要求，按照一定的比例搭配，各自调配勾兑出自己与众不同的威士忌酒，也因此各个品牌的混配过程及其内容都被视为是绝对的机密，而混配后的威士忌酒品质的好坏就完全由品酒专家及消费者来判定了。需要说明的是这里所说的“混配”包含两种含义：即谷类与麦类原酒的混配；不同陈酿年代原酒的勾兑混配。

7. 装瓶（Bottling）

在混配的工艺做完之后，最后剩下来的就是装瓶了，但是在装瓶之前先要将混配好的威士忌再过滤一次，将其杂质去除掉。这时可由自动化的装瓶机器将威士忌按固定的容量分装至每一个酒瓶中，然后贴上各厂家的商标即可装箱出售。

（三）威士忌的分类

威士忌分类方法很多，依照威士忌酒所用的原料，威士忌可分为纯麦威士忌、谷物威士忌；依照生产地，威士忌可分为苏格兰威士忌、爱尔兰威士忌、美国威士忌和加拿大威士忌。

纯麦威士忌是以在露天泥煤上烘烤的大麦芽为原料，用罐式蒸馏器蒸馏后，放入特制木桶中陈酿，装瓶前用水稀释。此酒烟熏味浓烈。陈酿5年以上的酒可以饮用，陈酿7~8年为成品酒，陈酿15~20年者为最优质酒。贮存20年以上的酒，质量下降。由于味道过于浓烈，所以只有10%直接销售，约90%作为勾兑混合威士忌用。

谷物威士忌是采用多种谷物作为原料，一次蒸馏而成。比如荞麦、黑麦、大麦、小麦、玉米等，主要是以不发芽的大麦作主料，用麦芽作糖化剂生产的。它的区别在于大部分大麦不发芽，不发芽就不会用泥煤烘烤，成酒后的泥炭香味也就少一些。谷物威士忌主要是用于勾兑其他威士忌，很少在市场上零售。

混合威士忌是指用纯麦和各类威士忌掺兑勾和而成的混合威士忌。经过混合的威士忌，原有的麦芽味已经冲淡，嗅觉上更吸引人，很受欢迎，畅销世界各地。平时，如果人们只提到威士忌，多半是指混合威士忌。

根据纯麦威士忌和谷物威士忌比例的多少，兑和后的威士忌有普通和高级之分。一般来说纯麦威士忌用量在50%~80%者，为高级混合威士忌；如果各类威士忌所占比重大，即为普通威士忌。

（四）世界著名威士忌

1. 苏格兰威士忌

苏格兰生产威士忌酒已有500年的历史，它有着独特的风格，色泽棕黄带红，清澈透明，气味焦香，带有一定的烟熏味，具有浓厚的苏格兰乡土气息，而且口感甘洌、醇厚、劲足、圆润、绵柔，是世界上最好的威士忌酒之一。衡量的主要标准是嗅觉感受，即酒香气味。苏格兰威士忌可分为纯麦威士忌、谷物威士忌和混合威士忌三种类型。目前，世界最流行、产量最大、也是品牌最多的便是混合威士忌。苏格兰混合威士忌的原料60%来自谷物威士忌，其余则加入麦芽威士忌。它的工艺特征是使用当地的泥煤为燃料烘干麦芽，再粉碎、蒸煮、糖化，发酵后再经壶式蒸馏器蒸馏，产生70°左右的无色威士忌，再装入内部烤焦的橡木桶内，贮藏5年甚至更长一些时间。其中有很多品牌的威士忌酝藏期超过了10年。最后经勾兑混配后调制成酒精含量在40°左右的成品酒出厂。

在整个苏格兰有四个主要威士忌酒产区，即：北部高地（Highland）、南部低地（Lowland）、西南部的康贝镇（Campbeltown）和西部岛屿伊莱（Islay）。北部高地产区约有近百家纯麦芽威士忌酒厂，占苏格兰酒厂总数的70%以上，是苏格兰最著名的威士忌酒生产区。该地区生产的纯麦芽威士忌酒酒体轻盈，酒味醇香。

南部低地约有10家的纯麦芽威士忌酒厂。该地区是苏格兰第二个著名的威士忌酒的生产区。它除了生产麦芽威士忌酒外，还生产混合威士忌酒。

西南部的康贝镇位于苏格兰南部，是苏格兰传统威士忌酒的生产区。

西部岛屿伊莱风景秀丽，位于大西洋中。伊莱岛在酿制威士忌酒方面有着悠久的历史，生产的威士忌酒有独特的味道和香气，其混合威士忌酒比较著名。

苏格兰威士忌主要名牌产品有以下几种。

（1）格兰菲迪（Glenfiddich），又称“鹿谷”。1887年开始在苏格兰高地地区创立蒸馏酒制造厂，是纯麦芽威士忌的典型代表。它的特点是味道香浓而油腻，烟熏味浓重突出。品种有8年、10年、12年、18年和21年等。

（2）兰利斐（Glenlivet），又称“格兰利菲特”。该酒厂于1824年在苏格兰成立，是第一个政府登记的蒸馏酒生产厂，因此该酒也被称之为“威士忌之父”。

（3）麦卡伦（Macallan）。苏格兰纯麦芽威士忌的主要品牌之一。Macallan的特点是由于在储存、酿造期间，完全只采用雪利酒橡木桶盛装，因此具有白兰地般的水果芬芳，被酿酒界人士评价为“苏格兰纯麦威士忌中的劳斯莱斯”。在陈酿分类上有10年、12年、18年以及25年等多个品种，以酒精含量分类有40°、43°和57°等多个品种。

（4）百龄坛（Ballantine's）。创立于1827年，其产品是以产自苏格兰高地的8家酿酒厂的纯麦芽威士忌为主，再配以42种其他苏格兰麦芽威士忌，然后与自己公司生产酿制的谷物威士忌进行混合勾兑调制而成。具有口感圆润，浓郁醇香的特点，是世界上最受欢迎的苏格兰兑和威士忌之一。产品有特醇、金玺、12年、17年及30年等多个品种。

（5）金铃（Bell's）。是英国最受欢迎的品牌之一，创立于1825年。其产品都是使用极具平衡感的纯麦芽威士忌为原酒勾兑而成，产品有Extra Special、12年（Bell's Deluxe）、20年（Bell's Decanter）以及21年（Bell's Royal Reserve）等级别。

（6）芝华士（Chivas Regal）。创立于1801年，“Chivas Regal”的意思是“Chivas家族的王者”，在1843年，Chivas Regal曾作为维多利亚女王的御用酒。产品有芝华士12年（Chivas Regal 12）和皇家礼炮（Royal Salute）两种规格。

（7）顺风（Cutty Sark）。诞生于1923年，是具有现代口感的清淡型苏格兰混合威士忌，酒性较柔和，是国际较畅销的苏格兰威士忌之一。采用苏格兰低地纯麦芽威士忌作为原酒与苏格兰高地纯麦芽威士忌勾兑调和而成。产品分为Cutty Sark、10年（Berry Sark）、12年（Cutty）及圣·詹姆斯（St. James）等。

（8）添宝15年（Dimple）。添宝15年是1989年推出的苏格兰混合威士忌，具有金丝的独特瓶型和散发着酿藏15年的醇香，更显得独具一格，深受上层人士的喜爱。

（9）格兰特（Grant's）。是苏格兰纯麦芽威士忌Glenfiddich的姊妹酒。Grant's威士忌酒给人的感觉是爽快和具有男性化的辣味，因此在世界具有较高的知名度。其标准品为Standfast（意为其创始人威廉姆·格兰特常说的一句话“你奋起吧”），另外还有Grant's Centenary、12年陈酿（Grant's Royal）和格兰特21年极品威士忌（Grant's 21）等多个品种。

（10）海格（Haig）。是苏格兰酿制威士忌酒的老品牌，具有比较高的知名度。其产品有标准品Haig和12年陈酿豪华酒（Pinch）等。

（11）珍宝（J&B）。始创于1749年，该酒取名于该公司英文名称的字母缩写，属于清淡型混合威士忌酒。该酒采用42种不同的麦芽威士忌与谷物威士忌混合勾兑而成，且80%以上的麦芽威士忌产自苏格兰著名Speyside地区。是目前世界上销量比较大的苏格兰威士忌酒之一。

（12）尊尼·沃克（Johnnie Walker）。是苏格兰威士忌的代表酒，以产自苏格兰高地的40余种麦芽威士忌为原酒，再混合谷物威士忌勾兑调配而成。其中红方或红标（Johnnie Walker Red Label）是其标准品，在世界范围内销量都很大；黑方或黑标（Johnnie Walker Black Label）是采用12年陈酿麦芽威士忌调配而成的高级品，具有圆润可口的风味。另外还有蓝方或蓝标（Johnnie Walker Blue Label）是尊尼·沃克威士忌酒系列中的顶级醇醪；金方或金标（Johnnie Walker Gold Label）陈酿18年的系列酒、尊豪（Johnnie Walker Swing Superior）是威士忌系列酒中的极品，选用超过45种以上的高级麦芽威士忌混合调制而成，口感圆润，喉韵清醇。酒瓶采用不倒翁设计式样，非常独特。尊爵（Johnnie Walker Premier）属极品级苏格兰威士忌酒，该酒酒质馥郁醇厚，特别适合亚洲人的饮食口味。

（13）帕斯波特（Passport），又称“护照威士忌”，由威廉·隆格摩尔公司于1968年推出的具有现代气息的清淡型威士忌酒。该酒具有明亮轻盈，口感圆润的特点，非常受年轻人的欢迎。

（14）威雀（The Famous Grouse）。由创立于1800年的马修·克拉克公司出品。Famous Grouse 属于其标准产品，其他产品还有 15 年陈酿（Famous Grouse15）和21 年陈酿（Famous Grouse21）等。

此外，比较著名的苏格兰混合威士忌酒还有克雷蒙（Claymore）、笛沃（Dewar）、登喜路（Dunhill）、高原骑士（Highland Park）、苏格兰王（King of Scots）、老帕尔（Old Parr）、珍品（Something Special）、泰普罗斯（Taplows）、白马（White horse）、威廉·罗森（William Lawson's）等。

2. 爱尔兰威士忌

爱尔兰威士忌原产于爱尔兰。其原料除大麦芽外，还掺入了20%左右的小麦和黑麦等。贮存期一般为7 年，酒度为40°。其酒液中没有烟熏味，口味绵柔，适用于制作混合酒或与其他饮料共饮。

爱尔兰威士忌因其原料不用泥煤烘烤，所以没有焦香味，成熟度较高，口味绵柔长润，酒度达40°，适合于制作混合酒和与其他饮料兑饮，风靡世界的爱尔兰咖啡就是以此作基酒调配的。

爱尔兰威士忌著名的品牌有以下几种。

（1）约翰·詹姆森（John Jameson）。于1780 年在爱尔兰的都柏林创立，是爱尔兰威士忌酒的代表。其标准品口感平润并带有清爽的风味，是世界各地的酒吧常备酒品之一；“Jameson 1780 12 年”威士忌酒口感十足、甘醇芬芳，是极受人们欢迎的爱尔兰威士忌名酒。

（2）布什米尔（Bushmills）。布什米尔以酒厂名字命名，创立于1784 年。该酒以精选大麦制成，生产工艺复杂，有独特的香味，酒精度为43°。分为 Bushmills 、Black bush、Bushmills malt（10 年）三个级别。

（3）特拉莫尔露（Tullamore dew）。该酒以酒厂名字命名。酒精度为43°。其标签上描绘的狗代表着牧羊犬，是爱尔兰的象征。该酒厂创立于1829 年。

3. 美国威士忌

美国威士忌称为“波本”威士忌。“波本（BOURBON）”是位于美国肯塔基州内的一个县城。该处是美国最先使用玉米做原料酿造出威士忌的地方。没人能肯定最早的波本威士忌是产于什么时候，有的说是 1777 年，也有说是 1789 年。当年的苏格兰人和爱尔兰人移居到美洲东海岸，按照他们家乡的传统办法，用小麦来酿造威士忌。随着时间的推移，移民亦不断地向美洲内陆推进。当他们移居到现在所说的波本县时，移居者发觉这里更易种植的是一些其他谷类，先是黑麦，后来是玉米。由此，用玉米酿造的“波本”威士忌便逐渐产生。虽然今天波本威士忌的产地已扩大到马利兰州、印第安纳州、伊利诺思州等地，但是一半以上的波本威士忌仍然产于肯塔基州。

波本威士忌酒精含量为40% ~50%，必须选用至少51%的玉米作为原料酿制而成。事实上，大多数的酒商采用60%或者80%的玉米作原料，其余的部分用黑麦和小麦。波本威士忌是采用连续蒸馏两次的方法酿造而成之后，必须在新制的烘烤过的白橡木桶内蕴藏两年以上并且所有的产品均在保温仓库里蕴藏和装瓶。

波本威士忌的口味与苏格兰威士忌有很大的区别，由于波本被蕴藏于烘烤过的橡木桶内，所以有一种独特的丰富香味。

目前，美国是世界上最大的威士忌生产国和消费国。美国成年人平均每人每年饮用16瓶威士忌，这的确是个惊人的数字。

美国威士忌分为波本威士忌、黑麦威士忌和混合威士忌，其中以波本威士忌最为著名。

美国威士忌的名品有以下几种品牌。

（1）吉姆·比姆（Jim Beam），又称“占边”。是创立于1795年的Jim Beam公司生产的具有代表性的波本威士忌酒。该酒以发酵过的黑麦、大麦芽以及碎玉米为原料蒸馏而成，具有圆润可口、香味四溢的特点。分为普通（酒度为40.3°）、精选（酒度为43°）和经过长期陈酿的豪华产品。

（2）杰克·丹尼（Jack Daniel's）。该酒厂位于田纳西州的莲芝堡，是美国最古老的注册酒厂。该品牌的威士忌挑选最上等的玉米、黑麦及麦芽等全天然谷物，配合高山泉水酿制，不含人造成分。在酿制过程中采用独特的枫木过滤方法，用新烧制的美国白橡木桶储存，让酒质散发天然独特的馥郁芬芳。

杰克·丹尼作为世界知名的酒类品牌，曾达到全美销量第一，全球销量第四，多年来高居全球威士忌销量冠军。

（3）四玫瑰（Four Roses）。创立于1888年，容量为710ml/瓶，酒度43°。黄牌四玫瑰酒味道温和，气味芳香；黑牌四玫瑰味道香甜浓厚；而“普拉其那”则口感柔和，气味芬芳、香甜。

（4）施格兰王冠（Seagram's crown）。是施格兰公司于1934年首次推向市场的口味十足的美国黑麦威士忌。

此外，老祖父（Old Grand Dad）、野火鸡（Wild Turkey）等品牌也较有名气。

4. 加拿大威士忌

加拿大威士忌酒有200多年的历史，其著名产品是黑麦威士忌和以黑麦、玉米和大麦为主要原料混合酿制的混合威士忌。在黑麦威士忌中黑麦是主要原料，占51%以上，再配以大麦芽及其他谷类组成，此酒经发酵、蒸馏、勾兑等工艺，并在橡木桶中陈酿至少3年（一般达到4~6年）才能出品。该酒酒质细腻，酒体轻盈淡雅，酒度40°以上，特别适宜作为混合酒使用。加拿大威士忌酒在原料、酿造方法及酒体风格等方面与美国威士忌比较相似。加拿大威士忌气味清爽，口味温和，不少北美人士都喜爱这种酒。

加拿大威士忌著名的品牌有以下几种。

（1）皇冠（Crown royal）。是加拿大威士忌酒的超级品牌，酒度为40°。由于1936年英国国王乔治六世在访问加拿大时饮用过这种酒，因此而得名。

（2）施格兰特酿（Seagram's V. O）。以酒厂名字命名，施格兰原为一个家族，该家族热心于制作威士忌酒，后来成立酒厂并以“施格兰”命名。该酒以黑麦和玉米为原料，贮存6年以上，经勾兑而成，酒度为40°，口味清淡而且平稳顺畅。

此外，加拿大威士忌品牌中著名的还有加拿大俱乐部（Canadian club）、韦勒维特（Velvt）、卡林顿（Carrington）、怀瑟斯（Wiser's）、加拿大OFC（Canadian OFC）等。

（五）威士忌常用的饮用方法

威士忌常用的饮用方法有三种。

1. 净饮（纯饮）

将威士忌直接倒入威士忌杯中饮用。在酒吧服务中，常以一盎司为一个销售单位（1份）。

2. 加冰块饮用

先在老式杯中放4~5块冰块，然后将威士忌倒入老式杯中。

3. 威士忌兑饮

威士忌可以作调制鸡尾酒的基酒，如“威士忌酸”、“曼哈顿”、“古典”等著名的鸡尾酒就是用它作基酒调制的。

4. 威士忌兑水

所兑的水可以是冰水或汽水可乐。如苏格兰苏打，即是苏格兰威士忌兑苏打水饮用，方法是：在冷饮杯中先放入2~3粒小冰块，再加入定量的威士忌和八分满的苏打水，以柠檬饰杯，然后插入吸管饮用。

三、伏特加（Vodka）

伏特加在俄语中有“水酒”之意，在波兰文中的“WODKA”与“VODKA”的写法接近，也有“水酒”的含义。它起源于俄罗斯，通常用马铃薯或多种谷物作为原料，经发酵、蒸馏、过滤而成。其酒精度数较高，标准酒度一般为50°，也有的酒度高达90°以上，是一种烈性酒，不需贮存即可出售，是在俄罗斯、东欧、北欧国家十分流行的烈性酒。

（一）伏特加的起源与发展

传说12世纪时，最爱饮酒的俄国沙皇下了一道命令：所有大臣都要努力为他制造一种喝了能长寿不老的饮料。为此，一位叫基斯科夫的宫廷酿酒师经过一番设计后，酿制出一种“五色黄金不老”饮料，这种饮料是以蜂蜜酒和黑麦为原料的啤酒一起蒸馏而成，它就是现在伏特加酒的原型。之后玉米、土豆等农作物传入俄国，陆续成为酿酒的新原料。

18世纪，小酒保出身的史密诺夫发明了用白桦木炭过滤伏特加原酒的方法，这种方法使得酿出的酒更加纯净、透明。1818 年，宝狮伏特加（Pierre Smirnoff Fils）酒厂在莫斯科建成，1917 年十月革命后，仍是一个家族的企业，1930 年，伏特加酒的配方被带到美国，在美国也建起了宝狮（Smirnoff）酒厂，所产酒的酒精度很高，在最后过程中用一种特殊的木炭过滤，以求取得酒味纯净的伏特加。随着这种饮品在市场上的销售，热衷于鸡尾酒的美国人发现，以伏特加为基酒所调配的"血玛丽"（Bloody Mary）、"螺丝钻"（Screwdriver）等混合酒，口味很好，富有特色，因此伏特加在美国逐渐盛行起来。据统计，到 1975 年，伏特加在美国市场上的销售量已居各种烈性酒的首位，成为第一种在美国本土上销售量超过波本威士忌的烈性酒，当时，在美国销售的各国伏特加品牌已达 200 多种。

（二）伏特加的特点

伏特加是以多种谷物（如马铃薯、玉米等）为原料，用重复蒸馏、精炼过滤的方法除去酒精中所含毒素和其他异物所获得的一种纯净的高酒精浓度饮料。伏特加酒口味烈，劲大刺鼻，除了与软饮料混合使之变得甘冽，与烈性酒混合使之变得更烈之外，别无他用。但由于酒中所含杂质极少，口感纯净，并且能以任何浓度与其他饮料混合饮用，所以经常用于做鸡尾酒的基酒。

（三）伏特加的酿造方法

伏特加的传统酿造法是首先以马铃薯或玉米、大麦、黑麦为原料，用精馏法蒸馏出酒度高达 96% 的酒精液，再使酒精液流经盛有大量木炭的容器，以吸附酒液中的杂质（每 10 升蒸馏液用 1.5 千克木炭连续过滤不得少于 8 小时，40 小时后至少要换掉 10% 的木炭），最后用蒸馏水稀释至酒度 40°～50°就得到了伏特加酒。此酒不用陈酿即可出售、饮用，也有少量的如香型伏特加在稀释后还要经串香程序，使其具有芳香味道。伏特加与金酒一样都是以谷物为原料酿制的高酒精度的烈性饮料，并且不需贮存。但与金酒相比，伏特加甘冽无刺激味，而金酒有浓烈的杜松子味道。

（四）世界著名伏特加

1. 俄罗斯伏特加

俄罗斯伏特加最初用大麦为原料，以后逐渐改用含淀粉的马铃薯和玉米。制造酒醪和蒸馏原酒并无特殊之处，只是过滤时将精馏而得的原酒注入白桦活性炭过滤槽中，经缓慢的过滤程序，使精馏液与活性炭分子充分接触而净化，将所有原酒中所含的油类、酸类、醛类、酯类及其他微量元素除去，便得到非常纯净的伏特加。俄罗斯伏特加酒液透明，除酒香外几乎没有其他香味，口味凶烈，劲大冲鼻，火一般的刺激。其名品有：波士伏特加（Bolskaya）、苏联红牌（Stolichnaya）、苏联绿牌（Mosrovskaya）、柠檬那亚（Limonnaya）、斯大卡（Starka）、朱波罗夫卡（Zubrovka）、俄国卡亚（Kusskaya）、哥丽尔卡（Gorilka）等。

2. 波兰伏特加

波兰伏特加的酿造工艺与俄罗斯相似，区别只是波兰人在酿造过程中，加入了一些草卉和植物果实等调香原料，所以波兰伏特加比俄罗斯伏特加酒体丰富，更富韵味。名品有：蓝牛（Blue Rison）、维波罗瓦红牌38（Wyborowa）、维波罗瓦蓝牌45（Wyborowa）、朱波罗卡（Zubrowka）等。

3. 其他国家和地区的伏特加

除俄罗斯与波兰外，其他较著名的生产伏特加的国家和地区还有以下几个。

（1）英国。著名品牌有：哥萨克（Cossack）、夫拉地法特（Viadivat）、皇室伏特加（Imperial）、西尔弗拉多（Silverad）等。

（2）美国。著名品牌有：宝狮伏特加（Smirnoff）、沙莫瓦（samovar）、菲士曼伏特加（Fielshmann's Royal）等。

（3）芬兰。著名品牌有：芬兰地亚（Finlandia）。

（4）法国。著名品牌有：卡林斯卡亚（Karinskaya）、弗劳斯卡亚（Voloskaya）等。

（5）加拿大。著名品牌有：西豪维特（Silhowltte）。

（五）伏特加的饮用与服务

标准用量为每位客人42毫升，用利口杯或古典杯装载，可作佐餐酒或餐后酒。

纯饮时，以常温快饮（干杯）是其主要饮用方式。许多人喜欢冰镇后干饮，仿佛冰融化于口中，进而转化成一股火焰般的灼热。

以伏特加作基酒来调制鸡尾酒比较著名的有：黑俄罗斯（Black Russian）、镙丝钻（Screw Driver）和血玛丽（Bloody Mary）等。

四、金酒（Gin）

金酒有许多称呼，香港和广东地区称为“毡酒”，台北称为“琴酒”，又因其含有特殊的杜松子味道，所以又被称为“杜松子酒”。

（一）金酒的起源与发展

据说金酒诞生于17世纪中叶，是由荷兰莱顿大学（Unversity of Leyden）的医学教授西尔维斯（Sylvius）首创。最初是作为利尿和清热的药剂使用，不久人们发现这种利尿剂香气和谐、口味协调、醇和温雅、酒体洁净，具有净、爽的自然风格，很快就被人们作为正式的酒精饮料饮用。据说，1689年流亡荷兰的威廉三世回到英国继承王位，杜松子酒也随之传入英国并受到欢迎，其英文叫“Gin”，现普遍译为“金酒”。到了英国安妮女王（Anne，1665~1714年）时期，金酒已传遍苏格兰，并成为英国平民百姓的廉价酒品。

金酒进入美国后，最初并不受消费者喜欢，尤其是20世纪20年代开始的禁酒运动时期。美国人认为金酒似乎可以用任何东西来作为酿酒原料，其酿造的容器甚至可以是一个浴缸，因此，美国人称金酒为“浴缸金酒”（Bathtub Gin）。

后来由于金酒特有的杜松子香味在调制鸡尾酒中起了重要的作用，因此逐渐得到了人们的青睐，嗜好鸡尾酒的美国人终于发现了金酒的奥妙。随着鸡尾酒的流行，金酒制造业在欧美国家得到了迅猛发展。现在金酒已成为酒吧和家庭必备的饮料，几乎各个生产酒类饮料的国家均生产金酒。

金酒的宜人香气主要来自具有利尿作用的杜松子。杜松子的添加方法有许多种，一般是将其包于纱布中，挂在蒸馏器出口部位，蒸酒时，其味便串于酒中；或者将杜松子浸于绝对中性的酒精中，一周后再回流复蒸，将其味蒸于酒中；有时还可以将杜松子压碎成小片状，加入酿酒原料中，进行糖化、发酵、蒸馏，以得其味。有的国家和酒厂还会配合其他香料来酿制金酒，如荽子、豆蔻、甘草、橙皮等。而具体的配方，厂家一向是非常保密的。

世界上以金酒作基酒调制出来的鸡尾酒有数百种之多，故有人称金酒为“鸡尾酒的心脏”。

（二）金酒的分类

世界上金酒可分为两大类：荷兰式金酒和英国式金酒。

1. 荷兰式金酒

采用大麦、麦芽、玉米、黑麦等为原料，经糖化、发酵后，放入单式蒸馏酒器中蒸馏，然后再将杜松子果与其他的香草类加入蒸馏酒器中，重新用单式蒸馏酒器作第二次蒸馏。这种方法制造出来的酒除香气浓郁外，还带有麦芽的香味，酒度52°左右。金酒是荷兰的国酒，荷兰金酒酒液无色透明，酒香与香料味突出，近乎怪异，个性强。因此种酒的口味过于甜浓，可以盖过任何饮料，所以只适宜单饮，不宜作调制鸡尾酒的基酒。

著名品牌有：波尔斯（Bols）、波马（Bokma）、汉克斯（Henkes）等。

2. 英国式金酒

以黑麦、玉米等为原料，经过糖化、发酵后，放入连续式蒸馏酒器中，蒸馏出酒度很高的玉米和黑麦酒精，再加入杜松子和其他香料，重新放入单式蒸馏酒器中蒸馏。英式金酒既可以净饮，又可用作调酒。

较流行的牌子有：哥顿（Gordon’s）、比佛塔（Beefeater）、吉里贝（Gilibey’s）等。

3. 其他国家的金酒

美式金酒（American Gin）为淡金黄色，因为与其他金酒相比，它要在橡木桶中陈酿一段时间。美国金酒主要有蒸馏金酒（Distiled Gin）和混合金酒（Mixed Gin）两大类。通常情况下，美国的蒸馏金酒在瓶底部有“D”字，这是美国蒸馏金酒的特殊标志。混合金酒是用食用酒精和杜松子简单混合而成的，很少用于单饮，多用于调制鸡尾酒。

金酒的主要产地除荷兰、英国和美国以外还有德国、法国以及比利时等国家。比较常见和有名的金酒有：德国的辛肯哈根（Schinkenhager）、西利西特（Schlichte）、多享卡特（Doornkaat）；比利时的布鲁克人（Bruggman）、菲利埃斯

(Filliers)、弗兰斯（Fryns)、海特（Herte)、康坡（Kampe)、万达姆（Vanpamme)；法国的克丽森（Claessens)、罗斯（Loos)、拉弗斯卡德（Lafoscade)；前南斯拉夫的布苓吉维克（Brinevec）等等。

五、朗姆酒（Rum)

朗姆酒（Rum)，又称为“兰姆酒”、“糖酒”、“罗姆酒”，是制糖业的一种副产品，它是用甘蔗汁或糖蜜经发酵、蒸馏，然后在橡木桶中储存3年以上而成(其酿造流程见下图3－5)。因朗姆酒的原料为甘蔗，所以世界各地凡产甘蔗多的地区都生产朗姆酒，如西半球的西印度群岛，以及美国、墨西哥、古巴、牙买加、波多黎各、海地、多米尼加、特立尼达和多巴哥、圭亚那、巴西等国家。另外，非洲岛国马达加斯加也出产朗姆酒，但以质浓色深的牙买加朗姆酒和味淡色浅的古巴朗姆酒最为著名。朗姆酒是世界上消费量最大的酒品之一。

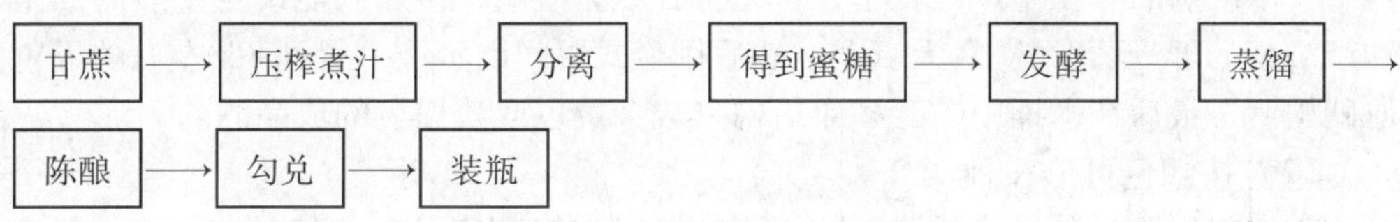

图3－5　朗姆酒的酿制工艺流程图

（一）朗姆酒的起源与发展

16世纪，哥伦布发现新大陆后，西方殖民者在西印度群岛一带广泛种植甘蔗，榨取甘蔗制糖，在制糖时剩下许多残渣，这种副产品称为“糖蜜”。人们把糖蜜和甘蔗汁在一起蒸馏，就形成新的蒸馏酒。但当时的酿造方法非常简单，酒质不好，这种酒只是种植园的奴隶们喝，奴隶主们喝葡萄酒。后来蒸馏技术得到改进，把酒放在木桶里储存一段时间，就成为爽口的朗姆酒了。17世纪，西印度群岛的欧洲移民开始以甘蔗为原料制造一种廉价的烈性酒，作为兴奋剂和万能药来饮用，这种酒即为现今朗姆酒的雏形。“Rum”一词来自最早称呼这种酒的名称——“Rumbullion”。

18世纪，随着世界航海技术的进步以及欧洲各国殖民地政策的推进，朗姆酒生产开始在世界各地兴起。据统计，到1775年止，北美洲人均年消费朗姆酒已达4加仑（1加仑＝4.546升)。至今，朗姆酒仍然是英国海军的传统饮料，许多法国家庭主妇也把朗姆酒作为厨房必备的调料酒。又由于朗姆酒具有提高水果类饮品味道的功能，朗姆酒亦成为调制混合酒的重要基酒。

（二）朗姆酒的特点与分类

1．特点

朗姆酒酒度一般在40°～43°之间，少数酒品超过45°，是微黄、褐色的液体，具有细致、甜润的口感，芬芳馥郁的酒精香味。大多数朗姆酒产于热带地区，其酒色越深表示年份越久。

2．分类

（1）按口味可分三类

①淡朗姆酒。无色，味道精致、清淡，是鸡尾酒基酒及兑和其他饮料的原料。生产过程中，甘蔗糖只加酵母，发酵期短，塔式连续蒸馏，产出95°的原酒，再贮存勾兑，成浅黄色到金黄色的成品酒。淡朗姆酒以古巴朗姆为代表。

②中性朗姆酒。在生产过程中加水在糖蜜上使其发酵，然后仅取出浮在上面澄清的汁液蒸馏、陈化。出售前用淡朗姆或浓朗姆兑和至合适程度。

③浓朗姆酒。在生产过程中，首先将甘蔗糖澄清，再加入能产生丁酸的细菌和产酒精的酵母菌发酵10天以上，然后用壶式锅间歇蒸馏，得到86°左右的无色原朗姆酒，最后在木桶中贮存多年后勾兑成金黄色或淡棕色的成品酒。

（2）按颜色可分三种

①白朗姆酒。指无色或淡色朗姆酒，又叫“银朗姆酒”（Silver Rum），制造时是让经过入桶陈化的原酒再经过活性炭过滤，除去杂味。

②金朗姆酒（Golden Rum）。介于白朗姆酒和黑朗姆酒之间的酒液，通常是用白朗姆和黑朗姆两种酒混合而成。

③黑朗姆酒（Dark Rum）。浓褐色，多产自牙买加，通常用于制点心，实际上就是浓朗姆酒。

（三）世界著名朗姆酒品牌

1．百加地（Bacardi）

百加地朗姆酒是由西班牙移民百加地（Bacardi）于1862年在古巴创立的，该品牌最早将刺激性强的朗姆酒转变为纯净爽口的淡质朗姆酒（Light Rum），目前，该品牌朗姆酒的销售量排名世界第一位。百加地具体又分为三种：金色百加地，酒精度数为40°；淡质百加地，酒精度数为44°；暗色百加地，酒精度数为40°。

2．美亚森（Myer’s）

美亚森又称“美雅士”，是牙买加出产的著名暗色老朗姆酒。该酒在牙买加经过蒸馏后，装桶运到英国进行8年的陈酿后才能装瓶销售。美亚森酒精度数为40°，芬芳甘醇，气味诱人，除供饮用外，还经常被用来制作糕点。

3．奇峰（Mount gay）

奇峰产自西印度群岛的巴巴多斯，品牌始创于1660年。饮用该酒时兑入苏打水或可乐风味更佳。其酒精度数为43°，容量为750ml/瓶。

另外，还有拉姆斯（Lambs）、哈瓦那俱乐部（Havana Club）以及摩根船长（captain morgan）等名品。

（四）朗姆酒的饮用与服务

朗姆酒可以直接单独饮用，也可以与其他饮料混合成好喝的鸡尾酒或在晚餐时作为开胃酒来喝，还可以在晚餐后喝。在重要的宴会上它是极好的伴侣。

陈年浓朗姆酒可作为餐后酒纯饮，亦可加冰块。纯饮用利口酒杯，兑冰块时用古典威士忌杯。白色淡朗姆酒，如波多黎各的“百加地”，作为调制混合酒的基酒可兑果汁饮料、碳酸饮料，并加上冰块。金色淡朗姆酒可纯饮或加冰块。

朗姆酒与咖啡、可可或热带水果等原料配合，还可以酿造出极好的利口酒（Liqueur）。

六、特基拉（Tequila）

特基拉酒（Tequila）产于墨西哥，是以墨西哥珍贵的植物——龙舌兰为原料，经过发酵、蒸馏得到的烈性酒。龙舌兰属于仙人掌类，是一种怕寒的多肉花科植物，经过10年的栽培方能酿酒。

特基拉酒在制法上也不同于其他蒸馏酒。当龙舌兰长满叶子的根部经过10年的栽培后，会形成大菠萝状茎块，把叶子全部切除，将含有甘甜汁液的茎块切割后放入专用糖化锅内煮大约12小时，待糖化过程完成之后，再将其榨汁并将榨出的汁注入发酵罐中，加入酵母和上次的部分发酵汁一起发酵。有时，为了补充糖分，还得加入适量的糖。发酵结束后，发酵汁除留下一部分做下一次发酵的配料之外，其余的在单式蒸馏器中再蒸馏两次。第一次蒸馏后，将会获得一种酒精含量约25%的液体；第二次蒸馏，在经过去除首馏和尾馏的工序之后，将会获得一种酒精含量大约为55%的可直接饮用的烈性酒。虽然是经过了两次蒸馏，但最后获得的酒液酒精含量仍然比较低，因此，其中就含有很多原材料及发酵过程中所形成的许多其他成分，这些成分使特基拉风味在特基拉酒中发挥得淋漓尽致。和伏特加酒一样，特基拉酒在完成了蒸馏工序之后，酒液要经过活性炭过滤以除去杂质。至此，特基拉酒的制作也就完成了。

（一）特基拉的起源与发展

据传，18世纪中叶，在墨西哥中部的哈里斯克州（Jalisco）一个名叫阿奇塔略的地方发生了严重的山火。大火过后，地面上到处是烧焦的龙舌兰，而在空气中则充满了一种宜人的香草香味，于是当地村民就将烧焦的龙舌兰砸烂，发现里面竟流出一股巧克力色泽的汁液来，放入口中品尝后，才知道龙舌兰带有极好的甜味。于是墨西哥早期的西班牙移民就将龙舌兰通过压榨出汁，然后将汁液发酵、蒸馏，制造出无色透明的烈性酒，随后，酿造厂为了寻求上等的龙舌兰原料而来到特基拉镇（Tequila），从此以后特基拉镇成为了特基拉酒最主要的产地。1873年，特基拉酒以“梅斯卡尔葡萄酒”（Mescal wine）的名字从特基拉镇被运到了美国的新墨西哥州（New Mexico），这是该酒第一次被运出国境；1893 年，它以“梅斯卡尔白兰地酒”（Mescal Brandy）的名义参加了在芝加哥举行的世界博览会；1910 年，它又以“龙舌兰葡萄酒”（Tequila wine）的名义参加了在圣安东尼（San Antonia）举行的酒类展览会，并且获得金奖。但是，直到玛格丽特（Margherita）鸡尾酒出现以后，特基拉酒才从墨西哥的当地名酒变为风靡世界的饮料，并在世界各地的酒吧中占有重要的席位。

（二）特基拉的特点与分类

1. 特点

特基拉酒是一种富有个性的烈性酒。它不仅酿造原料独特，而且连酒瓶和商标设计亦体现了墨西哥当地的民族特色。特基拉酒呈浅琥珀色，香气奇异，口味凶烈，风格独特，酒精度 38°~44°，带有龙舌兰的独特芳香味。特基拉酒既可单饮，也可作调酒用。

2. 分类

（1）按原料的不同分类

可分为特基拉和麦日科两种。

①特基拉（Tequila）。墨西哥政府有明文规定，只有以特基拉镇周围的产区以及特帕蒂特兰（Tepatilan）周围的附属区所生产的特种龙舌兰为原料所制成的酒，才允许冠以“Tequila”之名出售，就像干邑白兰地必须是产自法国干邑地区一样。

特基拉酒的酒瓶上所注有的“DGN”或“NOM”的字样，是表示墨西哥政府酒类质量监控局核准的记号。

②麦日科（Mezcal）。用特基拉地区及特帕蒂特兰（Tepatilan）附属产区以外的各种品种的龙舌兰为原料，经发酵、蒸馏而成的酒统称为“麦日科酒”。该种类型的酒因所用的龙舌兰原料不如特基拉地区，所以酒质较劣。“麦日科”是早期西班牙人对龙舌兰所蒸馏出的酒的称呼，这个名字现在已属于一般的酒业术语。

（2）按贮藏方式及成熟度分类

可分为三大类。

①白色特基拉。又称“透明特基拉”或“银色特基拉”，特征是带有强烈的青草气味。

②金色特基拉。又称为“Tequila Reposado”，蒸馏后放入桶中贮藏成熟后会变成金黄色。基本上金色特基拉酒必须放入木桶中两个月以上才可以饮用。

③古老特基拉。“Axejo”在西班牙语中有“古老”之意，这种特基拉要贮藏于木桶内超过一年以上。由于经长时间酝酿，其强烈的味道已变淡，制造出非常温和爽口的口感，与白兰地非常相近。

（3）按颜色分类

可分成白色和金黄色两种。

①白色特基拉（White Tequila）。白色特基拉又称“银色特基拉”（Silver Tequila），是把制成的特基拉酒存在瓷制的酒缸内，一直保持无颜色。其酒体外观清亮透明，加上酒瓶凹凸的表面，更是显得银光闪亮。部分白色特基拉没经过贮存即装瓶出售，此类特基拉酒酒质较粗劣。

②金黄色特基拉（Gold Tequila）。金黄色特基拉属陈年特基拉酒，一般是在旧橡木桶中贮存陈酿至少一年，多数达三年或更长的时间，因而带有来自橡木桶的金黄色泽和甜润味道。此类型酒质柔顺醇和，酒香较浓。

（三）特基拉酒的世界著名品牌

1．科尔沃（Cuervo）

科尔沃又称“豪帅快活”。该公司创立于1795年，是西班牙语“乌鸦”的意思。该酒分为三种：Cuervo white、Cuervo gold 和 Cuervo 1800。Cuervo white 是不经酿藏直接过滤装瓶销售的，此类酒酒精度数为40°，味道纯净；Cuervo gold 是指在橡木桶中酿藏两年的酒，该酒味道浓厚，酒精度数也为40°；Cuervo 1800 是该公司纪念酒，酒精度数为38°。

2．卡米诺（Camino）

这是包装比较具有民族特色的特基拉酒，酒精度数为40°，酒瓶造型采用墨西哥帽子作为瓶塞，瓶身以布披肩围着，宛如一个墨西哥人。

3．奥米加（Olmeca）

奥米加的命名起源于奥米加的土著族文化。该酒分为无色特基拉和金色特基拉酒两种，酒精度数都为40°。

另外，还有白金武士（Conquistador）、百灵崎（Palenque）、道梅科（Domeco）、斗牛士（E1 toro）等众多品牌。

（四）特基拉的饮用方法与服务要求

一般特基拉酒都在常温下纯饮，尤其是陈年金黄色特基拉，可用利口酒杯或烈酒杯盛酒。

作为餐后酒时，特基拉可兑上冰块，用古典威士忌杯盛酒。

制作混合饮料时，特基拉可用来兑果汁饮料和碳酸饮料，并加上冰块用容量较大的高身杯盛酒。

在墨西哥，传统的特基拉酒喝法十分特别，也颇需一番技巧。首先把盐巴和辣椒粉撒在虎口上，用拇指和食指握一小杯纯特基拉酒，再用无名指和中指夹一片柠檬片。迅速舔一口虎口上的盐巴和辣椒粉，接着把酒一饮而尽，再咬一口柠檬片。整个过程一气呵成，无论风味或是饮用技法都堪称一绝。

七、国外其他蒸馏酒

（一）阿夸维特（Aquavit）

阿夸维特是北欧和德国北部地区的特产酒，有“Aquavit”和“Akvavit”两种写法。这种被称为“烧酒”的烈性酒是丹麦、德国、挪威和冰岛等国的国酒，一般在德国和挪威称之为“Aquavit”，丹麦等国称为“Akvavit”，瑞典则两个名字都混用。

阿夸维特的主要原料是马铃薯，将马铃薯煮熟后，再以黑麦或大麦芽糖化、发酵，然后使用连续蒸馏法制出酒精纯度高达95°的蒸馏液，这种蒸馏液用蒸馏水稀释后，再加上各种草根、树皮等香料。这种酒就其制法来说类似于金酒，至于使用的植物种类与分量多寡，各蒸馏所用都有所不同，因此，各种牌子的阿夸维特酒之间风味差异十分微妙。稀释后上市销售的阿夸维特一般酒精含量在40°~45°之间。

阿夸维特从出现至今，经历了一个漫长的历史过程。大约15世纪阿夸维特诞生，当时主要以葡萄酒为酒基进行蒸馏，作为药酒；16世纪改用谷物为原料；18世纪以后开始使用马铃薯，并一直沿用至今。

著名的阿夸维特酒有：瑞典产的安德森（Anderson）和斯凯尼（Skane）；丹麦产的阿尔博格（Aadborg）、克里斯琴·哈伍那（Christians Havner）及船长（Skipper）；挪威产的科尼（Linie）；德国名牌银狮（Silbedowe）等。

（二）科伦（Korn）

科伦是德国生产的一种谷物类蒸馏酒，此酒以小麦、大麦、稞麦等为主要原料，经过发酵、蒸馏而成，具有顺口而柔绵的口感。

主要品牌有：卡维特（Corvit）、布罗西亚的光荣（Preussens gloria）、欧德斯洛（Oldesloer）、犹阿科恩（Urkorn）、比恩特兹（Berentzen）等。

（三）阿拉克（Arak）

阿拉克分为两种类型，一种是亚洲和中东地区出产的带有宗教意味的阿拉克酒，如东南亚的米酒、中东的椰枣酒以及西亚的棕榈籽酒；另一种是以德国为生产中心的欧洲型阿拉克酒，如德国的格涅沃尔德（Grunerwald）等。

（四）卡沙萨（Cachaca）

巴西卡沙萨是用甘蔗作为原料经发酵蒸馏的一种白酒，酒精含量在40°左右。巴西现年产卡沙萨13亿升，国内市场基本饱和，所以近年来在积极开拓海外市场。在世界消费量最大的蒸馏酒中，巴西卡沙萨排名第三，2002年巴西出口卡沙萨1480万升。卡沙萨最大的进口国是德国、巴拉圭、意大利、西班牙和葡萄牙，在伦敦、巴黎及纽约最好的酒吧都能喝到巴西的卡沙萨。目前世界上对卡沙萨的需求以每年10%的速度递增。

在巴西，卡沙萨除直接饮用外，通常被用来跟捣碎的柠檬、白糖和冰块一起调制成巴西的国酒——卡依皮里尼亚（Caipirinhe）。

卡沙萨可以纯饮或替代朗姆酒和特基拉酒作混合饮料。在西班牙等国家，消费者还喜欢把卡沙萨跟可口可乐混在一起喝。由于它口味甘醇并富于异国情调，在世界各地逐渐受到欢迎。

第三节 外国配制酒

约在公元前420年，古希腊人希波克拉底（Hippocrates）首先利用葡萄酒为酒基，调入肉桂等香料，制成一种"药酒"，这就是最早外国配制酒的雏形。此后，欧洲国家修道院的僧侣竞相仿制这种饮料，作为治病或强身健体的"万能药"，并不断推陈出新，创制出各种配制酒品。

公元15世纪，意大利已经成为生产配制酒的主要国家。随着意大利麦第奇家族出身的凯瑟琳（Catherine de Medici）于1533年远嫁给法国王储道芬（Dauphin）太子，意大利的配制酒因凯瑟琳的推崇，在法国宫廷大行其道，并逐渐在法国流行起来。1749年意大利人查世特尼（Justerini）应邀来到英国伦敦，建立了"J&B"制造厂（Justerini & Brooks），此后，英国人才开始饮用并逐渐生产配制酒。随着欧洲配制酒的发展，其生产方法逐渐传到了世界各地。

外国配制酒色泽艳丽多彩，味道香醇，口味多种多样，具有一定的药用和保健功能，是一种餐前、饭后的良好饮品，亦是调制鸡尾酒不可缺少的一大类酒，还是当今世界最大宗的酒精饮料之一。其著名酒品集中在欧洲主要产酒国，产品行销世界各地，并成为世界配制酒市场的主导产品。

外国配制酒种类庞杂，风格各异，较难分类。目前，世界上普遍的分类法是将配制酒划分为三大类：开胃酒（Aperitif）、甜食酒（Dessert Wine）和利口酒（Liqueur）。

一、开胃酒（Aperitif）

从广义上说，开胃酒是指能够增进食欲的餐前酒，如白兰地、香槟酒、威士忌、金酒、伏特加以及某些品种的葡萄酒和果酒。从狭义上说，开胃酒主要是指以酿制酒或蒸馏酒为基础，调入各种香料，并具有开胃功能的酒。现代开胃酒有三种重要类型，即味美思（Vermouth）、比特酒（Bitters）以及茴香酒（Anisette）。

（一）味美思（Vermouth）

味美思酒（Vermouth）是以白葡萄酒为主要成分，加上苦艾花、奎宁皮、葫荽、龙胆、肉桂、金鸡纳树皮等等大约近30种香料及含有苦味的中药材浸渍数个月之后，再掺入白葡萄酒（红葡萄酒亦可）制成的，有时还会加入蒸馏酒提高酒精浓度。

"Vermouth"一词源自德语（Wermut），意为苦艾（Wormwood）这种植物，故味美思又被称为"苦艾酒"。我国音译为"味美思"，意指它因特殊的植物芳香而"味美"，因"味美"而被人们"思念"不已。

这种酒有悠久的历史。据说古希腊王公贵族为滋补健身、长生不老，用各种芳香植物调配开胃酒，饮后食欲大振。到了欧洲文艺复兴时期，意大利的都灵等地渐渐形成以"苦艾"为主要原料的加香葡萄酒，叫做"苦艾酒"，即味美思（Vermouth）。至今世界各国所生产的味美思都是以苦艾为主要原料，所以人们普遍认为，味美思起源于意大利。目前，味美思的著名产地是意大利和法国。

生产味美思的配方从来都是保密的，味美思的生产工艺要比一般的红、白葡萄酒复杂。首先要生产出干白葡萄酒作原料，优质、高档的味美思更要选用酒体醇厚、口味浓郁的陈年干白葡萄酒才行，然后选取20多种芳香植物直接放到干白葡萄酒中浸泡，或者把这些芳香植物的浸液调配到干白葡萄酒中去，再经过多次过滤和热处理、冷处理，经过半年左右的贮存，才能生产出质量优良的味美思。

1. 味美思酒的分类

味美思酒依据不同标准有许多种分类方法。

（1）按产地划分，可分为意大利型和法国型。

①意大利型味美思。以苦艾为主要调香原料，具有苦艾的特有芳香，香气强，稍带苦味。

②法国型味美思。法国型味美思苦味突出，更具有刺激性。

（2）常见的是按颜色和含糖量来分类，可分为以下四种。

①干性味美思（Dry，意大利文Secco，法文Sec）。干性味美思酒含糖量4%以下，酒度为18°，色泽淡金黄绿色。

②白色味美思（White，意Bianco，法Blanc）。白色味美思酒又译成"比安科"味美思，含糖量12%以下，属半甜型酒，酒度为16°~18°，色泽淡金黄色。

③红色味美思（Red，意Rosso，法Rouge）。该酒加入焦糖调色，因此色泽棕红，有焦糖的风味，含糖量15%，酒度为18°。

④玫瑰红味美思（Rose）。该酒以红葡萄酒为酒基，调入香料配制而成。口味微苦带甜，酒度为16°，酒液呈玫瑰红。

2. 世界著名的味美思品牌

（1）马天尼和罗西（Martini & Rossi）。马天尼和罗西产自意大利，是世界著名的味美思酒。该品牌味美思酒种类齐全，是酒吧常备酒水品牌之一。

（2）仙山露（Cinzano）。产自意大利Cinzano公司，是世界著名味美思酒。该公司创立于1754年，生产干、白、红三种类型的味美思。

（3）诺利·普拉（Noilly Prat）。诺利·普拉又称"奈利帕·莱托"味美思酒，由法国Noilly公司生产，其种类包括干、白、红三种类型的味美思。一般调配辣味马天尼时，使用诺利·普拉作为基酒。

(4) 干霞(Gancia)。产自意大利，是世界著名味美思酒，该公司1805年创立，生产种类齐全的味美思酒。

(5) 香百丽(Chambery)。法国生产的著名味美思酒。

此外，还有意大利的卡帕诺(Carpano)和利凯多纳(Riccadonna)，法国的杜瓦尔(Duval)等都是著名味美思酒。

(二) 比特酒(Bitters)

比特酒又称“苦酒”或“必打士”，是在葡萄酒或蒸馏酒中加入树皮、草根、香料及药材浸制而成的酒精饮料，有滋补作用。该酒是从古药酒演变而来，配制比特酒的主酒是葡萄酒和食用酒精，用于调味的原料是带苦味的花卉和植物的茎、根、皮，如阿尔卑斯草、龙胆皮、苦橘皮、柠檬皮等。酒度在16°~40°之间。

比特酒品种很多，有清香型和浓香型，颜色有深有浅，还有不含酒精的比特酒。比特酒类的共同特点是有苦味和药味。

较有名气的比特酒主要产自意大利、法国、特立尼达和多巴哥、荷兰、英国、德国、美国、匈牙利等国。其中最著名的产于法国、意大利等国。

世界著名的比特酒品牌有以下几种。

1. 金巴丽(Campari)

产于意大利米兰，酒度26°，是由橘皮和其他草药配制而成，酒液呈棕红色，药味浓郁，口感微苦，苦味来自于金鸡纳霜。

2. 西娜尔(Cynar)

产自意大利，是由蓟和其他草药浸泡于酒中配制而成的。蓟味浓，微苦，酒度17°。

3. 菲奈特·布郎卡(Fernet Branca)

产于意大利米兰，是意大利最有名的比特酒。由多种草木、根茎植物为原料调配而成，味很苦，号称“苦酒之王”，但药用功效显著，尤其适用于醒酒和健胃，酒度40°。

4. 苦彼功(Amer Picon)

产于法国，配制原料主要有金鸡纳霜、橘皮和其他多种草药。酒液酷似糖浆，以苦著称，饮用时只需少许，再掺和其他饮料共进，酒度21°。

5. 苏滋(Suze)

产于法国，配制原料是龙胆草的根块，酒液呈橘黄色，口味微苦、甘润，糖分20%，酒度16°。

6. 杜宝内(Dubonnet)

产于法国巴黎，主要采用金鸡纳皮浸于白葡萄酒中，再配以其他草药。酒色深红，药香突出，苦中带甜，风格独特。有红、黄、干三种类型，以红杜宝内最出名，酒度16°。

7. 安高斯杜拉(Angostura)

产于特立尼达和多巴哥，以朗姆酒为酒基，以龙胆草为主要调制原料。酒液呈褐红色，药香悦人，口味微苦但十分爽适，在拉美国家深受人们喜爱，酒度44°。

（三）茴香酒（Anisette）

茴香酒是欧美国家比较流行的一种餐前开胃酒。该酒是以茴香为主要香料，再加上少量的其他配料如白芷根、柠檬皮等在蒸馏酒中浸制而成的一种酒精饮料，茴香里的茴香油含有大量的苦艾素，浓度45%的酒精可以溶解茴香油。茴香酒有无色和有色之分，酒液光泽较好，茴香味浓郁，口感不同寻常，味重而刺激，酒度在25°~30°之间。

世界著名的茴香酒品牌有以下几种。

1. 法国的潘诺（Pernod）

法国出产的著名苦味酒，具有较强的兴奋作用。在鸡尾酒调制过程中常用来作为调制开胃类鸡尾酒的材料。

2. 里卡德（Ricard）

产于法国马赛的世界著名茴香酒，属于有色类茴香酒。

3. 白羊倍（Berger blanc）

法国生产的名牌茴香酒。

二、甜食酒（Dessert Wine）

甜食酒一般是西餐在用甜食时饮用的酒品。严格来说，甜食酒应该属于葡萄酒类的强化葡萄酒。它是以葡萄酒为基酒的，在葡萄酒的发酵过程中为了保留葡萄酒中含有的天然葡萄糖分，以勾兑葡萄蒸馏酒（白兰地）来终止葡萄酒的发酵过程，从而酿制而成的一种酒精含量较高的葡萄酒。甜食酒一般酒精含量在15%~22%之间，几乎是一般葡萄酒酒精含量的一倍。较高的酒精度数使得甜食酒具有了在开瓶后仍能进行保存的特点，因此，在国外一些餐馆、酒吧常有此类存酒。甜食酒以西班牙和葡萄牙出产的最为著名，常见的品种有：雪利酒（Sherry）、波特酒（Port）和马德拉酒（Marsala）等。

（一）雪利酒（Sherry）

产于西班牙的加的斯，属于强化葡萄酒，用葡萄兑和白兰地制成。从制造方法上分有淡色的菲奴（Fino）和浓色的欧罗索（Oloroso）两种。制法是先把巴罗米诺葡萄（Palomino）制成干性葡萄酒，装入桶中约七八成满，让酒液在桶中酝酿，葡萄酒的表面会繁殖出一层白膜。如制造菲奴雪利酒，则添加15%以下的酒度的酒精，使白膜得以继续繁殖；如果制造欧罗索，则要添加16%以上的酒精，使白膜中止繁殖，使酒液的颜色得以加深。

雪利酒的陈化有一种独特的“索乐拉方式”（Solera System）。在陈化过程中，将酒桶叠成数层，每年的销售是从最下面那两层的酒中每桶取出三分之一去销售，然后从最下面第二层的酒中注满最底层的桶，第三层的又注满第二层的桶，如此类推。新鲜的酒液补充到最上一层的酒桶中，保证了酒质的稳定和香醇。在最后一道混合工序时，必须把酒度调至30°左右，陈酿时间长达15年左右。雪利酒的酒质和风格都闻名于世界。

菲奴呈淡黄色而明亮，给人以清新之感；欧罗索呈金黄棕红色，透明度极好，香气浓郁扑鼻，具有典型的核桃仁香味，越陈越香。

该酒的名牌有：天杯雪利酒（Tio－pepe）、潘马丁雪利酒（Pemartin）、圣地门雪利酒（Sandeman）、布里斯托（Bristol）等。

（二）波特酒（Port）

波特酒也称“钵酒”，是葡萄牙的国酒，产自葡萄牙杜罗河（Douro）一带的葡萄牙第二大城市波尔图（Porto），属于强化葡萄酒，用葡萄酒和白兰地兑和而成。根据葡萄牙政府的政策，如果酿酒商想在自己的产品上写上“波特”（Port）的名称，必须有三个条件：第一，用杜罗河上游的奥特·杜罗（Alto Douro）地域所种植的葡萄酿造。为了提高产品的酒度，所用来兑和的白兰地也必须使用这个地区的葡萄酿造。第二，必须在杜罗河口的维拉·诺瓦·盖亚酒库（Vila Nova de Gaia）内陈化和贮存，并从对岸的波特港口运出。第三，产品的酒度在16.5°以上。如不符合三个条件中的任何一条，即使是在葡萄牙出产的葡萄酒，都不能冠以“波特酒”的名称。

波特酒的制法是：先将葡萄捣烂、发酵，等糖分在10%左右时，添加白兰地酒中止发酵，但保持酒的甜度，经过两次剔除渣滓的工序，然后运到维拉·诺瓦·盖亚酒库里陈化、贮存，一般的陈化要2~10年时间，最后按配方混合调出不同类型的波特酒。

波特酒酒味浓郁芬芳，在世界上享有很高的声誉。波特酒也以陈化时间长为佳，通常在商标纸上标有陈化年份。

波特酒大都为红葡萄酒，也有少量干白波特酒。根据生产工艺的不同，有陈酿波特、酒垢波特、宝石红波特和茶色波特。干白波特酒适宜作开胃酒品，而茶色波特酒则宜在食用奶酪时饮用。

较有名的牌子有：道斯（Dow's）、克罗夫特（Croft）、泰勒（Taylors）、西法（Silva）、方斯卡（Fonseca）、圣地门（Sandeman）等。

（三）马德拉酒（Madeira）

马德拉酒产于葡萄牙属的大西洋中的马德拉岛上，是用当地产的葡萄酒和蒸馏酒为基酒勾兑而成。酿造方法是：在发酵后的葡萄汁上添加烈酒，然后放在50℃的高温室（Estufa）中贮存数月之久。这时马德拉酒会呈现出淡黄、暗褐色，并散发出马德拉酒的特有香味。

马德拉酒酒色金黄，酒味香浓、醇厚、甘润，是一种优质的甜食酒。酒色从淡琥珀色到暗红褐红，味型从干型到甜型。它既是世界上优质的甜食酒，又是上好的开胃酒，酒精含量在16°~18°之间。

其主要品种有：马德拉酒（Madeira Wine）、鲍尔日（Borges）、巴贝王冠（Crown Barbeito）、利高克（Leacock）、法兰西（Franca）等。

三、利口酒（Liqueur）

利口酒又称“利乔酒”或“香甜酒”，是一种以食用酒精和其他蒸馏酒为主酒，配以各种调香材料，并经过甜化处理的含酒精饮料。利口酒酒度在17°~55°之间，色泽娇艳、气味芳香，有较好的助消化作用，主要用作餐后酒或调制鸡尾酒。

“Liqueur”是指欧洲国家出产的利口酒，美国产品通常称为“Cordial”，而法国产品则称为“克罗美”（Creme）。

利口酒从其本身的产品特征来看与按我国现在酒类行业划分标准分出的配制酒中的果露酒极为相近。其多采用芳香及药用植物的根、茎、叶、果和果浆作为添加料，个别品种如蛋黄酒则选用鸡蛋作为添加料。由于西方人追求浪漫的生活情调，所以利口酒在外观上呈现出红、黄、蓝、绿等纯正鲜艳的或复合的色彩，可谓色彩斑斓。

利口酒按照配制时所用的调香材料，可以分为果实利口酒、药草利口酒和种子利口酒三大类。

世界上利口酒有几千个品种，其中以法国和意大利的产品最有名。现仅将著名的、常见常用的部分品种或品牌按其外文名称的字母顺序介绍如下。

（一）荷兰蛋黄酒（Advocaat）

酒体蛋黄色、不透明，采用鸡蛋黄、芳香酒精或白兰地，经特殊工艺制成，营养丰富，避光冷冻存放。产地是荷兰。

（二）杏子白兰地（Apricot Brand）

采用新鲜杏子与法国干邑白兰地加工调制而成，酒体呈琥珀色，果香清鲜，产地是荷兰。

（三）茴香利口酒（Anisette）

是一种最古老、最普遍的利口酒类之一。用茴香籽为主要香料，辅以柠檬皮，兑入蒸馏酒调制而成，属精制的餐后甜酒。主要生产国集中在欧洲，其中以法国和意大利的产品最有名。

（四）意大利杏红利口酒（Amaretto）

是用杏仁（Almonds）和杏子（Apricot）为主要原料配制而成的，饮用时可兑入冰淇淋、咖啡或作为蛋糕和苹果派（Apple Pie）等甜点的调香料。

（五）法国本尼狄克丁酒（Benedictine）

又称“修士酒”、“当酒”或“泵酒”，是最古老、最著名的利口酒类之一。它是用白兰地、蜂蜜及20多种草药精制而成的。酒液呈琥珀色，气味浓烈芳香，口味很甜，酒度40°。

（六）法国修道院酒（Chartreuse）

修道院酒1607年产于法国格雷诺伯（Grenoble）的卡尔特教团大修道院（Carthusian Monastery）内，至今仍由该修道院专门经营生产。该酒用白兰地为酒基，调入130多种草料配制而成，至今其配方仍高度保密，从不对外公开。

（七）咖啡甜酒（Coffee Liqueur）

采用上等咖啡豆，经熬煮、过滤等工艺精酿而成，酒色如咖啡，芳香、浓郁，属餐后用酒。产地是荷兰。

（八）君度酒（Cointreau）

又译成“冠特鲁酒”或“库安特洛酒”，商业习惯沿用香港的叫法“君度”。该酒是由法国和美国君度酒厂生产的一种橙皮酒，是世界同类产品中最有名气的利口酒。该酒酒液无色透明，橘皮香味突出，酒度为40°，适宜作为餐后酒或调制鸡尾酒用。

（九）薄荷利口酒（Crème de Menthe）

酒体按色泽可分为红、绿、白等，具有很高的糖度，使酒体明显浓稠，不宜直接饮用，可用于兑制鸡尾酒。

（十）可可甜酒（De Cacao）

采用上等可可豆及香兰果原料酿制，分棕色和白色两种颜色，棕色酒作为餐后酒，白色酒则制作西点用。产地是荷兰。

（十一）金标利口酒（Drambuie）

原产于英国苏格兰，是用苏格兰威士忌为酒基，调入草药和蜂蜜配制而成的，酒度为40°，是世界上最著名的利口酒之一。该酒酒液呈浅金黄色，口味甜美纯正。

（十二）金万利（Grand Marnier）

法国生产的一种橘子利口酒，采用干邑地区生产的白兰地浸泡橙皮配制而成。酒液呈琥珀色，酒度为34°～40°。

本章小结

西餐的就餐过程对酒的搭配非常重视，讲究什么菜配什么酒，也讲究饮酒的礼仪，对酒品的要求相当严格。了解和学习外国酒的知识，对于了解西餐服务并为之提供更好的理论指导有很重要的意义。同时，在酒店餐饮销售中酒水占有相当大的比重，工作人员熟悉了酒水的相关知识以后，对销售有很大的促进作用。

思考与练习

1. 外国的葡萄酒按传统的分类方法可分为哪几种？各种类型分别有哪些代表名品？
2. 啤酒的“度”一般有哪两种？请说出国际上6种著名的啤酒品牌。
3. 请把干邑白兰地的等级划分的方式即各个酒龄标志分别代表其酒龄多少写出来。
4. 威士忌按生产的原料可以分为哪几类？它们的特点分别是什么？
5. 外国的蒸馏酒中，可以用作鸡尾酒基酒的有哪些？请写出各自的代表名品。

第四章 软饮料

导语 ★★★★★

1. 软饮料的概念，软饮料包括的范围。
2. 乳饮料、矿泉水、碳酸饮料与果蔬饮料的分类及世界名品。
3. 各种软饮料的营养成分。

软饮料又称“无酒精饮料”，是指酒精浓度不超过0.5%（容量比）的提神解渴饮料。绝大数无酒精饮料不含有任何酒精成分，但也有极少数软饮料含有微量酒精成分，不过其作用也仅仅是调剂饮品的口味或改善饮品的风味而已。软饮料是日常生活中补充人体水分的来源之一，碳酸饮料和其他的非碳酸饮料如茶、果汁等，不仅能解渴，而且在饮用时还能使人产生舒畅的愉快感。每一个成人每天需饮用八大杯水，而体力劳动者及处于高温条件下的人，则需要补充更多的水分。饮料的良好滋味能促使人们愿意更多地去摄取水分，这对于人体的身体健康来讲非常重要。

本章主要介绍除咖啡、可可和茶以外的软饮料，如乳饮料、矿泉水、碳酸饮料与果蔬饮料等，咖啡、可可和茶将分别在第五、六章介绍。

第一节　乳饮料

乳饮料是指以牛奶或奶制品为主要原料，经过消毒、杀菌等工艺处理后的一种富含牛奶的饮品，它被人们称作“完全营养食物”，所含营养价值几乎能全部被人体消化吸收，并无废弃排泄物。牛奶含有丰富的能供给人体热量的蛋白质（含量约3.1%）、脂肪（含量3.4%～3.8%）、乳糖（含量约4.7%）和人体所需的最主要的矿物质钙、磷以及维生素。牛奶还可制成不同风味的饮料，是人类最理想的天然饮品之一。

目前，市场上的牛奶饮品形形色色，光从名称上看就有纯牛奶、纯鲜牛奶、鲜牛奶、酸奶、风味牛奶、含乳饮料等。这些牛奶饮品根据配料的不同，可分为纯牛奶和含乳饮料两大类。

一、纯牛奶

（一）乳粉类

乳粉类产品是以乳为原料，经过巴氏杀菌、真空浓缩和喷雾干燥而制成的粉末状产品，一般水分含量在4%以下，是一种常见的固体饮料。乳粉类产品常见的品种有：全脂乳粉、全脂和糖乳粉、脱脂乳粉以及婴儿配方乳粉等。包装方式为真空袋装或铁听罐装两种。

（二）液态乳（又称“水奶”）

液态乳是以牛乳为原料，经标准化、均质、杀菌工艺处理，基本保持了牛乳原有风味和营养物质的乳饮料。液态乳根据杀菌工艺和包装特点分为巴氏消毒奶、保鲜奶、超高温灭菌乳和发酵乳等。包装方式为瓶装以及现在乳制品行业广泛采用的“利乐无菌包装”等。

（三）酸奶

酸奶是以新鲜牛乳为原料，添加适量的砂糖，经巴氏杀菌和冷却后，加入纯乳酸菌发酵剂，经保温发酵而制成的产品。由于酸奶是用纯牛奶发酵而成的，所以酸奶也属纯牛奶中液态奶的一种。根据所有原料中脂肪的多少可分为全脂酸奶、低脂酸奶以及脱脂酸奶，按生产工艺可分为凝固型和搅拌型，按含糖量的多少可分为淡酸奶和甜酸奶，另外还有果粒酸奶等等。包装方式为瓶装、袋装以及现在乳制品行业广泛采用的“利乐无菌包装”等。

和新鲜牛奶相比，酸奶不但具有新鲜牛奶的全部营养成分，而且还比新鲜牛奶增加了下列营养特点。

1. 能将牛奶中的乳糖和蛋白质分解，使人体更易消化和吸收。

2. 酸奶有促进胃液分泌、提高食欲、加强消化的功效。

3. 乳酸菌能减少某些致癌物质的产生，因而有防癌作用。

4. 能抑制肠道内腐败菌的繁殖，并减弱腐败菌在肠道内产生的毒素，防止衰老。

5. 有降低胆固醇的作用，特别适宜高血脂的人饮用。

6. 维护肠道菌群生态平衡，形成生物屏障，抑制有害菌对肠道的入侵。

7. 通过产生大量的短链脂肪酸促进肠道蠕动及菌体大量生长改变渗透压而防止便秘。

8. 乳酸菌可以产生一些增强免疫功能的物质，可以提高人体免疫力，防止疾病。

（四）冰淇淋

冰淇淋是以牛奶和奶油为主要原料，加入糖分、食用香精及食用乳化稳定剂等经过混合搅拌、杀菌、冷冻等工艺制成的一种美味可口的乳类冷饮。冰淇淋是一种营养价值极为丰富的乳类冷饮，有全脂、低脂、脱脂等不同种类和各种果味冰淇淋、夹心冰淇淋、果仁冰淇淋、蔬菜冰淇淋等不同风味口感之分，可一年四季享用。

优质的冰淇淋应具有以下特点：冰淇淋的感官色泽均匀一致，柔和自然；形态完整，组织细腻光滑，无冰结晶体；具有天然食品特有的颜色和香味，并带有浓浓的乳香；甜度适中，口感细腻，奶油味浓但不油腻。

目前流行的冰淇淋制品有圣代、巴菲、奶昔等。

1. 圣代（Sunday）

圣代又称“新地”，始创于美国。传说，美国有一个州的州长认为星期日是“休息日”，不应吃什么，于是逢星期日就禁止销售冰淇淋。但是星期日想买冰淇淋的人很多，于是商贩就想出了一个办法，把各种糖浆淋在冰淇淋上，盖上一层切碎的新鲜水果粒，使冰淇淋改头换面，以避免禁售。当时取名“星期日”，后来改名为“圣代”，于是圣代就诞生了。圣代后来分为英式圣代和法式圣代。

现在我们称的圣代即英式圣代，是由冰淇淋和压碎的水果、核桃仁或果汁等原料做成的冷冻饮品。

2. 巴菲（Parfait）

巴菲是用糖浆或甜酒、冰淇淋、鲜果、打过的奶油组成的冻糕。

3. 奶昔（Milk Shake）

奶昔是把冰淇淋、奶油或鲜奶等加以搅拌，待起泡沫后放入玻璃杯里的冷冻食品。具有清凉可口、香滑宜人的特点，是夏令消暑的佳品。

二、含乳饮料

含乳饮料可分为配制型和发酵型。配制型成品中蛋白质含量不低于1%的称为“乳饮料”，发酵型成品中蛋白质含量不低于0.7%的称为“乳酸菌饮料”。

（一）配制型含乳饮料

配制型含乳饮料是以新鲜的牛奶为主要原料添加各种调味剂和食品添加剂等经灭菌等工艺制成。含乳饮料允许加水，从配料表上可以看出，这种牛奶饮品的配料除了鲜牛奶以外，一般还有水、甜味剂、果味剂等，而水往往排在第一位（我国要求配料表的各种成分要按高到低的顺序依次列出）。国家标准要求，含乳饮料中牛奶的含量不得低于30%，也就是说水的含量不得高于70%。因为含乳饮料不是纯奶做的，所以其营养价值不能与纯牛奶相提并论。这种奶制品与灭菌纯牛奶不同处在于，由于添加了巧克力、草莓等辅香料所以既有奶的原味，又有巧克力、草莓等的味道，相对于纯牛奶口感要好一些。

（二）乳酸菌饮料

乳酸菌饮料，主要是以鲜乳或乳粉、植物蛋白乳（粉）、果菜汁或糖类为原料（有的添加食品添加剂与辅料），经杀菌、冷却、接种乳酸菌发酵剂、培养发酵、稀释等工艺制成的活性乳酸菌饮料。它含有丰富的蛋白质、脂肪、矿物质及活性物质，而含乳饮料中的营养成分含量仅有酸牛奶的1/3左右，并且很少含有活体乳酸菌。

● 小贴士

健康饮用乳品饮料小常识

首先针对热牛奶，一般在早晨和冬天它很受欢迎。加热牛奶的方法是，将奶加热到77℃左右，用预热过的杯子服务。注意加热牛奶时不宜使用铜器皿，因为铜会破坏牛奶中的维生素C，从而降低营养价值。还有，牛奶加热过程中不宜放糖，否则牛奶和糖在高温下产生结合物——果糖基赖氯酸，会严重破坏牛奶中蛋白质的营养价值。另外，早餐的牛奶宜和面包、饼干等食品搭配，应避免与含草酸的巧克力混食。

第二节 矿泉水

水是人体液的主要成分，是人体机体代谢反应的基础，是生命之源，所以，科学饮水就显得格外重要。矿泉水以含有一定量的有益于人体健康的矿物质、微量元素或游离二氧化碳气体而区别于普通的地下水。人类需要矿物质，但本身却不能制造矿物质，只有通过饮水和摄入食物来获得，以维持正常的生理功能。矿泉水由于没有受到外来人为的污染，不含热量，且含有一定量的有益于人体健康的矿物质，所以是人类理想的保健饮料。

从1868年法国佩里埃公司生产第一瓶饮用天然矿泉水开始，矿泉水的商业化运营至今已有140多年的历史。到20世纪三四十年代，矿泉水的生产与消费已遍及了欧洲各国，70年代以后，又遍及了美洲、亚洲各个地区，年平均增长速度达到了10%以上，大大超过了同期其他工业的发展速度。瓶装矿泉水越来越受到人们的欢迎，法国、意大利是世界上最大的瓶装矿泉水生产国和消费国，同时也是世界最大的出口国。始建于1905年的青岛崂山矿泉水有限公司（原青岛汽水厂），是我国瓶装矿泉水最早的生产企业。

一、矿泉水的分类

（一）按矿物质含量分类

我们通常见到的矿泉水从口感上可分为微咸、微甜和无味三种，以其矿物质含量大致可分为四种类型。

1. 重碳酸盐类矿泉水

阴离子以重碳酸盐为主，主要有重碳酸钠矿泉水、重碳酸钙矿泉水以及它们的复合型矿泉水。

2. 碳酸矿泉水

这种矿泉水中含有大量的二氧化碳气体，饮之有特殊的碳酸饮料刺激气味。

3. 医疗矿泉水

这种矿泉水中含有对某种疾病有特殊疗效的成分，是天然合成的“药水”。我国东北地区和西南地区的一些矿泉水就具有特殊的医疗效果。

4. 特殊成分矿泉水

特殊成分矿泉水如铁矿泉水、硅矿泉水及锂矿泉水等。

（二）按国内外矿泉水的生产状况分类

从国内外矿泉水的生产状况来看，矿泉水可分为天然和人造两大类。

1. 天然矿泉水（Natural Mineral Water）

天然矿泉水是指通过人工钻孔的方法引出的地下深层未受污染的水。这种矿泉水常以原产地命名，并在矿泉所在地直接生产包装。由于受产地地质结构和水文状况的影响，这种水在矿物质成分含量上差别很大，因此，它们的生物效应也不尽相同。

（1）不含气矿泉水。如果原矿泉水中不含有二氧化碳气体，只需将矿泉水用泵抽出，经沉淀、过滤，加入适量稳定剂后就可装瓶，以保证矿泉水中的有益成分不至损失；如果原矿泉水中含有二氧化碳等气体，脱去气体即为无气矿泉水。不含气矿泉水是目前最为流行的矿泉水。

（2）含气矿泉水。含气矿泉水是将天然矿泉水及所含的碳酸气体一起用泵抽出，通过管道进入分离器，使水气分离，气体进入气柜进行加压，矿泉水自分离器底部流出，经泵打入储罐进行消毒处理，然后进入沉淀池除去杂质，再过滤到另一储缸。经过滤处理后的矿泉水，须加入柠檬酸、抗坏血酸等稳定剂，以保留矿泉水中适量的有益元素。

装瓶前将过滤后的矿泉水导入气液混合器中与二氧化碳气体混合，最后装瓶。

2. 人造矿泉水

将优质泉水、地下水或井水进行人工的方法经过过滤、矿化、除菌等过程加工而成的水属人造矿泉水。人造矿泉水所含的成分可通过人为的选择来调整，并使其成分保持相对的稳定。人工矿化有两种方法，其一是直接强化法，即将优质天然泉水、井水或其他地下水进行杀菌和活性炭吸附使之成为不含杂质、无菌、无异味的纯净水，加入含有特种成分的矿石和无机盐，经过一定时间的溶解矿化，然后进行过滤，装瓶前以紫外线杀菌，再行装瓶。其二是二氧化碳浸蚀法，即在一定的压力下使含二氧化碳的原料水与一定浓度的碱土金属盐相接触，使碱土金属盐中有关成分与含二氧化碳的原料水反应，生成碳酸氢盐于水中，使原水矿化。待达到预期矿化度时，经过滤、杀菌后再装瓶。人造矿泉水的生产可以不受地区及其他自然因素的影响，是矿泉水生产的方向。

二、矿泉水的保健作用

长期饮用矿泉水，对人体有较明显的营养保健作用。以我国天然矿泉水含量达标较多的偏硅酸、锂和锶为例，这些元素具有与钙和镁相似的生物学作用，能促进骨骼和牙齿的生长发育，有利于骨骼钙化，防治骨质疏松，还能预防高血压，保护心脏，降低心脑血管的患病率和死亡率。因此，偏硅酸含量的高低，是世界各国评价矿泉水质量最常用、最重要的界限指标之一。矿泉水中的锂和溴能调节中枢神经系统活动，具有安定情绪和镇静作用。长期饮用矿泉水还能补充膳食中钙、镁、锌、硒、碘等营养素的不足，对于增强机体免疫功能，延缓衰老，预防肿瘤，防治高血压、痛风与风湿性疾病也有着良好作用。此外，绝大多数矿泉水属微碱性，适合人体内环境的生理特点，有利于维持正常的渗透压和酸碱平衡，促进新陈代谢，加速体力恢复。

三、世界著名矿泉水

（一）阿波利纳斯（Apollinaris）

产自德国莱茵地区的著名瓶装矿泉水，含有天然的碳酸气体，具有较好的口感。

（二）依云（Evian）

依云又称“埃维昂”，产自法国，为重碳酸钙镁型矿泉水。依云矿泉水以纯净、无泡、略带甜味而著称于世。

（三）佩里埃（Perrier）

佩里埃又称“巴黎水”，是法国出产的高度碳酸型矿泉水。它来源于 Gard bouillens 喷出的“沸滚水”，装在当地朗格多克玻璃厂生产的绿色瓶中，是世界最著名的矿泉水品牌之一。除直接饮用外，还适合与威士忌酒兑饮，在法国的许多酒吧、俱乐部甚至将其作为苏打水来使用。

（四）维特尔（Vittel）

产自法国无泡型矿泉水，略带咸味，是世界公认的最佳天然矿泉水。非常适合在就餐时饮用，如果冰镇则口感更佳。

（五）维希（Vichy－cellestins）

法国著名的重碳酸钙镁型淡矿泉水，略带咸味，口感上佳，以其医药价值而闻名全球，是世界著名的瓶装矿泉水品牌。

（六）圣·佩里格林诺（San pelle grino）

产自意大利的起泡型天然矿泉水，富含矿物质，口感甘洌而味美。

（七）卡瑞·克斯堡（Garci－crespo）

产自墨西哥的天然矿泉水，富含极丰富的矿物质，碳酸气体含量较少，也无其他强烈的味道。

（八）崂山矿泉水

产自我国青岛，是重碳酸钙型矿泉水。含有极丰富的矿物质元素，口感清纯，质量及品牌居我国矿泉水之冠。

（九）长白山天池矿泉水

该矿泉水产于我国吉林省安国县白河镇，地处长白山火山群中。含有多种矿物质及天然碳酸气，是我国优质矿泉水之一。

（十）黑龙江五大连池矿泉水

该矿泉水产于我国黑龙江省五大连池市。水源地处火山群中，碳酸气含量高，富含多种矿物质及微量元素。20 世纪 60 年代开始生产瓶装矿泉水。

（十一）杭州白沙山矿泉水

该矿泉水水源位于杭州市西湖区转塘镇，属低矿化度矿泉水，但含有锌、偏硅酸及多种有益的微量元素。矿泉水所处地区水质动态稳定，未受污染，为优质饮用天然矿泉水。

此外，世界著名的矿泉水品牌还有德国的杰罗斯泰纳（Gerolsteiner），俄罗斯北高加索的纳尔赞矿泉，法国的沃尔沃特（Valvert）和康翠克斯（Contrex），美国的山谷（Mountain Valley）和魅力（Magnetic Springs），英国的古尔（Cwmc-clale）等。

四、其他饮用水

随着人们的消费水平和生活质量的提高，人类对饮用水的质量和重视程度也日益提高，从过去传统饮用的井水、自来水、矿泉水到现在名目繁多的纯净水、蒸馏水、太空水、离子水以及活性水等等，使人们对饮用水的挑选范围进一步地扩大，同时对饮用水的质量和健康要求也越来越高。

（一）纯净水（Purified water）

纯净水是以符合生活饮用水卫生标准的水为原料，通过电渗析法、离子交换法、反渗透法、蒸馏法及其他适当的加工方法制得，密封于容器中且不含任何添加物的可直接饮用的水。

大多数正规的纯净水生产厂家均采用反渗透法生产纯净水。反渗透是一种净化水的方法，即将水加压通过孔径为 0.0001 微米的反渗透膜，颗粒直径大于此孔径的各种离子、分子及颗粒物均被阻于膜的一侧，透过膜的即为纯净的反渗透水。此法可将水中的细菌、病毒等微生物除去，各种化合物、氯消毒副产物和其他有机物绝大部分均被去除，故可生饮，口感较好。

（二）蒸馏水（Distilled water）

将原水经过过滤、净化、软化和高温蒸馏将水汽化出来经过冷凝再制成的瓶装水。蒸馏水因加入活性氧后转化回纯氧，其含氧较天然水高出许多。目前许多人认为，饮用太纯的水对身体不利，这实际上是没有太多科学依据的。有关人士研究认为，人在吃各种食物的时候体内已摄取到足够多的营养元素，饮水的作用只是补充体内的水分需要，已无必要过分强调添加其他微量元素，此时对饮水的最重要指标要求是水质的纯与净。而蒸馏水经过蒸馏后可有效地将细菌、悬浮物等杂质去除，正好符合“纯与净”的标准。

（三）离子水（Ion water）

将原水（自来水、地下水）经过净化装置过滤去除水中的余氯、铁锈等多种有机毒物和原水中的杂质，再经过矿化处理，使许多人体必需的矿物质及微量元素进入水中，而后进入电解槽进行电解，电解时所有菌类均已被杀死，而带正电的矿物质则集于阴极成为碱性离子水，带负电的矿物质则集于阳极成为酸性离子水。供饮用的主要是碱性离子水，长期饮用具有降血脂、降血糖、抗疲劳及抗氧化的作用，而酸性离子水则具有漂白、杀菌、收敛和美容洁肤的作用。

（四）富氧水

富氧水是匈牙利的两位科学家 Drs. Laszlo Berzenyi 和 Maria Zoltai 在 20 世纪 80 年代初期为苏联太空人研制新型饮用水的过程中开发出来的。

富氧水能改善人体的运动表现力，增强体力、体质和体能，还可使人保持头脑清醒、精神集中、反应敏捷、增强记忆力等。结果表明，在同等环境中或运动状态下，喝富氧水是保持人体血液中氧平衡、增强人体器官功能的有力手段。

目前我国比较著名的饮用水品牌有：屈臣士、娃哈哈、乐百氏、正广和、农夫山泉、益力、景田等等。另外，国际知名的雀巢公司也在国内津沪两地设立了现代化的水厂。

第三节　碳酸饮料与果蔬饮料

一、碳酸饮料

碳酸饮料是在经过纯化的饮用水中压入二氧化碳气体，并添加甜味剂和香料制成的一种饮料。因其含有二氧化碳气体，所以在我国的许多地区又称之为“汽水”，这类饮料重要质量特征是具备其特有的甜度、酸感和二氧化碳的清凉口感。在制造过程中要添加酸味剂、无机盐类，在低温、低压的条件下充入二氧化碳气体，使二氧化碳气体溶于饮料之中。碳酸饮料除糖外其他营养成分的含量很少或者没有其他营养成分，但因含二氧化碳，可助消化，并能促进体内热气排出，产生清凉爽快的感觉，所以具有清凉解暑的功能。

（一）碳酸饮料的分类

碳酸饮料按是否含有香料分为含香料的碳酸饮料和不含香料的碳酸饮料，按其原料不同又分成可乐型、果汁型、果味型和苏打水等几种类型。

1. 可乐型碳酸饮料

该饮料是用可乐果（或其他类似辛香的果香混合香气）、柠檬酸、月桂、香精并以焦糖着色调制而成的一种含有咖啡因的碳酸饮料。世界著名的品牌有可口可乐和百事可乐。

2. 果汁型碳酸饮料

该饮料是指原果汁含量不低于2.5%的碳酸饮料，如橘汁汽水、菠萝汽水等。名品有新奇士（Sunkist）等。

3. 果味型碳酸饮料

该饮料是指以食用香精为主要赋香剂，原果汁含量低于2.5%的碳酸饮料，如柠檬汽水等。名品有雪碧、七喜等。

4. 苏打水

该饮料是指用苏打水为原料制成的碳酸饮料。不含任何其他香味剂和糖分，可直接饮用，同时又是调制各种碳酸饮料的必备原料。

（二）碳酸饮料的名品

整个世界的碳酸饮料市场基本上是被美国的“可口可乐”和“百事可乐”这两大厂商垄断着，它们在世界范围内的碳酸饮料市场都占据着极大的份额。

1. 可口可乐（Coca－Cola）

可口可乐是一种世界闻名的饮料，起源于1886年美国佐治亚州亚特兰大城的一家药店。店里的药剂师约翰·彭伯敦（John Pemberton）自制出一种有提神作用的药水，且销售不错。一天，彭伯敦在匆忙中不小心将另一种褐色溶液加入到药水中，不料顾客竟然大加赞赏。于是彭伯敦把握机会，将这种药水冲淡变成饮料，命名“可口可乐”（Coca－Cola），Cola是指非洲所出产的可乐树，树上所长的可乐子内含有咖啡因，果实是制作可乐饮料的主要原料。在有了这个名字后，他开始扩大销售。

1888年4月份彭伯敦将1/3的股权悄悄地卖给艾萨·凯德勒（Asa Candler），1888年8月份又将可口可乐的全部股权移转给了他。而艾萨·凯德勒之所以对可口可乐如此感兴趣原因是他有一天头痛的毛病又发作，仆人拿来一杯热可乐，他喝下之后头痛就好了，从此他就开始大力投资可口可乐。1892年艾萨·凯德勒（Asa Candler）成立了可口可乐有限公司。1899年他又将装瓶权利卖出，但保留神秘配方及可口可乐名称的所有权，开创了“可口可乐”公司和装瓶厂合作的历史。1919年凯德勒家族以2500万美元将股份卖给了欧尼斯·伍德瑞夫（Ernest Woodruff）所属集团，从此开始了“可口可乐”的迅猛发展。目前，可口可乐是美国第五大国际性公司，也是世界最大的饮料公司，其拥有的碳酸饮料品牌除“可口可乐”以外，还包括“健怡可口可乐”（Diet－Coka）、“雪碧”、“醒目”等。

1928可口可乐开始在我国天津及上海装瓶生产。

● 小贴士

“可口可乐”名字的由来

1.英文字Coca-Cola的由来

彭伯敦的合伙人罗宾逊是一位精明的推销家，他从糖浆的两种成分激发出命名的灵感。这两种成分就是古柯“Coca”的叶子和可乐“Kola”的果实。罗宾逊为了整齐划一，将“Kola”的“K”改为“C”，然后在两个字的中间加上一横线，于是Coca-Cola便诞生了。

2.“可口可乐”中文名字的由来

“可口可乐”这个名字一直以来被认为是世上翻译得最好的名字，既“可口”亦“可乐”，不但保持英文的音，还比英文更有意思。原来这个中文名字是由一位上海学者想出来的。可口可乐1928年已在上海装瓶生产但是没有正式的中文名字，于是当时可口可乐专门负责海外业务的可口可乐出口公司在英国登报征求译名，后来这位旅英学者以“可口可乐”四个字击败其他对手脱颖而出，从此，可口可乐就开始成为中国人所熟悉的饮料。

2. 百事可乐

百事可乐最初于1890年由美国北加州一位名为卡尔·伯莱汉姆（Caleb Bradham）的药剂师所发明，是以碳酸水、糖、香草、生油、胃蛋白酶（pepsin）及可乐坚果制成。该药物最初是用于治疗胃部疾病，后来被命名为“Pepsi”，并于1903年6月16日将之注册为商标。该药剂师在药房内提供这种饮品给客户享用，百事可乐的名气由此而起。在经营了17年后，百事可乐已经获得了一定的成功，伯莱汉姆为了保住这来之不易的成果，花巨资来购买百事可乐的主要配方之一——糖，因为他认为糖的价格会大涨。但事与愿违，糖价没有上升，反而下跌，因此他的不少财富被蒸发，公司也面临危机，于是百事可乐于1923年宣布破产，百事可乐这种饮料也一度消失。直到1931年，百事可乐被Loft糖果公司的主席Charles G. Guth收购，它才再度在市场上出现。

百事可乐以用酒樽来销售，创下佳绩，价格也比可口可乐便宜，因此曾被喻为“低下阶层的饮品”，在美国被视为黑人的饮品，加拿大则被认为是法语人的饮品。为了改变形象，百事可乐于50年代大卖广告，又找来了不少名人做产品代言人，在一系列宣传策略之后，其销量直逼可口可乐，但始终没能超越。在60年代，百事开始改变策略，以年轻人作卖点。

目前，百事公司（Pepsico. Inc.）是世界上最成功的消费品公司之一，在全球200多个国家和地区拥有14万雇员，2004年销售收入293亿美元，为全球第四大食品和饮料公司。其拥有的碳酸饮料品牌还包括“七喜”和“美年达”等。

二、果蔬饮料

（一）果汁类饮料

果汁饮料是用成熟适度的新鲜或冷藏果实为原料，经机械加工或加入糖液、酸味剂等配料所得的果汁或混合果汁类制品。其成品可供直接饮用或稀释后饮用。果汁饮料包括的范围很广，它包括有浓缩果汁、纯天然果汁、水果饮料、天然果浆、果肉果汁、发酵果汁等饮料。果汁饮料由于含有丰富的有机酸，可刺激胃肠分泌，助消化，还可使小肠上部呈酸性，有助钙和磷的吸收。但是因果汁中含有一定水分，具有不稳定性和易发酵、生霉的特点，因此要特别注意此类饮料的保质期和保存条件，以防造成不必要的浪费。

1. 浓缩果汁

浓缩果汁是用新鲜水果榨汁后加以浓缩的，即是用物理方法除去原果汁中的水分所得到的含有100%原果汁并具有该种水果原汁应有特征的制品。浓缩果汁不得加糖、色素、防腐剂、香料、乳化剂及人工甘味剂，但需冷冻保存以防变质。这种浓缩果汁可作为果汁饮料的基本原料，也可加水稀释直接饮用，同时也是酒吧调酒的基本原材料之一。

2. 纯天然果汁

纯天然果汁是指将新鲜成熟果实直接榨汁后不经稀释和发酵的纯果汁，也指由浓缩果汁加以稀释复原成原榨汁状态。在酒吧中，此类果汁可以是购买的包装制品，也可以由酒吧工作人员使用新鲜水果在宾客面前现榨获取。常见的纯天然果汁有橙汁、苹果汁、草莓汁、水蜜桃汁、葡萄汁、梨汁、猕猴桃汁以及具有热带风味的菠萝汁、芒果汁、西番莲汁（百香果）和野生的沙棘、野蔷薇、黑加仑汁等。

3. 果汁饮料

果汁饮料是用天然果汁加入糖、水、柠檬酸、香料及其他原料调配而成的酸甜适宜的饮品，其原果汁含量不少于10%。目前，此类饮品较为流行，基本上各大饮料厂商均生产诸多口味和系列的果汁饮料。

4. 水果饮料

水果饮料是在果汁（或浓缩果汁）中加入糖液、水、酸味剂等调制而成的清汁或混汁制品。成品中果汁的含量不低于5%。如橘子饮料、菠萝饮料、苹果饮料等。

5. 天然果浆

天然果浆是指将水分较低或黏度较高的果实经破碎筛滤后所得的稠厚状加工制品，一般供宾客稀释后饮用。

6. 果肉果汁

果肉果汁又叫“带果肉果汁”。是将果肉经打浆、粉碎后所得的微粒化混悬液再添加适量的糖、香料及酸味剂调制而成。一般要求原果浆含量45%以上，果肉细粒含量20%以上，并具有一定的稠度。“粒粒橙”即属此类饮料。

7. 发酵果汁

发酵果汁是在果汁中加入酵母进行发酵，得到含酒精量5%左右的发酵液，再将所得的发酵液添加适量的柠檬酸、糖、水调配而成的酒精含量低于0.5%的软饮料。这种饮料既具有鲜果的香味又略带醇香的味道，常加入碳酸气体使口感爽适，如苹果西达、Zima等。

果汁类饮料饮用前先放入冰箱冷藏，最佳饮用温度为10℃左右。鲜果汁很难保鲜，如果接触日光和空气的时间一长，其内部的维生素等营养物质就会受到损害，原有风味也就消失。即使及时冷藏，再食用时口味也不如即榨即饮般新鲜和纯正，甚至可能变质，饮用后影响健康。鲜榨果汁保鲜时间为24小时，罐装果汁开启后可保存3~5天，稀释后的浓缩果汁只能存放两天。所以在饮用鲜榨果汁时应尽量做到用多少兑多少，以免浪费。

因此，在购买鲜果汁的过程中，对包装的选择就尤为重要。考虑到果汁的新鲜度和避光要求，除了关心果汁的生产日期外，还要特别观察它包装的阻光程度。目前欧美发达国家的绝大部分鲜果汁都采用了最先进的利乐砖型无菌包装技术。它采用特殊的复合包装材料，有极佳的阻光性和隔氧性，能有效保护果汁免受光线、空气和微生物的侵入，即使在常温下也能长时间地保持果汁的新鲜和品质，喝起来和鲜榨的一样。

（二）蔬菜汁饮料

是使用一种或多种新鲜蔬菜汁（或冷藏蔬菜汁）和发酵蔬菜汁，加入食盐或糖等配料，经脱气、均质及杀菌后所得的饮品，具有一定的营养价值。常见的有胡萝卜汁、番茄汁、西芹汁、南瓜汁、芦荟汁等等。但是由于我国长期以来对蔬菜有鲜食的习惯，所以蔬菜汁饮料在我国尚难以得到较快的发展。目前多数厂商以生产销售果蔬复合型饮料为主，以满足消费群体的需要。

三、其他软饮料

（一）植物蛋白饮料

是以植物果仁、果肉及大豆为原料（如大豆、花生、杏仁、核桃仁、椰子汁等）经纯化、研磨、去残渣，加入（或不加入）风味剂（糖类、乳、咖啡、可可、果蔬汁液、着色剂和食用香精等），经脱臭、均质等后再经过高压杀菌或无菌包装所制得的乳状饮料。它含有植物蛋白等多种营养成分，常见的有椰子汁、杏仁露、花生奶、豆奶等等。

（二）运动饮料

这是针对体育运动而研制的一种饮料，它具有较好的口感，含有适量的糖（6%）和适量的钠（0.05%），无碳酸盐和咖啡因，更不能含防腐剂。它能补充人体因激烈运动流汗所失掉的钠、钾、镁和碳水化合物，缓和因疲劳和体温上升所造成的消耗。由于运动饮料中的糖是葡萄糖、果糖和蔗糖混合物，有利于小肠的吸收，尽快恢复肌糖原，从而能起到补充能量和改善口感的作用；而且它成分中含有适量的钾、钠等电解物质，电解质成分中主要是钠盐，所以通过饮用这种饮料可以补充人在运动中出汗丢失掉的钠盐，从而能避免因体内缺钠盐而引起抽筋、疲劳无力和身体过热；同时它还可以刺激口渴，增加液体饮用量和吸收，帮助肌体存留水分，良好的口感可以刺激人体对液体的摄入量，有助于身体及时补充水分。

运动饮料的营养素成分和含量能适应运动员或参加体育锻炼人群的运动生理特点和特殊营养需求，并能相对提高一些运动能力。这种饮料也同样适用于劳动强度大的体力劳动者，以及高温条件下失汗较多的人。但是由于运动饮料含钠量较高，患有高血压的人运动后饮用这种饮料会使血压升高，所以，高血压患者不宜多饮运动饮料。

著名品牌有：上海的佳得乐（Gatorade）、美国可口可乐公司的劲力果汁（Power Ade）等。

（三）功能饮料

功能饮料又称“保健饮料”，是指通过调整饮料中营养成分和含量的比例从而在一定程度上调节人体功能的饮料。有关资料认为广义的功能饮料包括运动饮料、能量饮料和其他有保健作用的饮料。功能饮料按其作用来分大致可分为两类：补充型和功能型。

1．补充型

补充型的如乐百氏的维生素水饮料“脉动”、健力宝的“A8”、北京巨能公司的平衡饮料“体饮”、天津的“宝矿力水特”等，其作用是有针对性地补充人体运动时丢失的养分。

2．功能型

目前市面上主要的功能型饮料有红牛、力保健、力丽等以及最近可口可乐公司与宝洁公司合作推出的“易利欣”饮料等等。

功能饮料是继碳酸饮料、果蔬饮料后的新型饮品，它们是通过在饮料中添加维生素、矿物质等各种功能因子，使之具有某种功能，以满足特定人群的保健需要。功能饮料能够帮助饮用者获得和补充有效营养成分，促进神经、肌肉的功能，尽快消除疲劳，提高大脑工作效率，改善工作状态和体力，从而达到驱病强身的作用，被誉为“21世纪的饮料”，是当今饮料行业发展的新趋势。我国有得天独厚的自然条件和丰富的资源，有数不尽的中医民间“秘方”，加上现代科学技术，功能性饮料发展前景可谓广阔。

（四）花粉饮料

以植物花粉为原料，经脱腥、提炼，配以蜂蜜、糖及其他调味剂等制成的饮料叫花粉饮料。主要产品种类有：花粉汽水、花粉汽酒、花粉口服液及花粉晶等。花粉饮料的色、香、味均具有花粉的特征，富含蛋白质、多种氨基酸、维生素及有益人体健康的微量元素，是一种良好的天然保健饮料。

另外，还有根据某些特殊需要而研制成的具有针对性的新型饮料，我国南方传统的凉茶（如夏桑菊、王老吉等）以及专供老人和幼儿饮用的无咖啡因、无钠、低糖、无化学添加剂的饮料等等。随着科学的进步，饮料的发展日新月异，品种繁多的各式饮料使得我们的生活越来越丰富多彩。

本章小结

水是生命最重要的营养物质，人类对水的摄入是每天都要进行的。各种可以补充水分并有一定的营养物质且口感符合人们饮用要求的饮料，无疑使人们的生活又提高了一个档次。了解并熟悉各种饮料的营养成分和口感，不仅有着生活参谋的作用，同时对于提高生活品位、促进社会交往的顺利进行都有着很大的帮助作用。

思考与练习

1. 什么叫做软饮料？有哪些饮料属于软饮料？
2. 矿泉水按其物质含量分可以分为哪几种？各自的名品有哪些？
3. 什么是碳酸饮料？什么是果蔬饮料？它们的代表名品有哪些？
4. 结合接触过的饮料，说说你对功能饮料的认识。

第五章 咖啡和可可

导语 ★★★★★

1. 咖啡和可可的发展历史。
2. 世界流行的咖啡品种。
3. 咖啡的分类和可可的分布状况。
4. 世界著名的咖啡品种和冲泡方法。
5. 可可的功用。

第一节 咖啡

咖啡树是生长在热带和亚热带高原上的一种常绿灌木，栽种三年后开始结果。目前，世界上咖啡种植带（Coffee Belt）主要分布在北纬25°、南纬30°之间的热带和亚热带地区。咖啡果实呈深红色，内有两颗种子，即为生咖啡豆（Coffee Bean），经焙炒研磨成粉即可制成咖啡饮料。咖啡是世界上历史最悠久、消费量最大的饮料之一。

一、咖啡的起源与发展

世界上第一株咖啡树是在非洲之角发现的。当地土著部落经常把咖啡的果实磨碎，再把它与动物脂肪掺在一起揉捏，做成许多球状的丸子。这些土著部落的人将这些咖啡丸子当成珍贵的食物，专供那些即将出征的战士享用。

当时，人们不了解咖啡食用者表现出亢奋是怎么一回事——他们不知道这是由咖啡的刺激性引起的，相反，人们把这当成是咖啡食用者所表现出来的宗教狂热，于是他们觉得这种饮料非常神秘，于是它成了牧师和医生的专用品，流传至今。那么咖啡是如何被人们所发现的呢？

传说在很久以前，一位埃塞俄比亚沙漠的牧羊人注意到这样一个现象：他的羊群在食用了野生咖啡树上的果实之后变得格外亢奋。出于好奇，他也尝了尝咖啡果，一尝之后，由于咖啡豆的作用，他也像那些乱撞乱跳的山羊一样，开始手舞足蹈起来。发生在牧民身上的这一幕，恰恰被一群僧侣撞个正着。于是，每当有必要在夜间举行宗教仪式时，这些僧侣都用咖啡豆煮成汤水喝下，用这种方法来使自己保持清醒。

咖啡的种植始于15世纪。几百年的时间里，阿拉伯半岛的也门是世界上唯一的咖啡出产地，但当时市场上对咖啡的需求非常旺盛，以至于咖啡成了也门最珍贵的资源，当地政府倍加重视。在也门的摩卡港，当咖啡被装船外运时，往往需用重兵保护。同时，也门也采取种种措施来杜绝咖啡树苗被携带出境。

尽管有许多限制，来圣城麦加朝圣的穆斯林还是偷偷地将咖啡树苗带回了自己的家乡，因此，咖啡很快就在印度落地生根。当时，意大利的威尼斯有无数的商船队与来自阿拉伯的商人进行香水、茶叶和纺织品交易，这样，咖啡也就通过威尼斯传播到了欧洲的广大地区，许多欧洲商人也就渐渐习惯饮用咖啡这种饮料了。后来，在许多欧洲城市的街头出现了兜售咖啡的小商贩，咖啡在欧洲得到了迅速普及。

17世纪，荷兰人将咖啡引进到了自己的殖民地印度尼西亚，与此同时，法国人也开始在非洲种植咖啡。时至今日，咖啡成了地球上仅次于石油的第二大交易品，也成为我们生活中不可或缺的饮料。公元2000年咖啡成为世界四大饮料之首，每年全球要喝掉4000亿杯咖啡。

所有的历史学家似乎都同意咖啡的诞生地为埃塞俄比亚的咖发（Kaffa），至于“咖啡”这个名称则是源自于阿拉伯语“Qahwah”，即“植物饮料”的意思。

后来咖啡流传到世界各地，就采用其来源地“Kaffa”命名，直到18世纪才正式以“Coffee”命名。

二、咖啡的特点与制造

咖啡为世界三大饮料作物之一。由于咖啡因有刺激中枢神经或肌肉的作用，所以饮用咖啡可使肌肉恢复力量，工作效率提升，具有清醒的效果，能使头脑反应活泼灵敏。

另一方面，咖啡也能提高心脏机能，使血管扩张、血液循环良好，平定头痛，令人精神舒畅。而且由于咖啡能刺激交感神经，可以抑制副交感神经的兴奋引起的气喘。咖啡还有帮助消化的效果，特别是食用过多肉类时，它能使胃液分泌增多，促进消化，防止胃下垂。由于咖啡因可以分解脂肪，吃完热能高的食物后，西方人一般都习惯喝咖啡。

另外咖啡也有脱臭效果。将研磨或冲泡咖啡后留下的残渣放入容器中使其干燥，然后将干燥后的咖啡渣放入冰箱里或鞋箱中可以起到除臭的效果，撒在烟灰缸里也可消除烟草味。如果把即溶咖啡用开水溶化后沾到肉上，使其味道进入肉中，所做出的肉料理会更香甜可口。

三、咖啡的分类

咖啡的分类方法很多，我们日常生活中所见到的咖啡无外乎两种，一是焙炒咖啡，也就是我们所讲的咖啡豆。这种咖啡饮用起来较为麻烦，需要研磨和使用专用的器皿才能喝到一杯香浓的咖啡。所以在我国很多人是在酒吧或咖啡厅里享用它的。二是速溶咖啡，又被称为“即溶咖啡”，是旅居芝加哥的美籍日本人佳藤牾里在1901年发明的。1938年，雀巢公司第一次将速溶咖啡推向市场。速溶咖啡的口味和品种已经经历了很多次改进和变革，所以今天我们完全可以用速溶咖啡粉冲调出一杯香浓可口的咖啡。它的优点是：保鲜期长，口味经久，而且最重要的是，它更快捷、更经济，也更干净。

如果按专业的要求来对咖啡分类的话，可以从产地和品种两个方面来进行。

（一）按产地分类

目前由世界各地进口的咖啡豆种类繁多，令人无从选择，在此将介绍主要产地及咖啡豆的特征，以作选购咖啡的参考。

1. 巴西（南美洲）

巴西是世界第一咖啡生产和出口国。它是全球最大的咖啡生产地，各种等级和种类的咖啡占全球三分之一消费量，在全球的咖啡交易市场上占有重要地位，虽然巴西所面临的天然灾害比其他地区高上数倍，但其可种植的面积也足以弥补。这里的咖啡种类繁多，但因当地政府对咖啡生产这项工业的政策为大量及廉价，因此特优等的咖啡并不多，但却是用来混合其他咖啡的好选择，其中最出名的就是山多斯咖啡，它的口感香醇，中性，可以直接煮或和其他种类的咖啡豆相混成综合咖啡。其他种类的巴西咖啡如里约、帕拉那等因不需过多的照顾，可以大量生产，虽然味道较为粗糙，但不失为一种物美价廉的咖啡。另外较著名的就是阿拉比卡，几乎所有的阿拉比卡种的咖啡都品质良好，价格也很稳定，最有名者为“巴西·圣多斯”，自古以来就是混合式咖啡的必需品，为大众所熟悉。

2. 哥伦比亚（南美洲）

这是产量仅次于巴西的第二大咖啡工业国，较有名的产地有麦德林、波哥大、亚美尼亚等，所栽培的咖啡豆皆为阿拉卡比种，味道相当浓郁，品质和价格也很稳定，煎培过的咖啡豆更显得大且漂亮。从低级品至高级品都能生产，其中有些是世上少有的好货，味道香醇至令人爱不释手。

3. 墨西哥（中美洲）

是中美洲主要的咖啡生产国，这里的咖啡口感舒适，芳香迷人。上好的墨西哥咖啡有科特佩（Coatepec）、华图司科（Huatusco）和欧瑞扎巴（Orizaba），其中科特佩被认为是世上最好的咖啡之一。

此国的咖啡栽培地带无论是地理条件或气候条件都与南方的危地马拉类似，故将之纳入“中美”的范围内。主要产地分布于果阿地别克、奥阿哈卡等各州，尤其是产于高地的水洗式咖啡豆，其香味与酸味特优，等级按海拔高度可分为阿尔多拉（4000~4200英尺）、普利马·拉巴多（2800~3300英尺）及布恩·拉巴多（2100~2500英尺）三大类。产品多销往美国。

4. 危地马拉（中美洲）

危地马拉的中央地区种植着世界知名、风味绝佳的好咖啡，这里的咖啡豆多带有炭烧味和可可香，不过酸度稍强。第一产地位于紧邻墨西哥山岳地带的圣马尔克斯，第二产地为难布的凯萨儿德南哥，其他如哥帮、安地古亚等也很有名。危地马拉咖啡微酸，香醇且顺口，是制作混合式咖啡的最佳材料。其分类依海拔标高分为七个等级，产地越高地者越香醇，产地是低地的咖啡豆品质则较差。

5. 萨尔瓦多（中美洲）

与墨西哥和危地马拉并列为阿萨·麦尔多集团的咖啡生产国，并且正与其他国家争取中美的咖啡生产国前一、二名。这里的咖啡也是依标高而分为三个等级：高地咖啡豆SHB（strictly high grown）、中高地咖啡豆HEC（high grown central）和低地咖啡豆CS（central standard）。产地在高地者，为大小匀称的大颗咖啡豆，口感香浓温和。

6. 洪都拉斯（中美洲）

山岳地带的水洗咖啡豆较受好评，而产于低地的咖啡豆则品质略逊一筹。知名的产地有圣塔巴拉、格拉西阿斯、东方的科马亚格亚以及邻近尼加拉瓜的乔尔提卡。咖啡豆的大小有中到大型，其特征是口感温和。此地的优质产品也按产地的海拔高度分为三个等级。

7. 哥斯达黎加（中美洲）

哥斯达黎加的高纬度地带所生产的咖啡豆是世界上赫赫有名的，味道浓郁温和但极酸。这里的咖啡豆都经过细心的处理，正因如此，才有高品质的咖啡。著名的咖啡是中部高原（Central Plateau）所出产的，这里的土壤都含有连续好几层厚的火山灰和火山尘。

上等的哥斯达黎加咖啡香浓而有酸味，在世界上有很高的评价。生产地大致可分为太平洋沿岸、大西洋沿岸及中间地带三个地区，并且各依标高而分其等级。所有的咖啡豆都相当大颗，尤其是太平洋沿岸高地带所产的品种味酸且香浓，是上等的咖啡豆，近年来更出现了“克拉尔山”这一新品牌。大西洋沿岸低地的咖啡豆酸而不醇，并无特别之处。

8. 古巴（西印度群岛）

以出产糖、烟和咖啡而闻名的古巴，是由西印度群岛中最大岛——古巴岛及其他属岛所组成的共和国。古巴咖啡是于18世纪中叶由法国人从海地引进的，咖啡豆的特征是中大颗粒，颜色为明亮绿色。其等级的分类是依咖啡豆的大小分成特级、中级和普通三个级别。“克里德尔山”是古巴最引以为傲的优质大颗粒高级咖啡豆。

9. 牙买加（西印度群岛）

牙买加是由位于加勒比海上的大小岛屿所组成的共和国，其咖啡都是栽培于横断岛上的山脉斜坡上，产地可分为三个地区，BM（蓝山）、HM（高山）及PM（普莱姆水洗咖啡豆），而这些也是咖啡的品牌名。品质与价格的排名是蓝山第一，高山第二，普莱姆第三，生产量的排名则刚好相反。其中“蓝山”的风味最佳，其香味、浓度、酸味都很平衡，在业界具有相当高的评价。正因为蓝山咖啡在各方面都堪称完美无瑕，因此它成为了牙买加的国宝。但近年来，大部分的蓝山咖啡都被日本人买下，其他的牙买加咖啡很多也销往日本，所以现在市场上正宗的牙买加咖啡已经很难买到。

10. 也门（西亚）

也门的摩卡咖啡曾经风靡一时，在世界各地刮起一阵摩卡旋风，只可惜好景不长，在政治的动荡及没有规划的种植之下，摩卡的产量十分不稳定。

话虽如此，但因摩卡如醇酒般的风味和浓郁香醇的特色，至今仍是相当受消费者青睐的饭后咖啡，与巴西、哥伦比亚所产的咖啡一起被称作“混合式咖啡的三剑客”。另外巴尼马塔尔地区产的“马塔里”及萨那亚地区产的“萨纳尼”等也都相当有名，“金马塔里”也是产自巴尼马塔尔。

除上述国家外，还有一些非洲国家的咖啡亦相当有名，这些国家是加纳、科特迪瓦、几内亚等等，其咖啡豆的特征在此不一一介绍。

（二）世界著名的咖啡品种

1．蓝山咖啡（Blue mountain）

蓝山咖啡是咖啡中的极品，产地牙买加，得名于加勒比海环抱之中的蓝山。蓝山咖啡拥有所有好咖啡的特点，不仅口味浓郁香醇，而且其酸味、甜味和苦味均十分调和又有极佳风味及香气，适合做单品咖啡，宜做中度烘培。因产量极少，价格昂贵无比，所以市面上的蓝山咖啡一般都以味道近似的咖啡调制。

2．摩卡咖啡（Mocha）

原产地为埃塞俄比亚 。摩卡是阿拉伯也门共和国的一个港口，当年阿拉伯地区种植的咖啡豆通过摩卡港运出，所以人们把阿拉伯地区产的咖啡统称为“摩卡咖啡”。摩卡咖啡豆小而香浓，其香味优雅，酸味强，甘味适中，风味独特，含有巧克力的味道，是极具特色的一种纯品咖啡。中度烘培有柔和的酸味，深度烘培则散发出浓郁香味，偶尔会作为调酒用。

3．曼特宁咖啡（Mandeling）

原产地为印尼苏门答腊。气味香醇，酸度适中，苦味丰富十分耐人寻味，适合深度烘培，会散发出浓厚的香味。曼特宁咖啡是印尼生产的咖啡中品质最好的一种咖啡，是苦味咖啡的代表。

4．哥伦比亚咖啡（Colombia）

产地为哥伦比亚，有独特的酸味及醇味，清爽交替浓厚，品质及香味稳定，是用以调配综合咖啡的上品。

5．圣多斯咖啡（Santos）

圣多斯是巴西最大的海港，也是世界上最大的咖啡输出港和最大的咖啡交易地。其咖啡豆的等级是由第二等分至第八等，以第二等最好。由于巴西咖啡的味道柔和、微酸、微苦，口味特殊、高雅，为中性咖啡之代表，是调配温和咖啡不可或缺的品种，所以几乎所有的混合豆中都有巴西咖啡豆，而且比例很高。

6．炭烧咖啡（Charcalfire）

是一种重度烘焙的咖啡，味道焦、苦、不带酸，咖啡豆有出油的现象，极适合用于蒸汽加压咖啡。

7．夏威夷康娜咖啡（Konafancy）

产地是夏威夷康娜地区。夏威夷康娜咖啡口味浓郁芳香，并带有肉桂香料的味道，酸度也较均衡适度。现在市面上大多数自称为“康娜”的咖啡只含有不到5%的真正夏威夷康娜咖啡。

8．爪哇咖啡（Java）

产地是印尼爪哇岛，属于阿拉比卡种。烘焙后苦味极强而香味极清淡，但感觉不到任何酸味，这种口味深受荷兰人的喜爱。此种咖啡豆常用于混合咖啡与即溶式冲泡咖啡。

9. 肯尼亚咖啡（Kenya）

是非洲高地栽培的代表性咖啡。最好的咖啡等级是豆形浆果咖啡，上等咖啡光泽鲜亮，肉质厚呈圆形，味道芳香、浓郁，酸度均衡可口，具有极佳的水果风味，口感丰富完美。

10. 危地马拉咖啡（Cuatemala）

产于危地马拉，咖啡树种属于阿拉比卡种咖啡的波旁树，是酸味中强的品种之一。味道香醇而略具野性，曾享有“世界上品质最佳咖啡”的声望。

四、咖啡的冲泡方法

（一）滤纸冲泡

1. 特点

最简单的咖啡冲泡法。滤纸使用一次后可以立即丢弃，比较卫生，也容易整理，且开水的量与注入方法也可以调整，一人份也可以冲泡。这种方法是人数少时冲咖啡的最佳冲泡法。

2. 器具

滴漏器，有一孔与三孔之分，在此使用三孔式。注入开水用的壶口最好是口尖细小，可以使开水垂直地倒于咖啡粉上比较适当。

3. 冲泡的重点

（1）一人份的咖啡粉 10~12 克，开水 120 毫升。

（2）喜欢清淡咖啡的人，粉量约一人 8 克即可。

（3）喜欢浓苦味的人，粉量可一人 12 克，并充分地蒸煮。

（4）注热水用的壶注入七八分的开水，这样比较容易操作，开水量依人数多寡而准备。

（5）将咖啡加热到将要沸腾的程度再注入咖啡杯。

（6）过滤的抽出液不要滴到最后一滴（倘若全部滴完可能有杂味或杂质）。

4. 冲泡的程序

（1）过滤纸的接着部分沿着缝线部分折叠再放入滴漏中。

（2）以量匙将中度研磨的咖啡粉依人数份（一人份 10~12 克）倒入滴漏之中，再轻敲几下使咖啡粉的表面平坦。

（3）用茶壶将水煮开后，倒入细嘴水壶中，由中心点轻稳地把开水注入，缓慢地以螺旋方式使开水渗透直到遍布咖啡粉为止，务必缓缓地倒入。

（4）为了要将可口的成分抽出，需将已膨胀起来的咖啡粉多蒸一下（停留约 20 秒）。

（5）第二次的开水从咖啡粉的表面慢慢地注入，注入水量的多寡必须与抽出咖啡液的量一致，将过滤的开水量保持稳定。

（6）抽出液达到人数份时即可停止，在滤纸内残留着开水的状态时将其丢弃。

（二）法兰绒滤网冲泡

1. 特点

以法兰绒滤网冲泡出的咖啡最香醇可口，不过滤网的整理与保管要特别注意，否则咖啡味道会打折扣。

2. 冲泡前的准备事项

（1）开水注入后咖啡粉会膨胀，因此要选择稍大些的滤网。

（2）滤网起毛的一面做外侧，将水充分拧掉并把皱纹弄平后使用。

3. 冲泡的程序

（1）在滤网的内侧，将一人份的咖啡粉 10～12 克放入滤布中，再将咖啡粉弄平。

（2）浅烘焙的咖啡开水温度约 95℃，深烘焙则要低些，最初细线般地注入，边控制开水量边画圆注入。咖啡粉起细泡后闷蒸 20 秒，这段时间须暂停注水。之后，每次用等量的开水以漩涡状注入，从中心到外侧再回到中心。

（3）不要让开水完全滴完，照人数份注入即可，而在滤布内的开水尚残留的状态时取出。

（4）抽出终了，咖啡液的温度降低时要加温但不能使其沸腾。轻摇后再倒入杯子里。

4. 关于法兰绒滤网的保管

使用新的法兰绒滤网时，为了除去布上残留着的水糊或味道，可使用刷子洗（不可使用肥皂或肥皂粉），之后，以使用过的咖啡粉加水煮沸 5 分钟再用水洗。

5. 法兰绒滤网的保存方法

滤布使用后要用水好好地清洗，为了防止氧化要加水放在冷藏库里，而且必须每天换水，否则会起水垢引起布目堵塞。使用时，以温开水冲泡，再充分拧干后使用。

（三）蒸汽加压煮咖啡器

1. 特点

蒸汽加压煮咖啡器其特征是利用蒸汽压力瞬间将咖啡液抽出，又浓又苦的蒸汽咖啡是各类咖啡的基本，随着时间的流逝这种咖啡更受欢迎。

2. 器具

直台式（家庭用）与自动式（主要是营业用）蒸汽加压煮咖啡器，在此介绍直台式的使用方法。

3. 冲泡前的准备

（1）为了提高抽出效果，要将放入桶内的咖啡粉压硬，上半部的水壶蒸汽不要使其漏掉，要好好地盖住。

（2）配合人数使用。使用的器具的容量要大于总人数所需的咖啡量，若蒸汽压微弱，所抽出的咖啡会较难入口。

4. 冲泡的程序

(1) 下半部的袋子里注入人数分量所需的开水，再将咖啡粉放入深烘焙与细研磨的桶，约一人份6~8克，从上面轻轻压挤。

(2) 上半部的壶和桶与下部的壶组合，注意上半部的壶须好好地拴紧。

(3) 组好器具后加火。下半部水壶的开水沸腾后水柱会上升，待水壶中的开水全部升完水壶空了以后将水壶从火上拿下，这时热开水从粉层通过往上喷，在上半部水壶中的咖啡液就会被抽出。

(4) 将抽出的咖啡液注入事先保温的杯子里，要注意器具非常烫手，操作时要十分小心，以防烫伤。

(四) 水滴式咖啡器

1. 特点

使用冷水，花时间抽出咖啡液的方法。前一天晚上准备好，翌晨也可以享受香浓的早晨咖啡，喝热咖啡时注意不要使其沸腾。

2. 冲泡前的准备

为了使抽出过程中点滴的速度不变，活栓不要松弛，咖啡豆以深烘焙细研磨的较好。

3. 冲泡的程序

(1) 在滴漏里放入人数分量的咖啡粉后轻轻地压挤，注入少量的水使全部浸湿。

(2) 在烧杯上放滴漏，在其上的槽桶里注入人数份的水（三人份300~350毫升）。

(3) 盖好盖子。本器具需3~4小时才可制成咖啡。喝咖啡时，将盖子、桶槽和滴漏取掉，将咖啡液倒入烧杯内加火，勿使沸腾再倒入杯中。

(五) 伊芙利克咖啡器具

1. 特点

土耳其式咖啡器具，钢制的称为“伊芙利克”，是一种有长柄的咖啡器具。

2. 冲泡的重点

三次调煮，在沸腾前从火上移开，加少量的水。

3. 冲泡的程序

(1) 准备深烘焙的咖啡豆（一人份约5克）放入乳钵或磨子里研磨成粉状。

(2) 依需要准备人数份的咖啡粉，加上适量的开水同时加入香料，接着开小火，咖啡粉起泡后沸腾前将其从火中拿开，加点水，沸腾静止后再加火，如此重复三次。

(3) 伊芙利克中的咖啡粉沉下后，将咖啡液静静地注入杯中。

（六）虹管咖啡煮沸器

1．特点

可以边欣赏抽出过程边享受咖啡的乐趣，当作装饰品也可以，只是与滴漏式比较的话稍嫌操作复杂。

2．器具

（1）这种煮咖啡器具管理上比较麻烦，不过习惯后就好了。因为它是玻璃制品所以要注意防止破损。

（2）使用后过滤嘴要仔细清洗并用清水浸泡，然后保存在冰箱里。

3．冲泡前的准备

（1）底部的开水完全沸腾后再将上半部插入，太早插入无法使咖啡好好抽出。

（2）在短时间内适当地将开水与咖啡粉搅拌。若搅拌太久会使咖啡浑浊，香味消失。

4．方法

（1）在底部装入刚由水壶煮沸的开水，将外侧的水滴擦拭干净，再以酒精灯加热。接着将上面的漏斗装入滤嘴，拉下弹簧使其固定，然后，将粗研磨咖啡粉按人数分量倒入。

（2）底部的开水充分沸腾后，将装着咖啡豆的漏斗转入（插进使固定）。

（3）开水上升至漏斗时，以竹匙将浮上来的咖啡粉搅拌几下使其沉下。

（4）约经过 1 分钟后将火熄灭。火熄灭后，咖啡液会由滤布滤过而流至底部。

（5）咖啡液流下后，从上面将漏斗取下。轻轻摇晃后使咖啡液均匀，加温后再倒入杯中。

（七）咖啡渗滤壶

1．特点

这种冲泡方法现在已过时了，但从前在美国是深受欢迎的咖啡器具。这种咖啡渗滤壶也曾经在日本风靡一时。

2．冲泡前的准备

如果长时间加温或以强火煮沸的话，会造成过剩抽出而变成浑浊咖啡。

3．冲泡方法

（1）在水壶里将人数分量的开水加火。其间将粗研磨的咖啡粉（一人份10～12克）放入后盖上盖子。

（2）水壶的开水沸腾后，先将火熄灭。

（3）再以弱火加热，是否抽出视情况而定，再将火熄灭。

五、流行的咖啡品种

（一）卡布奇诺（Cappuccino）

20 世纪初，意大利人阿奇加夏发明蒸汽压力咖啡机的同时，也发明出了卡布奇诺咖啡。卡布奇诺是在偏浓的咖啡上倒入以蒸汽发泡的牛奶，此时咖啡的颜色就像卡布奇诺教会的修士在深褐色的外衣上覆上一条头巾一样，咖啡因此而得名“卡布奇诺”。

（二）意大利咖啡（Espresso Coffee）

具有浓郁的香味及强烈的苦味，咖啡的表面浮现一层薄薄的咖啡油，这层油正是意大利咖啡诱人香味的来源。这种咖啡适合那些追求强烈味觉感受的人。

（三）爱尔兰咖啡（Irish Coffee）

爱尔兰咖啡是一种既像酒又像咖啡的咖啡，原料是爱尔兰威士忌加咖啡豆，特殊的咖啡杯，特殊的煮法，认真而执著，古老而简朴。爱尔兰咖啡杯是一种耐热的方便烤杯。烤杯的方法可以去除烈酒中的酒精，让酒香与咖啡能够更直接地调和。爱尔兰人最了解威士忌独特而浓烈的熏香和淡淡的甜味，用威士忌调成的爱尔兰咖啡，更能将咖啡的酸甜味道衬托出来。

（四）皇家咖啡（Royal Coffee）

它的由来，据说是拿破仑在远征俄国时遇到酷寒的冬天，于是命人在咖啡中加入白兰地以取暖，因此发明了这道咖啡。刚冲泡好的皇家咖啡，在舞动的蓝白火焰中，猛然窜起一股白兰地的芳醇，勾引着期待中的味觉，雪白的方糖缓缓化为诱人的焦香甜味，一小口一小口品啜着，令人无端幻想坐拥皇宫的雍容喜悦。

（五）维也纳咖啡（Vienna Coffee）

“Viennese”是奥地利最著名的咖啡，是一个名叫爱因·舒伯纳的马车夫发明的，也许由于这个原因，今天，人们偶尔也会称维也纳咖啡为“单头马车”。

（六）冰咖啡（Iced Coffee）

冰咖啡源于日本，并成为日本人的流行饮品。其制作方法是用深度烘焙的咖啡豆调制出热浓咖啡饮料，并马上投入冰块使其快速冷却。此时，要用打蛋器搅动冰块使咖啡形成泡沫，再用细目过滤网将咖啡泡沫捞起弃除即成。此法可弃除咖啡的苦涩味，制成的冰咖啡口感滑润细腻。

六、咖啡的鉴赏

有关各地咖啡特性和风味的描述，最常用的有以下几个方面。

（一）醇度（body）

指咖啡入口后的那种厚重感和浓稠的质感。

（二）酸度（acidity）

这种酸与我们日常食用水果的那种酸味不同，是用以形容咖啡那种明亮、清新、爽朗的特有味觉感受，一些著名的品种如阿拉比卡咖啡豆正是以明快的“酸”的特质赢得咖啡爱好者的喜爱。

（三）苦味（bitter）

苦味是咖啡的最明显的特征之一。影响苦味程度的因素主要有：品种（罗巴斯特种比阿拉比卡种要苦）；产地（某些产地出品的咖啡苦味较强烈，如印尼的苏门答腊、爪哇等）；烘焙程度（较深烘焙的比较浅烘焙的要苦）；咖啡因含量（咖啡因含量越高就会越苦）；萃取时间（萃取时间越长就会越苦）。

（四）甘度（sweet）

回味甘甜是一些好咖啡的特质，通常来说没什么人喜欢“苦”，但回味中的“甘”和“酸”却是很多人所追求的。

（五）香度（aroma）

指咖啡冲泡后所显现出来的最明显的特征，包括焦糖味、果香味、花香味、草香味等。

（六）风味（flavor）

指香度、甘度及醇度的整体感受。

（七）酒味（winy）

某些产地的咖啡有类似葡萄酒的味道，实质上是酸味和高醇度相结合的一种感受，口感极佳。

● 延伸阅读

怎样科学饮用咖啡

咖啡的益处

1.咖啡含有一定的营养成分。咖啡中的烟碱酸含有维他命 B，烘焙后的咖啡豆维他命 B 含量更高，并且有游离脂肪酸、咖啡因、丹宁酸等。

2.咖啡对皮肤有益处。咖啡可以促进代谢机能，活络消化器官，对便秘有很大功效。使用咖啡粉洗澡是一种温热疗法，有减肥的作用。

3.咖啡可以消除疲劳。要消除疲劳，必须补充营养、休息与睡眠、促进代谢功能，而咖啡则具有这些功能。

4.一日三杯咖啡可预防胆结石。咖啡含咖啡因，能刺激胆囊收缩并减少胆汁内容易形成胆结石的胆固醇，美国哈佛大学研究人员最新发现，每天喝 2~3 杯咖啡的男性得胆结石的几率低于 40%。

5.常喝咖啡可防止放射线伤害。放射线伤害尤其是电器的辐射已成为目前较突出的一种污染。印度笆巴原子研究人员在对老鼠实验中得出这一结论，并表示可以应用到人类。

6.咖啡的保健医疗功能。咖啡具有抗氧化及护心、强筋骨、利腰膝、开胃促食、消脂消积、利窍除湿、活血化瘀、熄风止痉等作用。

7.咖啡对情绪的影响力。实验表明，一般人一天吸收 300 毫克（约 3 杯煮泡咖啡）的咖啡因，对一个人的机警性和情绪会带来良好的影响。

长期喝咖啡的弊端

1.紧张时添乱。咖啡因有助于提高警觉性、灵敏性、记忆力及集中力。但饮用超过你平常习惯饮用量的咖啡，就类似食用相同剂量的兴奋剂，会造成神经过敏。对于倾向焦虑失调的人而言，咖啡因会导致手心冒汗、心悸、耳鸣这些症状更加恶化。

2.使高血压加剧。咖啡因因为具有止痛作用，常与其他简单的止痛剂合成复方，但是如果本身已有高血压，使用大量咖啡因只会使你的情况更为严重。因为光是咖啡因就能使血压上升，若再加上情绪紧张，就会产生危险性的后果，因此，患有高血压的人群尤其应避免在工作压力大的时候喝含咖啡因的饮料。有些常年习惯喝咖啡的人，以为他们对咖啡因的效果已经免疫，然而事实并非如此，一项研究显示，喝一杯咖啡后，血压升高的时间可长达 12 小时。

3.诱发骨质疏松。咖啡因本身具有很好的利尿效果，如果长期且大量喝咖啡，容易造成骨质流失，对骨量的保存会有不利的影响，对于妇女来说，可能会增加骨质疏松的威胁。但发生这种情况的前提是，平时食物中本来就缺乏摄取足够的钙，或是不经常动的人，还有更年期后的女性，因缺少雌激素造成的钙质流失，以上这些情况再加上大量的咖啡因，才可能对骨质造成威胁。如果能够按照合理的量来享受，你还是可以做到不因噎废食的。

喝咖啡的科学方法

咖啡是公认的健康饮品，但咖啡一定要科学饮用，适时适量，才能有益于健康。清晨起床后喝一杯为的是醒脑，白天工作时轻呷一口可提神，此时咖啡可稍浓，而餐后或晚间饮咖啡以略轻淡为宜。咖啡或茶都有提神醒脑的作用，但不适宜餐中伴饮，应在餐后饮用。有的人非常爱喝咖啡，但怕常喝会上火。或者我们常看到许多人净饮咖啡，其实这种喝咖啡的方式是不利于健康的。较健康的方法应该在品咖啡时配搭一杯白水，这样做有两种好处：第一，在品咖啡前先喝一口白水，冲掉口中异味，再品才会感受到咖啡的香醇；第二，由于咖啡的利尿功能，在喝咖啡时多喝白水，提高排尿量促进肾功能。这样，既品味了咖啡的美味，又不必担心上火，真是一举两得。

提到咖啡，人们便会联想到咖啡因。咖啡因是咖啡中的一种较为柔和的兴奋剂，它可以提高人体的灵敏度和注意力，加速人体的新陈代谢，改善人体的精神状态和体能。目前，人类在大约60种植物中发现了咖啡因，其中最为人知的便是茶和咖啡。对咖啡中所含的咖啡因，不同的人会有什么不同的反应呢？这就因人而异了。还有一个问题是每天喝多少咖啡才算过量？在一些咖啡消费大国，人们平均每天要摄取250~600毫克的咖啡因，经反复的科学研究和分析，这一剂量对人体没有任何副作用。

以下六种人不宜喝咖啡

患高血压、冠心病、动脉硬化等疾病——有此类问题的人如果长期或大量饮用咖啡，可加重心血管疾病。

老年妇女——咖啡会减少钙质，引起骨质疏松。而妇女绝经后，每天需要增加十倍的钙量。

胃病患者——喝过量咖啡可引起胃病恶化。

孕妇——饮过量咖啡可导致胎儿畸形或流产。

维生素 B_1 缺乏者——维生素 B_1 可保持神经系统的平衡和稳定，而咖啡对其有破坏作用。

癌症患者——饮用过量的咖啡对正常人有致癌的危险，对于癌症病人更有加重病情的危险。

老年人喝咖啡应该注意的事项

1.不宜饮过浓咖啡。浓咖啡能使人心跳加快，引起早搏、心律不齐及过度兴奋和失眠等，从而影响休息和恢复体力。

2.患有动脉硬化、高血压、心脏病的老年人不宜喝咖啡。有关研究表明，心脏病患者饮咖啡可增加心肌梗塞发生率。

3.患有溃疡病的老年人不宜喝咖啡。咖啡有刺激胃酸分泌的作用，而胃酸又可引起溃疡病的加重，导致疼痛、出血等。

4.酒后不宜喝咖啡。因为咖啡因能增加酒精引起的损害，酒后用咖啡醒酒，对健康不利。

第二节 可可（Cacao）

可可的英文名称来自拉丁文的学名“Theobroma cacao”。可可又称为“巧克力”（Chocolate），该名称是源于墨西哥当地土著的阿兹台克语“Xocolatl”，意思为“苦水”（Bitter Water）。当时墨西哥土著人喝可可豆榨出的汁液，不加糖而加入香料，他们坚信这种可可豆是“神赐给的食物”。

一、可可的起源与发展

最早食用可可的是墨西哥的阿兹台克人（Aztec）。公元 1492 年，哥伦布（Columbus）发现了美洲新大陆后，把可可豆带到了西班牙。1657 年，英国伦敦出现了第一家可可商店（Cacao House），专卖可可饮料，当时的售价相当昂贵。到了 18 世纪，可可在欧洲开始流行起来。此后，可可逐渐传播到世界各地。

可可从南美洲外传到欧洲、亚洲和非洲的过程是曲折而漫长的。16 世纪前可可还没有被生活在亚马孙平原以外的人所知，那时它还不是可可饮料的原料。因为种子十分稀少珍贵，所以当地人把可可的种子（可可豆）作为货币使用，名叫“可可呼脱力”。16 世纪上半叶，可可通过中美地峡传到墨西哥，接着又传入印加帝国在今巴西南部的领土，很快为当地人所喜爱。他们采集野生的可可，把种仁捣碎，加工成一种名为“巧克脱里”（意为“苦水”）的饮料。16 世纪中叶，欧洲人来到美洲，发现了可可并认识到这是一种宝贵的经济作物，他们在“巧克脱里”的基础上研发了可可饮料和巧克力。16 世纪末，世界上第一家巧克力工厂由当时的西班牙政府建立起来，可是一开始一些贵族并不愿意接受可可做成的食物和饮料，甚至到 18 世纪，英国的一位贵族还把可可看作是“从南美洲来的痞子”。可可定名很晚，直到 18 世纪瑞典的博学家林奈才为它命名，此种树被叫做“可可树”。后来，由于巧克力和可可粉在运动场上成为最重要的能量补充剂，发挥了巨大的作用，人们便把可可树誉为“神粮树”，把可可饮料誉为“神仙饮料”。

随着世界可可饮料及可可类食品的产量不断增长，可可成为世界食品工业中一种重要的原料。然而，世界可可的总产量却相当低，据统计，20 世纪 70 年代，全世界可可豆年平均总产量为 60 万吨，进入 90 年代后，年均总产量也只不过 180 万吨，因此可可豆的价格相当昂贵。

二、可可的特征与特性

可可树属常绿乔木，树冠繁茂；树皮厚，暗灰褐色；嫩枝褐色，被短柔毛；

叶具短柄，卵状长椭圆形至倒卵状长椭圆形，托叶线形，早落；聚伞花序，花瓣淡黄色；子房倒卵形，稍具5棱；果椭圆形或长椭圆形，成熟时为深黄色或近于红色，干燥后呈褐色，果皮厚，肉质，种子卵形，稍呈压扁状。可可喜温暖湿润的气候和富含有机质的缓坡上，在排水不良和重黏土上或常受强风侵袭的地方都不适宜栽种。多用种子繁殖，亦有用芽嫁接的。植后4~5年开始结果实，10年以后收获量大增，到40~50年以后产量逐渐减少。

三、可可的分布状况

可可树原产于南美洲亚马孙河上游的热带雨林，主要分布在赤道南北纬10°以内较狭窄地带。主产国为加纳、巴西、尼日利亚、科特迪瓦、厄瓜多尔、多米尼加和马来西亚。主要消费国是美国、德国、俄罗斯、英国、法国、日本和中国。其中，非洲的加纳是最大的生产国，“Forastero”这种优质品种的可可豆即产于这个国家。

1922年，我国台湾省引种试种成功，中国大陆现主要的可可种植地在海南。

四、可可的主要成分及其作用

可可豆（生豆）含水分5.58%，脂肪50.29%，含氮物质14.19%，可可碱1.55%，其他非氮物质13.91%，淀粉8.77%，粗纤维4.93%，其水分中含有磷酸40.4%、钾31.28%、氧化镁16.22%。可可豆中还含有咖啡因等神经中枢兴奋物质以及丹宁，丹宁与巧克力的色、香、味有很大关系。可可豆中的可可碱和咖啡因会刺激大脑皮质，消除睡意，可增强触觉与思考力以及调整心脏机能，又有扩张肾脏血管、利尿等作用。可可豆为制造可可粉和可可脂的主要原料，可可脂与可可粉主要用作饮料，还可以制造巧克力糖、糕点及冰淇淋等食品。干豆可作病弱者的滋补品与兴奋剂，还可作饮料。

本章小结

咖啡和可可作为世界三大饮料的其中两种，在人们的生活中起到很大的作用，现在几乎已经遍布于生活中的各个角落。人们在和朋友的交往中常常互相请喝咖啡，男女之间互赠巧克力等等，这些都与咖啡和可可有关。学习它们的相关知识，能为生活添加许多色彩。

● 思考与练习

1. 世界著名的咖啡品种有哪些？流行的咖啡品种又有哪些？请说出咖啡的冲泡方法。

2. 你知道咖啡对人体有哪些功用吗？请说说你的体会。

3. 如何饮用咖啡才是科学的？结合你自己的认识，说说饮用咖啡对人体的健康有什么影响。

4. 可可作为世界三大饮料之一，它对人体的健康有什么影响？同时，它除了作为饮料之外，还可以作为制作什么的原料？

第六章

茶

导语 ★★★★★

1. 茶的起源和发展。
2. 茶叶的分类和制作。
3. 国内外名茶。
4. 饮茶的作用及各种茶叶的冲泡方法。
5. 茶叶的储存。

茶树属多年生的常绿树，原生长于热带和亚热带地区，喜温湿气候，宜种植于酸碱性适中的土壤里。茶树的学名为“Camellia sinesis”，其拉丁文“sinensis”一词即为“中国”的意思。

世界上主要的产茶国家有印度、中国、斯里兰卡、肯尼亚、印度尼西亚、巴基斯坦、日本等40多个国家，其中中国是世界上最早发现和使用茶叶的国家。寻根溯源，世界各国最初所饮用的茶叶、引种的茶树以及饮茶方法、茶道礼俗等，都是直接或间接由中国传播出去的。

现代科学证实，茶既是一种解渴饮料，又具有明目、益思、利尿解毒、帮助消化等功效，具有很丰富的营养价值和独特的药理功能。所以茶是一种深受人们喜爱的饮料，也是风靡世界的三大无酒精饮料之一。

第一节　茶的起源与发展

茶树原产于我国西南地区，我国是世界上最早发现和利用茶树的国家，我国茶史的发展经历了五个阶段。

一、野生药用阶段

茶的利用始作药料，在《神农本草经》一书中曾经指出：“神农尝百草，日遇七十二毒，得荼而解之。”（注：茶原名“荼”）说是远在公元前2737～前2697年茶被神农所发现，并用为药料，自此后，茶逐渐推广为药用。但何时开始作为饮料，史料极缺，只有公元前59年王褒的《僮约》一文，曾提到“武阳买荼”“烹荼尽具”等内容，这是茶用来饮用的最早记载。

二、少量种植供寺僧和贵族饮用阶段

饮茶的习惯，最早应当起源于川蜀之地，后逐渐向各地传播，至西汉末年，茶已成为寺僧、皇室和贵族的高级饮料，到三国之时，宫廷饮茶更为普遍。

三、大量发展阶段

从晋到隋，饮茶逐渐普及开来，茶开始成为民间饮品。不过，一直到南北朝前期，饮茶风气在地域上仍存在着一定的差距，南方饮茶较北方为盛，但随着南北文化的逐渐融合，饮茶风气也渐渐由南向北推广开来，但茶风的大盛却是在大唐建立以后。唐代饮茶兴盛的原因有以下几点。

1. 唐朝建立以后，社会安定，经济发达，交通便利，使茶的生产、贸易和消费大大发展。

2. 饮茶的兴盛还与唐朝政府颁布的禁酒令有关。由于人口的增长以及战乱所造成的农民大量流亡及土地丧失，使得唐中期以后的粮食十分匮乏，而酿酒却需要消耗大量粮食，为了缓解这一矛盾，唐肃宗于乾元元年（758 年）颁布禁酒令，开始在长安禁酒。这便使许多嗜酒而不得饮的人转向饮茶，以茶代酒，促进了饮茶风气的传播。

3. 唐代饮茶的兴盛与贡茶的兴起、诗风的大盛以及科举制度、佛教的传播有着千丝万缕的联系。唐以前的饮茶是粗放式的，唐代随着饮茶的蔚然成风，饮茶方式也发生了显著变化，出现了细煎慢品式的饮茶方式，这一变化在饮茶史上是一件大事，其功劳应归于“茶圣”陆羽。宋人饮茶继承了唐人饮茶方式，但比唐人更为讲究，制作也更为精细，而尤为精细的是宫廷团茶（饼茶）的制作。宋代饮茶虽以饼茶为主，但同时也有一些有名的散茶，如日铸茶、双井茶和径山茶，散茶尤为文人所喜爱。在饮用上，改唐代的煮茶法为点茶法，即不再把茶叶投入水中煎煮，而是放在茶盏用开水冲注，再充分搅拌，使茶与水充分融合，待到呈现乳状，满碗出现细密的白色泡沫时，便可慢慢品饮了。明清时代的饮茶，无论在茶叶类型上，还是在饮用方法上，都与前代差异显著。明代在唐宋散茶的基础上加以发展扩大，使之成为盛行明、清两代并且流传至今的主要茶类。明代炒青法所制的散茶大都是绿茶，兼有部分花茶。清代除了名目繁多的绿茶、花茶之外，又出现了乌龙茶、红茶、黑茶和白茶等类茶，从而奠定了我国茶叶结构的基本种类。

四、衰落阶段

尽管我国古代劳动人民有不少关于茶的宝贵经验，并对世界各国发展茶叶生产作出了贡献，但由于解放前腐败政府的统治，茶叶种植和加工的相关科学技术和经验得不到总结、发扬和利用，茶叶生产在帝国主义的排挤和操纵下日趋衰败。

五、解放后我国茶叶生产大发展阶段

解放后，我国茶叶生产获得了恢复和发展，其中又可分为两个大的阶段。第一阶段是 1950 ~ 1970 年，这 20 年基本上以垦复、发展、努力扩大种植面积为主，这期间茶园面积平均年增加7.3%，茶叶产量平均年增加5.9%。第二阶段是 1970 年以后，这一阶段的重点转向改善茶园结构，提高茶园单产，完善制茶工艺。进入 20 世纪 90 年代后，名优茶生产异军突起，种类繁多，不但恢复生产了许多历史上的名茶，还创制了种类繁多的新名茶。茶作为 21 世纪的饮料大王，随着社会的发展和人民生活水平的提高，必将得到更大的发展。

第二节　中国茶叶的分类与制作

中国茶的划分有多种方法，主要有以下几种。

一、根据茶叶的制作方法分类

（一）绿茶

绿茶是不发酵茶，经高温杀青（如炒、烘等工艺）制成，冲泡后汤色和叶片均呈绿色。其名品有杭州的西湖龙井、江苏的碧螺春、安徽的黄山毛峰等。绿茶较受我国江南一带人民喜爱。

（二）红茶

红茶是经过完全发酵的茶，成品细致，其特点是：红汤红叶，冲泡后汤色红艳鲜亮，清澈见底，香味芬芳浓纯。主要品种有：祁红（安徽祁门）、滇红（云南风庆）、闽红（福建福安）、宜红（湖北宜昌）、宁红（江西修水）、湖红（湖南安化）、越红（浙江绍兴）等，以祁红、滇江和宜红质量最佳。红茶较受我国的老年人和欧美客人喜爱。

（三）乌龙茶

乌龙茶也称“青茶”，是一种半发酵茶，其叶片中心呈绿色，边缘呈红色，兼有绿茶和红茶的特色。其名品有福建的铁观音、武夷岩茶、台湾的乌龙等。乌龙茶较受南方沿海地区人民的喜爱。

（四）花茶

花茶又称“香片”，是在茶叶中加入香花特制而成，既有茶香又有花香。高级花茶香气芬芳、滋味浓厚、汤色清澈。其名品有茉莉花茶、玉兰花茶、玳玳花茶、玫瑰花茶、柚花茶等。花茶主要产地有：福州、苏州、南昌、杭州等。花茶较受我国北方消费者喜爱。

（五）紧压茶（砖茶）

紧压茶是以各种成品茶为原料经蒸软后放入模具压制成砖状或饼状的块形茶，故又被称为“砖茶”或“饼茶”。其名品有青砖、茯砖、米砖、普洱茶等。紧压茶较受我国内蒙、新疆、西藏等地区的消费者喜爱。

二、按季节分类

（一）春茶

是指当年 3 月下旬到 5 月中旬之前采制的茶叶。春季温度适中，雨量充沛，再加上茶树经过了半年冬季的休养生息，使得春季茶芽肥硕，色泽翠绿，叶质柔软，且含有丰富的维生素，氨基酸含量更高。这些物质不但使春茶滋味鲜活，且香气宜人富有保健作用。

（二）夏茶

是指5月初至7月初采制的茶叶。夏季天气炎热，茶树新梢芽叶生长迅速，能溶解茶汤的水浸出物含量相对较高特别是氨基酸等的丰富使得茶汤滋味、香气多比春茶强烈，由于带苦涩味的花青素、咖啡因、茶多酚含量比春茶多，所以夏茶不但紫色芽叶色泽增加，而且滋味较为苦涩。

（三）秋茶

就是8月中旬以后采制的茶叶。秋季气候条件介于春夏之间，茶树经春夏季生长，新梢芽内含物质相对丰富，叶片大小不一，叶底发脆，叶色发黄，滋味和香气显得比较平和。

（四）冬茶

大约在10月下旬开始采制。冬茶是在秋茶采完后，气候逐渐转冷后生长的。因冬天茶梢芽生长缓慢，内含的物质浓度增加，所以滋味醇厚，茶香浓烈。

三、按生长环境分类

（一）平地茶

芽叶较小，叶底坚薄，叶面平展，叶色黄绿欠光润。加工后的茶叶条索较细瘦，骨身轻，香气低，滋味淡。

（二）高山茶

高山地区由于环境适合茶树喜温、喜湿、耐阴的习性，所以有“高山出好茶”的说法。海拔高度的不同，造成了高山环境的不同特点，从气温、降雨量、湿度、土壤到山上生长的树木都各不相同，这些环境为茶树以及茶芽的生长都提供了得天独厚的条件，因此与平地茶相比，高山茶芽叶肥硕，颜色绿，茸毛多。加工后的茶叶条索紧结、肥硕，白毫显露，香气浓郁且耐冲泡。

四、按制作工艺分类

（一）绿茶

为不发酵的茶，发酵度为零。

（二）黄茶

为轻微发酵的茶，发酵度为10%～20%。

（三）白茶

为轻度发酵的茶，发酵度为20%～30%。

（四）青茶

为半发酵的茶，发酵度为30%～60%。

（五）红茶

为全发酵的茶，发酵度为80%～90%。

（六）黑茶

为后发酵的茶，发酵度为100%。

总的来说，通用的分类方法是将中国茶叶分为基本茶类和再加工茶类。基本茶类分为6类，即绿茶、黄茶、黑茶、白茶、青茶、红茶。以这些基本茶类作原料进行再加工以后的产品统称“再加工茶类”，主要有花茶、紧压茶、萃取茶、果味茶、药用保健茶和含茶饮料等。

第三节 中国现代名茶

一、西湖龙井

是我国第一名茶，产于浙江杭州西湖的狮峰、龙井、五云山、虎跑一带，历史上曾分为“狮、龙、云、虎”四个品类，其中多认为以产于狮峰的品质最佳。龙井素以“色绿、香郁、味醇、形美”四绝著称于世。形光扁平直，色翠略黄似糙米色，滋味甘鲜醇和，香气幽雅清高，汤色碧绿黄莹，叶底细嫩成朵。

● 小贴士

龙井茶的传说

传说乾隆皇帝下江南时，来到杭州龙井狮峰山下，看乡女采茶，以示体察民情。这天，乾隆皇帝看见几个乡女正在十多棵茶树前采茶，心中一乐，也学着采了起来。刚采了一把，忽然太监来报：“太后有病，请皇上急速回京。”乾隆皇帝听说太后有病，随手将一把茶叶向袋内一放，日夜兼程赶回京城。其实太后只是山珍海味吃多了，一时肝火上升，双眼红肿，胃里不适，并没有大病。此时见皇儿来到，只觉一股清香传来，便问他带来什么好东西。皇帝也觉得奇怪，哪来的清香呢？他随手一摸，啊，原来是杭州狮峰山的一把茶叶，几天过后已经干了，浓郁的香气就是由它散出来的。太后便想尝尝茶叶的味道，宫女将茶泡好，茶送到太后面前，果然清香扑鼻。太后喝了一口，双眼顿时舒适多了，喝完了茶，红肿消了，胃不胀了。太后高兴地说：“杭州龙井的茶叶，真是灵丹妙药。”乾隆皇帝见太后这么高兴，立即传令下去，将杭州龙井狮峰山下胡公庙前那十八棵茶树封为御茶，每年采摘新茶，专门进贡太后。至今，杭州龙井村胡公庙前还保存着这十八棵御茶，到杭州的旅游者中有不少还专程去观赏一番，拍照留念。

二、洞庭碧螺春

产于江苏吴县太湖之滨的洞庭山。碧螺春茶叶用春季从茶树采摘下的细嫩芽头炒制而成。高级的碧螺春，每公斤干茶需要茶芽13.6万~15万个。外形条索紧结，白毫显露，色泽银绿，翠碧诱人，卷曲成螺，故名“碧螺春”。汤色清澈明亮，浓郁甘醇，鲜爽生津，回味绵长，叶底嫩绿显翠。

三、君山银针

产于岳阳洞庭湖中的君山岛，有“洞庭帝子春长恨，二千年来草更长”的描写。冲泡后三起三落，雀舌含珠，枪丛林立，有很高的欣赏价值。

● 小贴士

君山银针的传说

据说君山茶的第一颗种子还是4000多年前娥皇和女英播下的。后唐的第二个皇帝明宗李嗣源，第一回上朝的时候，侍臣为他捧杯沏茶，开水向杯里一倒，马上看到一团白雾腾空而起，慢慢地出现了一只白鹤。这只白鹤对明宗点了三下头，便朝蓝天翩翩飞去了。再往杯子里看，杯中的茶叶都齐崭崭地悬空竖了起来，就像一群破土而出的春笋，过了一会，又慢慢下沉，就像是雪花坠落一般。明宗感到很奇怪，就问侍臣是什么原因。侍臣回答说：“这是君山的白鹤泉（即柳毅井）水，泡黄翎毛（即银针茶）缘故。”明宗心里十分高兴，立即下旨把君山银针定为“贡茶”。到现在冲泡君山银针时，都能看到棵棵茶芽立悬于杯中，极为美观。

四、庐山云雾

产于江西庐山，号称“匡庐奇秀甲天下”的庐山，北临长江，南傍鄱阳湖，气候温和，山水秀美，十分适宜茶树生长。庐山云雾茶，古称“闻林茶”，从明代起始称“庐山云雾”。此茶产于江西庐山，是绿茶类名茶。

庐山云雾茶不仅要求有理想的生长环境以及优良的茶树品种，还要有精湛的采制技术。在清明前后，随海拔增高，鲜叶开采期相应延迟到“五一”节前后，以一芽一叶为标准。

（一）庐山云雾茶的工艺特点

由于天气条件，云雾茶采摘时间比其他茶稍晚，一般在谷雨之后至立夏之间始开园采摘。采摘标准为一芽一叶初展，长度不超过5厘米，要剔除紫芽和病虫害叶，采后摊于阴凉通风处放置4~5小时后始进行炒制，经杀青、抖散、揉捻、理条、搓条、提毫、烘干、拣剔等工序精制而成。

（二）庐山云雾茶的品质特点

芽壮叶肥，白毫显露，色泽翠绿，幽香如兰，滋味深厚，鲜爽甘醇，耐冲泡，汤色明亮，饮后回味香绵。

与黄山相比，在古代，庐山的名气要响得多。历代名人，交口赞誉，认为宇内名山，除五岳以外，首推匡庐。唐代大诗人李白说："余行天下，所游览山水甚富，俊伟诡特，鲜有能过之者，匡庐真天下之冠也。"高级的庐山云雾茶条索秀丽，嫩绿多毫，香高味浓，经久耐泡，为绿茶之精品。

五、黄山毛峰

产于安徽黄山，主要分布在桃花峰的云谷寺、松谷庵、吊桥庵、慈光阁及半山寺周围。这里山高林密，日照短，云雾多，自然条件十分优越，茶树得云雾之滋润，无寒暑之侵袭，蕴成良好的品质。黄山毛峰采制十分精细，制成的毛峰茶外形细扁微曲，状如雀舌，香如白兰，味醇回甘。

六、祁红

在红遍全球的红茶中，祁红独树一帜，百年不衰，以其"高香形秀"著称，博得万国市场的经久青睐，奉为茶之佼佼者。祁红，是祁门红茶的简称，为工夫红茶中的珍品，1915 年曾在巴拿马国际博览会上荣获金奖。创制 100 多年来，祁红一直保持着优异的品质风格，蜚声中外。祁红生产条件极为优越，真是天时、地利、人勤、种良，得天独厚，所以祁门一带大都以茶为业，上下千年，始终不败。

祁红以高香著称，具有独特的清鲜持久的香味，被国内外茶师称为"砂糖香"或"苹果香"，并蕴藏有兰花香，清高而绵长，独树一帜，国际市场上称之为"祁门香"。英国人最喜爱祁红，全国上下都以能品尝到祁红为口福，皇家贵族也以祁红作为时髦的饮品，用茶向女王祝寿，赞美茶为"群芳最"。

七、安溪铁观音

产于福建安溪。铁观音的制作工艺十分复杂，制成的茶叶条索紧结，色泽乌润碧绿。好的铁观音，在制作过程中因咖啡碱随水分蒸发，所以茶叶表面还会凝成一层白霜；冲泡后有天然的兰花香，滋味醇浓。用小巧的工夫茶具品饮，先闻香，后尝味，顿觉满口生香，回味无穷。近年来，发现乌龙茶有健身美容的功效后，铁观音更风靡日本和东南亚。

八、云南普洱茶

普洱茶是在云南大叶茶基础上培育出的一个新茶种。普洱茶亦称"滇青茶"，原运销集散地在普洱县（今宁洱哈尼族彝族自治县），故此而得名，距今已有1700多年的历史。它是用攸乐、萍登、倚帮等11个产区的茶叶在普洱县加工而成。

普洱茶的产区气候温暖，雨量充足，湿度较大，土层深厚，有机质含量丰富。茶树分为乔木或乔木形态的高大茶树，芽叶极其肥壮而茸毫茂密，具有良好的持嫩性，芽叶品质优异。采摘期从3月开始，可以连续采至11月。在生产习惯上，划分为春、夏、秋茶三期。采茶的标准为二三叶。其制作方法为亚发酵青茶制法，经杀青、初揉、初堆发酵、复揉、再堆发酵、初干、再揉、烘干八道工序制成。

在古代，普洱茶是作为药用的。其品质特点是：香气高锐持久，带有云南大叶茶种特性的独特香型，滋味浓强富于刺激性；耐泡，经五六次冲泡仍持有香味；汤橙黄浓厚，芽壮叶厚，叶色黄绿间有红斑红茎叶，条形粗壮结实，白毫密布。

普洱茶有散茶与型茶两种，多年来一直远销港、澳地区及日本、马来西亚、新加坡、美国、法国等十几个国家。

九、冻顶乌龙

冻顶乌龙茶，被誉为“台湾茶中之圣”，产于台湾省南投县鹿谷乡。它的鲜叶，采自青心乌龙品种的茶树上，故又名“冻顶乌龙”，冻顶为山名，乌龙为品种名。按其发酵程度，属于轻度半发酵茶，制法则与包种茶相似，应归属于包种茶类。

冻顶茶品质优异，在台湾茶市场上居于领先地位。其上选品外观色泽呈墨绿鲜艳，并带有青蛙皮般的灰白点，条索紧结弯曲；干茶具有强烈的芳香；冲泡后，汤色略呈柳橙黄色，有明显清香，近似桂花香；汤味醇厚甘润，喉韵回甘强；叶底边缘有红边，叶中部呈淡绿色。

十、苏州茉莉花茶

我国茉莉花茶中的佳品。苏州茉莉花茶，约于清代雍正年间已开始发展，距今已有250年的产销历史。据史料记载，苏州在宋代时已栽种茉莉花，并以它作为制茶的原料。1860年时，苏州茉莉花茶已盛销于东北、华北一带。

苏州茉莉花茶因所用茶坯、配花量、窨次、产花季节的不同而有浓淡之分，其香气依花期有别，头花所窨者香气较淡，“优花”窨者香气最浓。苏州茉莉花茶主要茶坯为烘青，也有杀茶、尖茶和大方，特高者还有以龙井、碧螺春、毛峰窨制。与同类花茶相比苏州茉莉花茶属清香类型，香气清芬鲜灵，茶味醇和含香，汤色黄绿澄明。

从解放初期始，苏州茉莉花茶开始出口，外销香港、东南亚、欧洲、非洲等20多个国家和地区。

十一、六安瓜片

为历史名茶，属绿茶类。创制于清末，是六安茶后起之秀。产于安徽六安市裕安区、金安区及金寨县，主产区位于齐云山和独山一带。齐云山地域产品因质量超群，故有“齐山名片”之称。

六安瓜片工艺独特，一是鲜叶必须长到“开面”才采摘；二是鲜叶通过“扳片”，剔除芽头、茶梗，掰开嫩片和老片；三是嫩片和老片分别杀青，生锅、熟锅连续作业，杀青、失水、造型相结合；四是烘焙分毛火、小火和拉老火，火温先低后高。特别是最后的工序拉老火，炉火猛烈、火苗盈尺，抬（烘）篮走烘，每次只烘1~2秒钟即下烘翻拌，烘翻80~120次，才能下烘趁热装筒。

独特的采制工艺，形成了六安瓜片的独特风格。外形：单片顺直匀整，叶边背卷舒展，不带芽、梗，形似瓜子，干茶色泽翠绿，起霜有润。内质：汤色清澈，香气高长，滋味鲜醇回甘，叶底黄绿匀亮。优质的齐山名片具有花香野韵，为片茶之珍品。“六安瓜片药效高，消食解毒去疲劳”，六安瓜片在国内市场享有很高声誉。1949年后，此茶一直主销长江中下游的芜湖、南京、上海等城市，而在沿淮、淮北、河南、山东、苏北以及京津地区，六安瓜片一度是紧俏茶品，供不应求。1980年六安瓜片进入香港、澳门地区及新加坡等市场，受到港澳同胞和侨胞的好评。

十二、太平猴魁

属绿茶类，为历史名茶。创制于清末。产于安徽黄山市黄山区（原太平县）新明、龙门、三口一带。主产区位于新明乡三门村的猴坑、猴岗、颜家。茶园皆分布在350米以上的中低山，土质多黑沙壤土，土层深厚，富含有机质。茶山地势多坐南朝北，位于半阴半阳的山脊山坡。茶树长势好，加上肥培管理和适度修剪，芽叶肥壮、重实、匀齐。优质的芽叶长约6厘米，一芽二叶的芽尖和叶尖长短相齐。由于鲜叶质量要求高，每公顷茶园只能产70~80公斤猴魁茶。

太平猴魁外形两叶抱芽，扁平挺直，自然舒展，白毫隐伏，有“猴魁两头尖，不散不翘不卷边”之称；叶色苍绿匀润，叶脉绿中隐红，俗称“红丝线”；兰香高爽，滋味醇厚回甘，有独特的喉韵；汤色清绿明澈，叶底嫩绿匀亮，芽叶成朵肥壮。

十三、都匀毛尖

又名“白毛尖”、“细毛尖”、“鱼钩茶”、“雀舌茶”，是贵州三大名茶之一，亦是中国十大名茶之一，产于贵州都匀市，都匀位于贵州省的南部，属黔南布依族苗族自治州。市区东南东山屹立，西面蟒山对峙。都匀毛尖主要产地在团山、哨脚及大槽一带，这里山谷起伏，海拔千米，峡谷溪流，林木苍郁，云雾笼罩，冬无严寒，夏无酷暑，四季宜人，年平均气温为16℃，年平均降水量1400多毫米，加之土层深厚，土壤疏松湿润，土质是酸性或微酸性，内含大量的铁质和磷酸盐，这些特殊的自然条件不仅适宜茶树的生长，而且也形成了都匀毛尖的独特风格。

十四、信阳毛尖

产于河南信阳车云山，是我国著名的内销绿茶，以原料细嫩、制工精巧、形美、香高、味长而闻名，已有2000多年历史。人云："师河中心水，车云顶上茶。"成品条索细圆紧直，色泽翠绿，白毫显露；汤色清绿明亮，香气鲜高，滋味鲜醇；叶底芽壮，嫩绿匀整。

信阳毛尖风格独特，质香气清高，汤色明净，滋味醇厚，叶底嫩绿；饮后回甘生津，冲泡四五次尚保持有长久的熟栗子香。

十五、武夷岩茶

产于闽北"秀甲东南"的名山武夷，茶树生长在岩缝之中。武夷岩茶具有绿茶之清香，红茶之甘醇，是中国乌龙茶中之极品。武夷岩茶属半发酵茶，制作方法介于绿茶与红茶之间。其主要品种有"大红袍"、"白鸡冠"、"水仙"、"乌龙"、"肉桂"等。

武夷岩茶品质独特，它未经窨花，茶汤却有浓郁的鲜花香，饮时甘馨可口，回味无穷。18世纪传入欧洲后，备受当地群众的喜爱，曾有"百病之药"的美誉。

武夷岩茶，是我国历代名茶中的上品，历经沧桑而不衰，迄今在国内外市场仍属佼佼者。

第四节　世界主要产茶国介绍

由于茶叶受到世界人民的欢迎并成为三大饮料之一，所以世界茶业的发展速度也很快。目前，世界五大洲中已有50个国家种植茶叶，茶区主要集中在亚洲，其茶叶产量约占世界茶叶产量的80%以上。

一、印度

（一）印度茶的起源与发展

印度茶叶产生于19世纪中叶。1823年一个叫罗伯特·布鲁斯的英国少校第一次在印度东北部阿萨姆地区发现了野生茶树。1834年另一个布鲁斯（罗伯特的兄弟）又将我国茶籽引进印度（一说当时有人把我国的茶树苗引进印度）。1839年印度第一批茶叶运往伦敦试销，获得了好评。随后，印度第一个茶园——阿萨姆茶叶公司的成立标志着印度茶叶行业的诞生。从此，“茶叶热”很快从东北的阿萨姆邦传到西孟加拉邦的大吉岭一带，后来又发展到南部的尼尔吉里山区。到1860年，阿萨姆地区至少已经有50家茶园，20世纪初叶印度茶叶产量已经超过我国。根据可靠资料记载，印度第一次种茶是在18世纪英国统治下，那时少量的茶籽由我国传至印度并被种植于加尔各答的皇家植物园中。19世纪英国驻印度总督提倡在印度种茶并派遣人员到我国研究茶树的栽培和茶叶的制作方法，同时采购茶籽和茶苗，并雇用我国技工。当时第一批采购的是适合制作红茶的武夷山的茶籽，由此看来今日的印度红茶应该是由我国传过去的。

印度的地理环境适合茶树生长，茶叶产区分布很广——从东到西，由北到南都有，产茶区按地理位置可分南、北两大区，全国22个邦均生产茶，产量以北部为主，占全国产茶总量的35%，南部占25%，其中北印的阿萨姆和大吉岭，南印的尼尔吉里等地区或以产量大或以质量优而闻名于世。阿萨姆是印度最大茶区，产量约占总产量的50%以上。印度几个主要产茶区的茶叶各有其特点：阿萨姆茶的茶汤醇厚、味浓；大吉岭茶以其独特的幽雅香气被称为“茶中香槟”；尼尔吉里茶茶味鲜爽甘甜，香气清新，被誉为“拼配商之梦”。印度许多茶叶质量优良而稳定，其中大吉岭茶更是享有世界声誉的优质茶，是世界茶叶市场中的佼佼者，过去一度和我国祁红并列，可卖最高价，但是产量较小——通常只占印度茶叶产量的3%左右。

20世纪初印度茶叶年产量已达10万吨以上，然而在一个相当长的时期内印度的茶叶产业的发展却相当缓慢，直到1938年才突破20万吨大关，随后的10多年发展加快，1955年突破了30万吨大关，又过了13年到1968年突破40万吨大关。

由于需求增加，茶园面积也随之增加，20世纪70年代印度茶叶生产有了更大发展，产量显著增加。1976年印度茶叶产量突破50万吨大关以后增产势头更猛，1978年又增加到60万吨以上，10年后突破70万吨大关。

90年代印度茶叶产量继续增加，1998年增至87.41万吨的创纪录水平，随后两年有所减少，但仍在80万吨以上。2001年为85.37万吨，2002年为82.61万吨，这个数字远远超过世界上其他茶叶生产国，位居世界第一。

（二）印度茶区概况

1. 金大吉岭茶区（Golden Darjeeling）

位于印度北部喜马拉雅山脉海拔约2000米处，其茶叶产量稀少而珍贵，有着卓然不同的果香风味。其显著的特征是含有麝香葡萄芬芳，茶色明亮动人，完全撷取最上等的花尖橙黄白毫（FTGFOP）等级，弥足珍贵。

饮用方式：以纯红茶为主。

2. 大吉岭茶区（Darjeeling）

产于印度北部喜马拉雅山岳海拔约1500米处，属中国小叶种，产季为3~11月，Top Tea 则是在5~6月。FOP等级的大吉岭茶叶因为含许多有“黄金蕊”之称的新芽，故又被称为“红茶的香槟”。

饮用方式：纯红茶。茶色呈橙黄色。

3. 阿萨姆茶区（Assam）

是西方最早在印度发现茶树的地方，地处印度北部喜马拉雅山麓的广大草原地带，无论是自然环境还是气候条件都是理想的红茶产地。阿萨姆红茶最大的特点是茶味浓烈，有甘醇的余香，素有“烈茶”之称，非常适合加入牛奶饮用，也适合以牛奶熬煮制成皇家奶茶。因冷却后易产生茶乳现象，故不适合用来冲泡冰红茶。此外，因其成分容易释出，属浓烈红茶，故浸泡时间不需太长。

饮用方式：最适合奶茶。茶色呈清澈而稍浓的红色。

4. 杜阿滋茶区（Dooars）

产地位于印度东北部，阿萨姆以西。茶色较大吉岭茶浓，没有强烈的涩味，但香气也较淡，其特征是口感佳而味道浓。一般使用在调和红茶或茶包。

饮用方式：奶茶。茶色呈较浓的橙黄色。

5. 尼尔吉里茶区（Nilgiri）

尼尔吉里茶叶在产地的发音是指“Blue Mountain”（青山），茶树栽种在印度南部平缓的丘陵地带。因为产区地理环境及气候条件与斯里兰卡相近，因此风味与斯里兰卡茶相似；另因气候良好适合茶树生长，所以全年皆有生产，在一年中，12月到翌年1月所采收的茶叶品质特别优良。

饮用方式：最适合奶茶及加入香料的调和红茶。茶色呈稍浓的橙黄色。

二、斯里兰卡

斯里兰卡，1972年以前称为“锡兰”，是位于南亚次大陆南端东侧印度洋中的岛国，境内北部和沿海地区是平原，中部和南部是高原和山地。北部属热带草原气候，南部属热带雨林气候，经济以种植园为主。农产品有“三宝”——茶叶、橡胶和椰子。

斯里兰卡主要茶叶产区集中在中南部地区的高原上。不同产区的茶叶通常按照海拔高度分为三个类型：高地茶（high - grown，产于高度1200米以上的产区），是高档茶，一般占全国茶叶产量35%左右；中地茶（mid - grown，产于高度600米以上的产区），是中档茶，占25%左右；低地茶（low - grown，产于高度600米以下的产区），是低档茶，占40%。这里所说的高、中、低三个档次是相对的。有时低地茶由于其本身的特点（如浓度高）对某一市场的售价甚至高于高地茶。锡兰红茶的6个产区包括乌瓦（UVA）、乌达普沙拉瓦（Uda Pussellawa）、努瓦纳艾利（Nuwara Eliya）、卢哈纳（Ruhuna）、坎迪（Kandy）、迪不拉

(Dimbula)等，各产地因海拔高度、气温以及湿度的不同，均有不同特色。在这些产地中，最具知名度的就是乌瓦茶。乌瓦茶和中国的祁门红茶、印度的阿萨姆红茶及大吉岭红茶，并称“世界四大名茶”，它的风味强劲、口感浑重，适合泡煮香浓奶茶。努瓦纳艾利茶则属高山茶，茶色清淡，茶味清香，以纯茶饮用最佳。坎迪茶则生长在中海拔产区，口感不及乌瓦茶深厚，但茶香与奶香交融后，形成恰到好处的折中口味。

“锡兰茶”（这个品名沿用至今，未随国名改变）香气馥郁，饮后常留口内，汤色也很亮。其茶叶可全年采摘，但因季节不同，品质有异。2月前后叫“特姆勃拉”茶季，8月前后叫“乌哇”茶季，在这两个茶季期间所产的茶质优价高。

斯里兰卡茶叶的特征是钠含量低。对于有高血压、需要摄取少量钠的人来说，是理想的饮品。

斯里兰卡茶叶绝大部分供应出口，国内消费很少。其市场遍布世界各大洲的60多个国家和地区，其中万吨以上的主要买主及其在斯里兰卡茶叶出口中所占比重（以2001年为例）依次为：俄罗斯17%，阿联酋12%，叙利亚8.6%，利比亚6.6%，土耳其5.9%，伊拉克4.6%，伊朗4.1%。

斯里兰卡基本出口红茶，绿茶只占极少数（2001年836吨）。其园面积长期以来变化不大，现有茶叶加工厂629家，其中既有附属于大茶园的，也有独立经营自行收购鲜叶加工成成品茶并自行销售的。后者约有200家。小茶园只能生产鲜叶，没有加工设备。斯里兰卡主要生产传统的红碎茶（ORTHODOX）及少量绿茶。

三、肯尼亚

肯尼亚是20世纪的新兴产茶国，茶叶生产发展较快。茶叶生产已成为肯尼亚的支柱产业和外汇收入的重要来源。在肯尼亚独立时，还没有出口茶叶的小农户，但到了2004年，小农户出口的茶叶占全国茶叶总出口量的60%以上，余下的部分为早已建立的大型茶叶生产者出口。小农户种茶的发展，使茶叶成为肯尼亚最重要的出口商品，并且使高利润的园艺和旅游业部门分别退居到第二和第三位。肯尼亚的小农户种植茶叶，对于小农户的农村发展和公营企业而言是一种突破。肯尼亚茶叶发展局有限公司作为管理近50万家种茶小农户的唯一机构，成功地将资源融入小农户茶叶生产渠道，在全国建立了54家茶厂。

自1963年独立以来，肯尼亚的茶叶种植面积从4000公顷扩大到2000年的12万多公顷，目前是非洲第一大茶叶生产国和出口国，产量从1.8万多吨增长至2001年创纪录的29.46万吨。即使在遭受旱灾的2000年，该国茶叶产量也保持在23万多吨。1963年独立时，肯尼亚茶叶年出口量仅有1.5万多吨，但到2001年的年出口量已增至25.81万吨。肯尼亚已成为继印度和斯里兰卡之后世界上第三大红茶生产和出口国。巴基斯坦是肯尼亚茶叶最大进口国，其次为英国、埃及、阿富汗等国家。

四、俄罗斯

俄罗斯是为数不多的传统的茶叶消费大国之一，也是当前世界最大的茶叶进口国。早在400多年前，俄罗斯人的祖先就开始饮茶了。饮茶的传统在俄罗斯的形成是有其客观原因的：俄罗斯位于欧洲和亚洲的交会地带，长期以来，俄罗斯的发展一直深受欧亚各国的影响，尤其是东方邻邦，也是茶叶的故乡——中国的影响。

早在17世纪就有中国茶叶进入俄罗斯，从1997年开始，俄罗斯茶叶的年消费总量一直稳定在15万~16万吨之间，其茶叶人均消费量为每年1公斤。1997年，得益于俄罗斯联邦政府将茶叶进口关税细化等一系列及时有效的措施，俄罗斯茶叶分包装业在短期内迅速得到恢复。到20世纪初时俄罗斯进口我国茶叶已达7万吨以上，到1990年增至23.50万吨，20世纪后期直到21世纪初一直保持在15万吨左右的较高水平，连续三年（1999~2001年）超过英国成为世界最大茶叶进口国。

俄罗斯茶叶市场上的主要运营商均在俄建立了现代化的茶叶分包企业。与此同时，茶产业的投资总额也超过了1.5亿美元，到2004年底，俄罗斯茶叶市场总量达到16.6万吨，总金额约为10亿美元。到今天，俄罗斯消费者对茶的消费习惯仍未有太多变化：93%消费的是红茶，7%是绿茶。俄罗斯进口的茶叶中，有77%是原茶，这些原茶均在俄境内进行分包装。而在众多品种的茶中一次性冲泡的袋茶消费需求的增长也促进了俄罗斯茶叶市场总值的增长。目前，一次性冲泡袋茶的市场值占整个茶叶市场总值的24%。

俄罗斯关税的调整改变了其茶叶供货国的地理分布及进口品种的结构。如果说20世纪90年代初俄罗斯茶叶的主要供货国只有两个，即印度和斯里兰卡，而且当时进口的主要是小包装袋茶的话，那么现阶段这种情况已经发生了很大的变化。首先，俄罗斯茶叶供货国的名单在不断扩大，而印度在这个名单中已经不能再保持领先地位；其次，俄罗斯已开始以进口原茶为主。

五、越南

越南是一个农业国家，农产品占全国GDP的20%。茶叶在越南的种植已经有3000多年历史，但是直到1918年越南茶叶农工业联盟（UTE）成立后，该行业才开始向产业化发展。在20世纪60年代和70年代前期，越南每年的茶叶产量徘徊在4000到6500吨，从70年代后期开始，茶叶产量开始剧增，1979年产量超过20000吨，1985年为30000吨，1996年达到40000吨。近年来产量增长更快。

在越南的61个省中，有53个种植茶叶。茶园主要集中在北部山区（海拔600米以下）和中部地区（海拔300~500米）。主要茶区在首都河内附近。在这些地区，茶叶种植率达到了60%，此外另有26.1%在南部中央高地的Lam Dong省，该地区位于胡志明市以北300多公里。在北方，共有75家国营茶叶加工厂，其中30家属于越南国家茶叶公司（VINATEA），另外45家属于各省所有，这些国有加工厂每天总共可加工约1191吨毛茶。

越南的茶叶有两个品种：绿茶和红茶。红茶主要用于出口，但直到20世纪90年代早期，产量仍然没有显著增加。相比之下，绿茶主要用于国内消费。绿茶是越南人日常生活中不可或缺的饮品。在越南，从婚礼到葬礼，从公务到私交，绿茶的消费无处不在，在生活中，委婉地谢绝一杯茶甚至被视为一种冒犯。近年来，由于越来越多的科学发现绿茶对人体有益，因此绿茶在西方发达国家越来越流行，越南也从1996年开始出口绿茶，并有望成为继中国之后的第二大绿茶出口国。此外，越南还生产一些花茶，如菊花茶、莲花茶、茉莉花茶等，这些产品在国际市场售价约为100美元/公斤。

2001年，越南茶产量为85000吨，其中绿茶为32000吨，2002年总产量升至93000吨。在主要产茶国中，越南排在第八位，占全球的2.6%，是其在20世纪90年代早期的两倍。在出口方面，输出量的增加使其在世界出口市场中所占的份额于2001达到4.9%，而1992年仅为1.3%，1998年则为2.5%。虽然越南在世界茶市场占有越来越重要的地位，但以目前的水平，越南还不能够同斯里兰卡、肯尼亚和中国一样推动世界茶市场的发展。

六、英国

英国人以爱饮茶闻名于世，同时英国也是一个独特的历史悠久的茶叶消费大国。目前英国是世界第二大茶叶进口国，每天消费1.6亿杯茶。根据国际茶叶委员会的统计，2002年英国进口茶叶16.65万吨，其中出口2.9万吨，国内消费13.75万吨；2002年英国茶叶进口额为2.7亿美元，国内茶叶市场年销售额约10亿美元。根据2002年的调查，10岁以上的英国人中，71.3%的人有每天饮茶习惯，平均每人每天喝茶2.78杯，每天饮用的饮料中茶叶占37%。英国是非产茶国，消费的茶叶全部靠进口，主要从肯尼亚、印度、印度尼西亚、斯里兰卡和中国等国进口茶叶。

尽管由于咖啡和其他软饮料的竞争以及茶叶本身消费方式的变化，20世纪中叶尤其是70年代以来英国茶叶进口和消费量在减少，但茶叶在英国人心目中的地位并未降低，茶叶在英国饮料市场至今名列榜首，英国饮用量最大的饮料还是茶。按照某些业界人士的说法，时至今日茶仍然堪称英国的“国饮”，英国人对茶叶仍情有独钟。

英国不产茶叶，茶叶消费完全靠进口。早在17世纪东印度公司就在伦敦举行了第一次茶叶拍卖，从那时起，茶叶不但正式进入了英国，而且通过英国进入了其他欧洲国家，也进入了北美。伦敦茶叶拍卖不但奠定了英国茶叶进口和消费大国的地位，也使英国成为了世界茶叶贸易的重要集散地，英国人从此和茶叶结下了不解之缘。

英国进口的茶叶大多数是散装茶，经过拼配、分装（小包装）或加工成袋泡茶以后才能进入市场。大多数公司（拼配、分装）都有自己的标志或商标。英国人对茶叶的质量要求较高，所以通常消费的以中高档货为主，对标志和商标也比较注意。英国人对“特色茶”（Specialty tea，过去曾被译为“特制茶”）兴趣颇浓。“特色茶”是一种用某些特定品种的茶叶和为特定的目的所制成的并适合某些特定的消费群体需要的茶叶，如早餐茶、下午茶等等。

英国茶叶进口来源几乎遍及所有的茶叶生产国，主要是肯尼亚、印度、斯里兰卡、马拉维、印度尼西亚、中国。以 2001 年为例，英国茶叶进口的最大供应者是肯尼亚，占其茶叶进口总量的 52%；其余依次为印度，占 17%；印度尼西亚，占 9.6%；马拉维，占 7.2%；斯里兰卡，占 4.6%；中国，占 3.6%。

第五节　饮茶的作用

茶叶历来被人们视为延年益寿之品，我国古代的人们甚至将其视为“灵丹妙药”。宋代著名诗人苏东坡主张人有小病只需饮茶，无需服药，他还曾写过一首诗说：“何须魏帝一丸药，且尽卢仝七碗茶。”卢仝是历史上以喝茶闻名的唐代文人，他在《谢孟谏议寄新茶》一诗中，对饮茶的妙处作了淋漓尽致的描写：“一碗喉吻润，两碗破孤闷，三碗搜枯肠，惟有文字五千卷；四碗发轻汗，平生不平事，尽向毛孔散；五碗肌骨清，六碗通仙灵，七碗吃不得，惟觉两胁习习清风生。”这就是闻名于世、脍炙人口的“卢仝七碗茶”。茶不但有很好的疗效，而且可以防治很多疾病。早在唐代，医学家陈藏器就看到了这一点，提出“诸药为各病之药，茶为万病之药”，高度地评价了茶对人的保健作用。具体地说，茶的主要作用有以下几点。

一、提神醒脑

“北窗高卧鼾如雷，谁遣香草换梦回。”这是陆游《试茶》诗中雅句，说明茶叶有提神醒脑的作用。就连唐代大诗人白居易也用“破睡见茶功”的诗句来赞扬茶叶的提神醒脑作用。茶叶之所以提神，是因为茶叶中含有咖啡碱，而咖啡碱具有兴奋中枢神经的作用。

二、利尿强心

俗话说：“茶叶浓，小便通。三杯落肚，一身轻松。”这是指茶的利尿作用，饮茶可以治疗多种泌尿系统的疾病，如水肿、膀胱炎、尿道炎等；对于泌尿系统结石，茶叶也有一定的排石作用。福建医科大学曾在安溪茶区对1080人进行了调查，发现喝茶与减少冠心病的发生有很大关系。不喝茶的人群冠心病的发病率为3.1%，偶尔喝茶的为2.3%，常喝茶的为1.4%，可见，常喝茶对预防冠心病确实有好处。这是因为茶叶中含有的咖啡因和茶碱，可直接使心脏兴奋，扩张冠状动脉，使血液充分地输入心脏，提高心脏本身的功能。

三、生津止渴

《本草纲目》中说："茶苦味寒，……最能降火。火为百病，火降则上清矣。"唐《本草拾遗》亦云："止渴除疫，贵哉茶也。"尤其是在夏天，茶是防暑、降温、除疾的好饮料。

四、消食解酒

饮茶能去油腻，助消化，逢年过节，加菜食荤，泡饮一杯浓茶，便容易化腻消食。这是由于茶中含有一些芳香族化合物，它们能溶解脂肪，帮助消化肉类食物。我国边疆一些以肉食为主的少数民族深明此理，在一些少数民族地区，民间甚至有"宁可一日无油盐，不可一日无茶饮"的说法。茶之所以解酒，是因为茶叶中的咖啡碱能提高肝脏对物质的代谢能力，增强血液循环，有利于把血液中的酒精排出体外，缓和与消除由酒精所引起的刺激。因此，在酒后泡饮一杯好茶，有助于醒酒和解除酒精毒素。

五、杀菌消炎

实验证明，茶叶对大肠杆菌、葡萄球菌以及病毒等都有抑制作用。这是因为茶叶中的儿茶素和茶黄素等多酚类物质会与病毒蛋白相结合，从而降低病毒的活性。茶叶浸剂或煎剂对各类痢疾杆菌皆有抗菌作用，其抑菌效果与黄连不相上下。

六、降压、抗老防衰

茶多酚、维生素C和维生素PP，都是茶叶中所含的有效成分，这些有效成分能降脂、降血压和改善血管功能。据《国外茶叶动态》报道，对80例高血压患者进行饮茶治疗临床实验，在5天之内能使血压恢复平常者有50例。一般认为从降血压的功效看，绿茶疗效优于红茶。茶之所以具有抗老防衰作用，是茶叶中含有的维生素E和各种氨基酸等化学成分综合作用的结果。据说在日本，爱好"茶道"的人士多长寿，而且气色好、皮肤润，这与他们经常饮茶有密切关系，故日本有人称"茶叶是长生不老的仙药"。

除上述作用外，茶叶还具备不少保健和医疗作用，因此，坚持经常喝茶有益身体健康。但喝茶也必须讲究方法，要懂得科学饮茶。具体方法如下。

首先要根据不同的体质、年龄以及工作性质、生活环境等条件，选择不同种类的茶叶，采用不同方式饮用。

（一）根据体质的不同

身体健康的成年人，饮用红茶、绿茶均可；老年人则以饮红茶为宜，可间饮一杯绿茶或花茶，但茶汤不要太浓；对于妇女、儿童来说，一般以淡绿茶为宜，儿童还可提倡晨起以茶漱口；少女经期前后性情烦躁，饮用花茶可疏肝解郁、理气调经；更年期的女性，也以喝花茶为宜。孕期适当饮用绿茶也有好处，因为绿茶中含有较多的微量元素锌，而锌是孕妇需要的微量元素之一；产妇在临产前宜饮红茶，如加红糖更好。患有胃病或十二指肠溃疡的病人以喝红茶为好，不宜多喝浓绿茶。有习惯性便秘的应喝淡红茶。睡眠不好的人平时应饮淡茶，且注意睡前不能饮茶。对于心动过缓或窦房传导阻滞的冠心病人，可多喝红茶和绿茶，以利于提高心率。患有前列腺肥大的人宜喝花茶。手术后的病人宜喝高级绿茶，以利于伤口愈合。

（二）根据工作性质的不同

体力劳动者、军人、地质勘探者、经常接触放射线和有毒物质的人应喝浓绿茶；脑力劳动者也应喝高级绿茶，以助神思。

第六节　茶水的冲泡

泡茶方法，涉及水的选择和冲泡方式方法的选择。茶叶的优劣最终是要泡成茶水才充分显现的。好茶须得好水泡，好茶须得好手泡，才显出滋味。人们推崇的所谓“龙井茶，虎跑水”、“蒙顶山上茶，扬子江心水”，就是这个道理。

一、水的选择

人们常说“水为茶之母，器为茶之父”，可见水对茶的重要。古人对水的品格一直十分推崇，而历代茶人于取水一事亦颇多讲究。有人取“初雪之水”、“朝露之水”、“清风细雨之中的无根水”，有人于梅林中取花瓣上的积雪，化水后以罐储之，深埋地下用以来年烹茶，这些对于水的讲究历来被传为佳话。烹茶用水，古人是把它当做专门的学问来研究的，历代都有专门著述。明人许次纾在《茶疏》中说：“精茗蕴香，借水而发，无水不可与论茶也。”张大复在《梅花草堂笔谈》中讲得更为透彻：“茶性必发于水，八分之茶，遇水十分，茶亦十分矣；八分之水，试茶十分，茶只八分耳。”可见水质直接影响到茶质，泡茶水质的好坏影响到茶的色、香、味的优劣。古人认为只有精茶与真水的融合，才是至高的享受，才是最高的境界。

泡茶有很多讲究，不同的地方泡茶的方法虽有不同，但基本要求是一样的。为了使茶叶的色、香、味充分地冲泡出来和茶叶中的营养成分最大限度地被人体吸收利用，在泡茶过程中茶和水的比例有很大讲究。

一般茶与水的比例，随茶叶的种类及饮茶者情况等有所不同。嫩茶、高档茶茶叶用量可少一点，粗茶茶叶应多放一点，乌龙茶、普洱茶等茶叶的用量也应多一点。一般的红茶、绿茶，对于嗜茶者，茶与水的比例可为1:50～1:80，即若放3克茶叶，可冲沸水150～240毫升；对于一般饮茶的人，茶与水的比例可为1:80～1:100。喝乌龙茶者，茶叶用量应增加，茶与水的比例以1:30为宜。家庭中常用的白瓷杯，每杯可投茶叶3克，冲开水250毫升；一般的玻璃杯，每杯可投茶叶2克，冲开水150毫升。

二、水温的掌握

水温高低是影响茶叶水溶性物质溶出比例和香气成分挥发的重要因素。

水温过低，茶叶滋味成分不能充分溶出，香味成分也不能充分散出来。但水温过高，尤其加盖长时间闷泡嫩芽茶时，易造成汤色和嫩芽黄变，茶香也变得低浊。而且，煮水时水沸过久也容易加速水溶氧的散失而缺乏刺激性，用这种水泡茶，茶汤应有的新鲜风味也受到损失。

关于这些问题，唐代陆羽《茶经》早有叙述："其沸如鱼目微有声，为一沸；边缘如涌泉连珠，为二沸；腾波鼓浪为三沸；以上水老，不可食也。"明代许次纾的《茶疏》也持相同观点，认为："水一入铫，便需急煮，候有松声即去盖以消息其老嫩。蟹眼之后，水有微涛，是为当时。大涛鼎沸，旋至无声，是为过时；过则老而散香，决不堪用。"

现代科学证明，同样是茶水比例为1:50时冲泡5分钟，但茶叶的多酚类和咖啡因溶出率因水温不同却各有变化。水温87.7℃以上时，两种成分的溶出率分别为57%和87%以上。水温为65.5℃时，其值分别为33%和57%。不同茶类，因其嫩度和化学成分含量不同，对泡茶所用水温的要求也不同。细嫩的高级绿茶类名茶，以85～90℃为宜；但气候寒冷时，由于茶具温度低，对泡茶用水的冷却作用明显，宜用沸水冲泡。一般红茶、绿茶、花茶以及乌龙茶，宜用正沸的开水冲泡。紧压茶宜用煮渍法沏茶，可使茶叶在沸水中保持较长时间，以便充分提取茶叶的有效成分，获得浓度适宜的茶汤。调制冰茶时，最好用温水40～50℃冲泡，尽量减少茶叶蛋白质和多糖等高分子成分溶入茶汤，以防止加冰时出现沉淀物。同时，冷茶水还可提高冰块的制冷效果。

三、茶具的选择

好茶须有好器相佐，其至味始得充分显现。这个"器"指茶壶和茶杯，统称“茶具”。我国茶具品类众多，造型优美，积淀着深厚的传统文化。从古至今，我国茶具因民族和地区不同，呈现出各种不同的特点。

古代茶具，除陶器和瓷器外，还有石器、竹器、木器、锡器、铜器、漆器、银器、金器、玉器、水晶、玛瑙等。茶具上绘画有各式各样的精美图案，品茶时就多了一种美的享受。

现代茶具，有闻名中外的江苏宜兴紫砂茶具和江西景德镇的白瓷、青瓷茶具等。市场上常见的上品瓷茶具有景德镇的青花、粉彩、颜色彩茶具，及禹县多红茶具、龙泉青瓷茶具、醴陵釉下彩茶具、唐山新彩茶具、广州新彩茶具等；陶茶具有宜兴紫砂茶具、磁州窑剔花茶具、四川荣昌茶具等。除陶瓷茶具外，现在还选用玻璃茶杯、搪瓷茶杯、塑料茶杯等，有些家庭还喜欢用铝、锡、不锈钢等金属茶具。一般内地人家喜欢用陶、瓷茶具，而青藏地区，藏胞无论用餐、饮茶，均用一种叫“贡碗”的小碗。“贡碗”使用十分讲究，主要是凭借碗的图案及花色来区别饮者的社会地位。台湾现流行以麦饭石制成的茶具。

泡饮不同的茶叶，应配以不同的茶具。一般来说，泡茶用的茶具以陶器为最佳，其次为瓷器，再次为玻璃器皿及其他器皿（如不锈钢器皿等）。具体某种茶叶应配备的茶具将在下文“各类茶叶的冲泡技巧”中阐述。

四、冲泡次数与时间

每杯茶的冲泡次数，由茶叶的种类和饮用方式而定。茶叶的耐泡程度，与茶叶的嫩度和加工后茶叶的完整性密切相关。加工越细碎的，越容易使茶汁冲泡出来；越粗老完整的茶叶，茶汁冲泡出来的速度越慢。饮用红碎茶，尤其是袋泡茶，一般只冲泡 1 次，不再泡第 2 次，因红碎茶粒度细，冲泡时茶汁易于浸出；一般的条形茶，如炒青眉茶、花茶、龙井、乌龙茶等，因茶汁浸出较慢，可冲泡 2 ~3 次。这些茶叶，第 1 次冲泡浸出量可占总量的 55% 左右，第 2 次冲泡浸出量占 30% 左右，第 3 次为 10% 左右，而第 4 次只有 1% ~3%。从营养角度看茶叶中的维生素 C、氨基酸和多种无机物等，第 1 次冲泡就有 80% 被浸出，第 2 次冲泡有 95% 以上被溶出；从茶多酚、咖啡碱等药效成分溶出看，第 1 次冲泡浸出率最大，经 3 次冲泡后基本达到全量浸出。就茶汤的色香滋味而言，不少饮茶者有如下体会：一泡茶香味鲜爽，二泡茶虽浓涩但不鲜，三泡已淡薄，四泡无滋味，五泡、六泡等于饮白开水。因此，无论从哪个角度看，每杯茶冲泡次数不宜太多。早上泡的一杯茶，反复冲泡，一直喝到晚上，那是不合适的。综上所述，一般的红茶、绿茶和花茶，每杯茶冲泡次数通常以 3 次为宜；乌龙茶，因冲泡时投茶量大，可冲泡 3 ~5 次；以红碎茶为原料的袋泡茶，茶汁易于浸出，通常适宜一次性冲泡。

沏茶时，冲泡的时间与水温、茶叶的嫩度及用量有关。水温高，茶叶嫩，用茶量多时，冲泡时间可短一些；反之，冲泡时间应长一些，一般为 4 ~6 分钟。

但也不宜过长，特别是粗茶，如冲泡时间过久，会将茶中的花青素也冲泡出来，使茶汤滋味变苦。一般茶叶冲泡后加盖3分钟即可饮用。饮茶时，每次饮至茶汤的2/3，再冲入开水以使茶汤维持适当的浓度。乌龙茶用开水直接冲泡后，加盖1分钟左右即可饮用。一般第2次冲泡茶的时间比第1次稍长1分钟左右，以后随冲泡次数逐渐延长，但不宜过长。

具体某种茶叶的冲泡次数与时间见下文中“各类茶叶的冲泡技巧”的阐述。

五、各类茶叶的冲泡技巧

（一）名优绿茶的冲泡方法

1. 茶具选择

绿茶是中国产茶区域最广泛的茶类，全国各产茶区均有生产。正因为如此，在中国，东南西北中，无论是城镇还是乡村，饮用绿茶最为普遍。大凡高档细嫩的名绿茶，一般选用玻璃杯或白瓷杯饮茶，而且无须用盖，这样一方面便于人们赏茶观姿，另一方面防止嫩茶泡熟，失去鲜嫩色泽和清鲜滋味。至于普通绿茶，因不注重欣赏茶的外形和汤色，而在品尝滋味或佐食点心，也可选用茶壶泡茶，这叫做“嫩茶杯泡，老茶壶泡”。

2. 赏茶

泡饮之前，先欣赏干茶的色、香、形。名茶的造型或条、或扁、或螺、或针……名茶的色泽或碧绿、或深绿、或黄绿……名茶香气或奶油香、或板栗香、或清香……充分领略各种名茶的天然风韵，这个步骤称为“赏茶”。

3. 泡茶

采用透明玻璃杯泡饮细嫩名茶，便于观察茶在水中的缓慢舒展、游动及变幻过程，称为“茶舞”。然后，视茶叶的嫩度及茶条的松紧程度，分别采用“上投法”或“下投法”。“上投法”即先冲水后投茶，先将75～85℃的沸水冲入杯中，然后取茶投入，茶叶便会徐徐下沉。“上投法”适用于特别细嫩的茶，如碧螺春、蒙顶甘露、径山茶、庐山云雾、涌溪火青等等。“下投法”即先投茶后注水，适合于茶条松展的茶，如六安瓜片、太平猴魁等。在冲泡茶的过程中，品饮者可以看茶的展姿，茶汤的变化，茶烟的弥散以及最终茶与汤的成像，汤面水汽夹着茶香缕缕上升，如云蒸霞蔚，趁热嗅闻茶香，令人心旷神怡。

4. 品茶

品尝茶汤滋味，宜小口品啜，让茶汤与舌头味蕾充分接触。此时舌与鼻并用，边品味边品香，顿觉沁人心脾，此谓“头泡茶”，着重品尝茶的鲜味和香气。饮至杯中茶汤尚余1/3水量时，再续加水，谓之“二泡茶”。此时茶味正浓，饮后齿颊留香，身心愉悦。至三泡，茶味已淡。

（二）红茶的冲泡方法

1. 种类

相对于绿茶（不发酵茶）的清汤绿叶，红茶（发酵茶）的特点是红汤红叶。

红茶的种类很多，以大类而言有小种红茶、工夫红茶和红碎茶之分。17世纪中后期，福建崇安一带首先出现小种红茶制法，后又发展了工夫红茶制法。19世纪，我国的红茶制法传到印度和斯里兰卡，之后，逐渐发展成将叶片切碎的“红碎茶”。

①小种红茶

小种红茶是福建省特有的一种红茶，红汤红叶，有松烟香，味似桂圆汤，产于福建崇安县星村乡桐木关的“正山小种”，品质最好。

②工夫红茶

工夫红茶的工艺关键全在“工夫”二字，外披金黄毫，香浓、味重的工夫红茶是品质最优者。著名的工夫红茶有安徽祁门的“祁红”、云南的“滇红”、福建的“闽红”、湖北的“宜红”和江西的“宁红”。

③红碎茶

红碎茶是茶叶揉捻时，用机器将叶片切碎成颗粒形碎片，因外形细碎，故称“红碎茶”。

2. 鉴别

鉴别红茶优劣的两个重要感官指针是“金圈”和“冷后浑”。茶汤贴茶碗一圈金黄发光，称“金圈”。“金圈”越厚，颜色越金黄，红茶的品质就越好。“冷后浑”是指红茶经热水冲泡后茶汤清澈，待冷却后出现浑浊现象。“冷后浑”是茶汤内物质丰富的标志。

3. 品饮

红茶既适于杯饮，也适于壶饮。红茶品饮有清饮和调饮之分。清饮，即不加任何调味品，使茶叶发挥应有的香味。清饮法适合于品饮工夫红茶，重在享受它的清香和醇味。

①清饮

先准备好茶具，如煮水的壶，盛茶的杯或盏等，同时还需用洁净的水，并将茶具分别加以清洁。如果是高档红茶，以选用白瓷杯为宜，以便察颜观色。将3克红茶放入白瓷杯中，若用壶泡，则按1∶50的茶水比例，确定投茶量。茶叶放入后冲入沸水，通常冲水至八分满为止。红茶经冲泡后，通常3分钟左右即可先闻其香，再观察汤色，这种做法，在品饮高档红茶时尤为时尚。至于低档茶，一般很少有闻香观色的。茶泡好后，待茶汤冷热适口时，即可举杯品味。尤其是饮高档红茶，饮茶人需在“品”字上下功夫，缓缓啜饮，细细品味，在徐徐体察和欣赏中品出红茶的醇味，领会饮红茶的真趣，获得精神的升华。

②调饮

调饮法是在茶汤中加调料以佐汤味的一种方法。较常见的是在红茶茶汤中加入糖、牛奶、柠檬片、咖啡、蜂蜜或香槟酒等同饮，或置冰箱中制作出不同滋味的清凉饮料，都别有风味。

如果品饮的红茶属条形茶，一般可冲泡2~3次；如果是红碎茶，通常只冲泡1次，第2次再冲泡，滋味就显得淡薄了。

（三）乌龙茶的冲泡方法

乌龙茶，即青茶，属半发酵茶类，是介于绿茶和红茶之间的一类茶叶，按产区可分为闽北、闽南、广东和台湾。乌龙茶的特点是“绿叶红镶边”，滋味醇厚回甘，既没有绿茶之苦涩，又没有红茶的浓烈，却兼取绿茶之清香和红茶的甘醇。品饮乌龙茶有“喉韵”之特殊感受，武夷岩茶有“岩韵”，安溪铁观音有“音韵”。人们常说的“工夫茶”并非指茶之种类，而是指一种品茗的方法，其“工夫”所在讲究“水为友，火为师”。

品尝乌龙茶讲究环境、心境、茶具、水质、冲泡技巧和品尝艺术。

1．福建泡法

福建是乌龙茶的故乡，花色品种丰富，主要有武夷岩茶、铁观音、水仙、肉桂、色种、黄金桂等。在福建品尝乌龙茶有一套独特的茶具，讲究冲泡法，故被人称为“工夫茶”。如果细分起来有近20道流程，主要有倾茶入则、鉴赏侍茗、孟臣淋霖、乌龙入宫、悬壶高冲、推泡抽眉、春风拂面、重洗仙颜、若琛出浴、玉液回壶、游山玩水、关公巡城、韩信点兵、三龙护鼎、细品佳茗等。

冲泡乌龙茶宜用沸开之水，煮至“水面若孔珠，其声若松涛，此正汤也”。按茶与水比例为1:30的量投茶，接着将沸水冲入，直到满壶为止，然后用壶盖刮去泡沫，盖好盖后，用开水浇淋茶壶，喻为“孟臣沐霖”，既提高壶温，又洗净壶的外表。经过2分钟，均匀巡回斟茶，喻为“关公巡城”。茶水剩少许后，则各杯点斟，以免淡浓不一，喻为“韩信点兵”。冲水要高，让壶中茶叶流动促进出味，低斟则防止茶香散发，这叫“高冲低斟”。端茶杯时，宜用拇指和食指扶住杯身，中指托住杯底，喻为“三龙护鼎”。品饮乌龙，味以“香、清、甘、活”者为上，讲究“喉韵”，宜小口细啜。初品者体会是一杯苦，二杯甜，三杯味无穷，嗜茶客更有“两腋清风起，飘然欲成仙”之感。品尝乌龙时，可备茶点，一般以咸味为佳，不会掩盖茶味。

2．广东潮汕泡法

在广东的潮州、汕头一带，几乎家家户户，男女老少，钟情于用小杯细啜乌龙。与之配套的茶具，诸如风炉、烧水壶、茶壶、茶杯，人称“烹茶四宝”，即玉书煨、潮汕炉、孟臣罐、若琛瓯。潮汕炉是一只粗陶炭炉，专作加热之用。玉书煨是一把瓦陶壶，高柄长嘴，架在风炉之上，专作烧水之用。孟臣罐是一把比普通茶壶小一些的紫砂壶，专作泡茶之用。若琛瓯是个只有半个乒乓球大小的杯子，通常3~5只不等，专供饮茶之用。因潮汕产的凤凰单枞条索粗壮，体形膨松，放入孟臣罐比较费事，故也有用盖碗代替壶的。

泡茶用水应选择甘冽的山泉水，而且必须做到沸水现冲。经温壶、置茶、冲泡、斟茶入杯，便可品饮。啜茶的方式更为奇特，先要举杯将茶汤送至鼻端闻香，只觉浓香透鼻，接着用拇指和食指按住杯沿，中指托住杯底，举杯倾茶汤入口，含汤在口中回旋品味，顿觉口有余甘。一旦茶汤入肚，口中“啧！啧！”回味，又觉鼻口生香，咽喉生津，“两腋生风”，回味无穷。这种饮茶方式，其目的并不在于解渴，主要是在于鉴赏乌龙茶的香气和滋味，重在物质和精神的享受。所以，凡“有朋自远方来”，对啜乌龙茶，都“不亦乐乎”。

3. 台湾泡法

台湾泡法与闽南和广东潮汕地区的乌龙茶冲泡方法相比，突出了闻香这一程序，还专门制作了一种与茶杯相配套的长筒形闻香杯。另外，为使各杯茶汤浓度均等，还增加了一个公道杯相协调。

台湾冲泡法，在温具、赏茶、置茶、闻香、冲点等程序上都与福建相似，斟茶时，先将茶汤倒入闻香杯中，并用品茗杯盖在闻香杯上。茶汤在闻香杯中逗留15～30秒后，用拇指压住品茗杯底，食指和中指挟住闻香杯底，向内倒转，使原来品茗杯与闻香杯上下倒转。此时，用拇指、食指和中指握住闻香杯，慢慢转动，使茶汤倾入品茗杯中。将闻香杯送近鼻端闻香，并将闻香杯放在双手的手心间，一边闻香，一边来回搓动，这样可利用手中热量，使留在闻香杯中的香气得到最充分的挥发。然后，观其色，细细品饮乌龙之滋味。如此经二至三道茶后，可不再用闻香杯，而将茶汤全部倒入公道杯中，再分斟到品茗杯中。

（四）普洱茶的冲泡方法

云南普洱茶，泛指云南原思普区用云南大叶种茶树的鲜叶经杀青、揉捻、晒干而制成的晒青茶，以及用晒青压制成的各种规格的紧压茶，如普洱沱茶、普洱方茶、七子饼茶、藏销紧茶、团茶、竹筒茶等。

普洱散茶外形条索肥硕，色泽褐红，呈猪肝色或带灰白色。普洱沱茶，外形呈碗状。普洱方茶呈长方形。七子饼茶形似圆月，七子为多子、多孙、多富贵之意。

普洱茶通常的泡饮方法是：将10克普洱茶倒入茶壶或盖碗，冲入500毫升沸水，先洗茶，将普洱茶表层的不洁物和异物洗去，才能充分释放出普洱茶的真味。再冲入沸水，浸泡5分钟。接着将茶汤倒入公道杯中，再将茶汤分斟入品茗杯，先闻其香，观其色，而后饮用。汤色红浓明亮，香气独特陈香，叶底褐红色，滋味醇厚回甜，饮后令人心旷神怡。在饮用方法上，不同地方各有不同：有的用特制的瓦罐在火膛上烤后加盐巴品饮；有的加猪油或鸡油煎烤油茶；有的打成酥油茶。

（五）白茶的冲泡方法

白茶的制法特殊，采摘白毫密披的茶芽，不炒不揉，只分萎凋和烘焙两道工序，使茶芽自然缓慢地变化，形成白茶的独特品质风格，因而白茶的冲泡是富含观赏性的过程。以冲泡白毫银针为例，为便于观赏，茶具通常以无色无花的直筒形透明玻璃杯为好，这样可使品茶者从各个角度欣赏到杯中茶的形和色，以及它们的变幻和姿态。先赏茶，欣赏干茶的形与色。白毫银针外形似银针落盘，如松针铺地。然后将2克茶置于玻璃杯中，冲入70℃的开水少许，浸润10秒钟左右，随即用高冲法，向同一方向冲入开水，静置3分钟后，即可饮用。白茶因未经揉捻，茶汁很难浸出，所以汤色和滋味均较清淡。

（六）黄茶的冲泡方法

黄茶中的黄芽茶（另有黄小茶和黄大茶），完全用春天萌发出的芽头制成，外形壮实笔直，色泽金黄光亮，极富个性。

以君山银针的冲泡为例。先赏茶，洁具，并擦干杯中水珠，以避免茶芽吸水而降低茶芽竖立率。置茶3克，将70℃的开水先快后慢冲入茶杯至1/2处，使茶芽湿透。稍后，再冲至七八分杯满为止。为使茶芽均匀吸水，加速下沉，这时可加盖，经5分钟后揭盖。在水和热的作用下，茶姿的形态，茶芽的沉浮，气泡的发生等，都是其他茶冲泡时罕见的，只见茶芽在杯中上下浮动，最终个个林立，人称“三起三落”，这是君山银针的特有现象。

（七）花茶的冲泡方法

花茶，在国际市场上泛指添加香料的茶，不管其香源来自鲜花或是化学合成的添加香料。但在我国，花茶窨制都采用新鲜花朵，尤以茉莉花为多，英文称为“Jasmine Tea”。窨制花茶的茶坯以绿茶为多，也用红茶和乌龙茶，窨制花茶用的香花有茉莉花、玫瑰、珠兰、玉兰、栀子、桂花、柚子花、玳玳花、菊花等。

有人说，花茶融茶味之美和鲜花之香于一体，是诗一般的茶。

品饮花茶先看茶坯质地，好茶才有适口的茶味；其次看蕴含香气如何。这有三项质量指标：一是香气的鲜灵度（香气的新鲜灵活程度，与香气的陈、闷、不爽相对）；二是香气浓度；三是香气的纯度。一般品饮花茶的茶具，选用的是白色的有盖瓷杯或盖碗（配有茶碗、碗盖和茶托），如冲泡的茶坯是特别细嫩的花茶，为提高艺术欣赏价值，也有采用透明玻璃杯冲泡的。

泡饮花茶，首先欣赏花茶外观，花茶都有一些显眼的花干，那是为了“锦上添花”。人为加入的花干没有香气，因此不能看花干多少而论花茶香气和质量的高低。

花茶泡饮，以维护香气的不散和显示茶坯的特质美为原则。冲泡茶坯细嫩的高级花茶，宜用玻璃茶杯，水温在85℃左右，加盖，观察茶在水中漂舞、沉浮，以及茶叶徐徐开展，复原叶形，渗出茶汁，以及汤色的变化过程，称之为“目品”。3分钟后，揭开杯盖，顿觉芬芳扑鼻而来，精神为之一振，称为“鼻品”。茶汤在舌面上往返流动一两次，品尝茶味和汤中香气后再咽下，此味令人神醉，此谓“口品”。冲泡中低档花茶，不强调观赏茶坯形态，宜用白瓷杯或茶壶，100℃沸水冲泡后加盖片刻即可饮用。

第七节 茶叶的贮存

茶叶是一种干制品，保存期限长，但随着时间推移茶叶的“形、色、香、味”都会产生较大的变化。品质很好的茶叶，如不善保藏，很快就会变质，颜色发暗，香气散失，味道不佳，甚至发霉不能饮用。为了防止茶叶吸收潮气和异味，减少光线和温度的影响，避免挤压破碎和外形受损，必须采取妥善的保藏方法来贮存茶叶。以下方法可令茶叶的保存期延长。

一、茶叶的贮存条件

（一）温度

温度愈高，茶叶外观色泽越容易变褐色，低温冷藏（冻藏）可有效减缓茶叶变褐及陈化。

（二）水分

茶叶中水分含量超过5%时会使其品质加速劣变，并促进茶叶中残留酵素氧化，使茶叶变质。

（三）氧气

引起茶叶劣变的各种物质之氧化作用，均与氧气之存在有关。

（四）光线

光线照射会对茶叶产生不良的影响，光照会加速茶叶中各种化学反应的进行，叶绿素经光线照射易褪色。

二、贮存方法

（一）塑料袋、铝箔袋贮存法

最好选有封口且为装食品的塑料袋，材料厚实、密度高的较好，不要用有味道或再制的塑料袋。装入茶叶后应尽量挤出袋中空气，如能用第二个塑料袋反向套上则更佳，茶叶装好后不宜放在有阳光照射的地方。以铝箔袋装茶原理与塑料袋类同。另外，将买回来的茶分袋包装，密封后置于冰箱内，然后分批冲泡，以减少茶叶开封后与空气接触的机会，延缓品质劣变的产生。

（二）金属罐贮存法

可选用铁罐、不锈钢罐或质地密实的锡罐。如果是新买的罐子，或原先存放过其他物品留有味道的罐子，可先用少许茶末置于罐内，盖上盖子，上下左右摇晃轻擦罐壁后倒弃，以去除异味。市面上有一种两层盖子的不锈钢茶罐，简便而实用，如能配合以清洁无味之塑胶袋装茶后置入罐内盖上盖子，再以胶带粘封盖口则更佳。装有茶叶的金属罐应置于阴凉处，不要放在阳光直射、有异味、潮湿、有热源的地方，这样铁罐才不易生锈，亦可减缓茶叶陈化和劣变的速度。锡罐材料致密，对防潮、防氧化、阻光、防异味有很好的效果。

（三）低温贮存法

将茶叶贮存的环境保持在5℃以下，也就是使用冷藏库或冷冻库保存茶叶，使用此法应注意以下几点。

1. 贮存期6个月以内者，冷藏温度以维持0～5℃最经济有效；贮藏期超过半年者，以冷冻（-10～-18℃）较佳。

2. 贮茶以专用冷藏（冷冻）库最好，如必须与其他食物共冷藏（冻），则茶叶应妥善包装，完全密封以免吸附异味。

3. 保证冷藏（冷冻）库内之空气循环良好，以达到冷却效果。

4. 一次购买大量茶叶时，应先以小包（罐）分装，再放入冷藏（冻）库中，每次取出所需冲泡量，不宜将同一包茶反复冷冻和解冻。

5. 由冷藏（冷冻）库内取出茶叶时，应先让茶罐内茶叶温度回升至与室温相近才可取出茶叶，如果急于打开茶罐，茶叶容易凝结水汽而增加含水量，使未泡完之茶叶加速劣变。

三、贮存茶叶的注意事项

（一）异味的去除

购好新茶，最好尽快装入茶叶罐中。但由于茶叶罐多有不良气味，所以装茶叶前先要去除罐中异味，方法是将少许茶叶碎末放入罐中摇晃，或将铁罐用火烘烤一下。贮存的茶叶放入罐时最好连同包裹茶叶的胶袋一起放入。

（二）茶叶罐的选择

茶叶罐的选择亦需讲究，千万不可将用作其他用途的铁罐或瓷瓮拿来装茶叶，亦不可使用易受光线照射的玻璃瓶，以免影响茶叶的品质。铁制的茶叶罐最好有内、外双重盖，因其密封度佳，极为适宜用作贮藏茶叶。但最宜使用密封性佳、不透气、不透光的锡罐。

（三）入罐存放

如果购买的茶叶量多，可将平日需要饮用的小部分放置于小罐中，剩下的装在另一个罐中；如果放置陈年茶叶，可用胶带将茶叶罐的盖口封住，以达到百分百密封，但要定期每年烘焙一次。

（四）茶匙取茶

从罐中取茶时，切勿以手抓茶，以免手汗味或其他不良气味吸附到茶叶上。最好用茶匙取茶，或以一般家庭使用的铁匙取茶亦可，然后此匙不可用作其他用途。

（五）茶叶罐的贮存

切勿将茶罐放于厨房或潮湿的地方，也不要和衣物等放在一起，最好是放在阴暗干爽的地方。如果能妥善地贮藏茶叶，即使放上几年也不会坏，陈年茶的特殊风味可增添茶趣的享受。

（六）分类贮藏

如果一次购买多类茶叶时，最好分别以不同的茶叶罐装置，并贴纸条于罐外，清楚写明茶名、购买日期、焙火程度、焙制季节等。

● **延伸阅读**

十大“名茶”鉴别方法

西湖龙井

产于浙江杭州西湖区。茶叶为扁形，叶细嫩，条形整齐，宽度一致，为绿黄色，手感光滑，一芽一叶或二叶，芽长于叶，一般长3厘米以下，芽叶均匀成朵，不带夹蒂和碎片，小巧玲珑。龙井茶味道清香，假冒龙井茶则多是清草味，夹蒂较多，手感不光滑。

碧螺春

产于江苏吴县太湖的洞庭山碧螺峰。银芽显露，一芽一叶，茶叶总长度为1.5厘米，每500克有5.8万~7万个芽头，芽为白毫卷曲形，叶为卷曲清绿色，叶底幼嫩，均匀明亮。假的为一芽二叶，芽叶长度不齐，呈黄色。

信阳毛尖

产于河南信阳车云山。其外形条索紧细、圆、光、直，银绿隐翠，内质香气新鲜，叶底嫩绿匀整，清黑色，一般一芽一叶或一芽二叶。假的为卷曲形，叶片发黄。

君山银针

产于湖南岳阳君山。由未展开的肥嫩芽头制成，芽头肥壮挺直、匀齐，满披茸毛，色泽金黄光亮，香气清鲜，茶色浅黄，味甜爽。冲泡时看起来芽尖冲向水面，悬空竖立，然后徐徐下沉杯底，形如群笋出土，又像银刀直立。假银针为清草味，泡后银针不能竖立。

六安瓜片

产于安徽六安市和金寨县的齐云山。其外形平展，每一片不带芽和茎梗，叶呈绿色光润，微向上重叠，形似瓜子，内质香气清高，水色碧绿，滋味回甜，叶底厚实明亮。假的则味道较苦，色比较黄。

黄山毛峰

产于安徽黄山市。其外形细嫩稍卷曲，芽肥壮、匀齐，有锋毫，形状有点像“雀舌”，叶呈金黄色，色泽嫩绿油润，香气清鲜，水色清澈、杏黄、明亮，味醇厚、回甘，叶底芽叶成朵，厚实鲜艳。假茶呈土黄色，味苦，叶底不成朵。

祁门红茶

产于安徽祁门县。茶色为棕红色，切成0.6~0.8厘米，味道浓厚，强烈醇和、鲜爽。假茶一般带有人工色素，味苦涩、淡薄，条叶形状不齐。

都匀毛尖

产于贵州都匀县。茶叶嫩绿匀齐，细小短薄，一芽一叶初展，形似雀舌，长2~2.5厘米，外形条索紧细、卷曲，毫毛显露，色泽绿润，内质香气清嫩、新鲜、回甜，水色清澈，叶底嫩绿匀齐。假茶叶底不匀，味苦。

铁观音

产于福建安溪县。叶体沉重如铁，形美如观音，多呈螺旋形，色泽砂绿，光润，绿蒂，具有天然兰花香，汤色清澈金黄，味醇厚甜美，入口微苦，而后转甜，耐冲泡，叶底开展，青绿红边，肥厚明亮，每颗茶都带茶枝。假茶叶形长而薄，条索较粗，无青翠红边，叶泡三遍后便无香味。

武夷岩茶

产于福建崇安县。外形条索肥壮、紧结、匀整，带扭曲条形，俗称“蜻蜓头”，叶背起蛙皮状砂粒，俗称“蛤蟆背”，内质香气馥郁、隽永，滋味醇厚回苦，润滑爽口，汤色橙黄，清澈艳丽，叶底匀亮，边缘朱红或起红点，中央叶肉黄绿色，叶脉浅黄色，耐泡6~8次以上。假茶初泡已味淡，欠韵味，色泽枯暗。

本章小结

茶是世界三大饮料之一，深受现代人青睐，在日常饮食中，茶占有相当重要的地位。很多人喜欢饮茶却对茶叶的知识了解不多，特别是茶叶的分类以及制作方法、代表名品和冲泡的方法，了解这些知识对在日常生活中增加饮茶的乐趣，辨别茶叶的优劣，以及提高生活质量有很大的帮助。作为服务行业的从业人员，学习此类知识不仅能更好地为客人服务，也能更大地去满足客人在饮食中求知的需要，还能增强自己的服务技能，对提高服务质量有很重要的意义。

● 思考与练习

1. 茶叶按制作方法不同可以分为哪几种？它们的名品有哪些？
2. 我国现在的名茶里属于绿茶、乌龙茶和红茶的分别是哪些茶？
3. 饮茶对身体有哪些益处？
4. 冲泡绿茶应该注意哪些环节？
5. 储存茶叶时应该注意哪些事项？
6. 说说你家乡的人们普遍喝什么茶，然后再结合本章内容说说这些茶属于什么类别，应该如何冲泡最能品出茶的韵味来。

第七章

鸡尾酒知识

导语 ★★★★★

1. 鸡尾酒的由来及发展。
2. 鸡尾酒的分类和特点。
3. 调酒师的职业及其素质要求。
4. 调酒常用的器具和设备。
5. 鸡尾酒的调制及创作艺术。
6. 花式调酒的技法。

鸡尾酒（Cocktail）是指将两种或两种以上的饮料，按一定的配方、比例和调制方法混合而成的一种含酒精的饮料。由于鸡尾酒历史悠久，影响深远，品种繁多，使其几乎成为混合酒的代名词。

第一节　鸡尾酒概述

一、鸡尾酒的由来与发展

（一）鸡尾酒的由来

关于鸡尾酒的起源传说种种，有人认为是英国，也有人认为是美国，还有人认为是法国，不管怎样这些都无法考证。不过第一次有关“鸡尾酒”的文字记载是1806年，美国的一本叫《平衡》的杂志，记载了鸡尾酒是用酒精、糖、水（或冰）或苦味酒混合而成的饮料。

鸡尾酒起源于美洲，这是大部分史料所承认的，时间大约是18世纪末或19世纪初期。但究竟如何开始调配和饮用这类色、香、味俱佳的混合饮料，以及“鸡尾酒”名称如何而来，则众说纷纭，以下是两种比较普遍的说法。

一种说法是认为鸡尾酒起源于1776年纽约州埃尔姆斯福一家用鸡尾羽毛作装饰的酒馆。一天当这家酒馆各种酒都快卖完的时候，一些军官走进来要买酒喝。一位叫贝特西·弗拉纳根的女侍者，便把所有剩酒统统倒在一个大容器里，并随手从一只大公鸡身上拔了一根毛把酒搅匀端出来奉客。军官们看看这酒的成色，品不出是什么酒的味道，就问贝特西，贝特西随口就答：“这是鸡尾酒哇！”一位军官听了这个词高兴地举杯祝酒，还喊了一声：“鸡尾酒万岁！”从此便有了“鸡尾酒”之名。

还有一种说法是19世纪，美国人克里福德在哈德逊河边经营一家酒店。克家有三件引以自豪的事，人称“克氏三绝”。一是他有一只膘肥体壮、气宇轩昂的大雄鸡，是斗鸡场上的名手；二是他的酒库据称拥有世界上最杰出的美酒；第三，他夸耀自己的女儿艾恩米莉是全市第一名的绝色佳人，似乎全世界也独一无二。市镇上有一个名叫阿金鲁思的年轻男子，每晚到这酒店悠闲一阵，他是哈德逊河上往来货船的船员。年深月久，他和艾恩米莉坠入了爱河。这小伙子性情好，工作踏实，老克里打心里喜欢他，但又时常捉弄他说：“小伙子，你想吃天鹅肉？给你个条件吧，你赶快努力当个船长。”小伙子很有恒心，努力学习、工作，几年后终于当上了船长，艾恩米莉自然也就成了他的太太。婚礼上，老头子很高兴，他把酒窖里最好的陈年佳酿全部拿出来，调合成“绝代美酒”，并在酒杯边饰以雄鸡尾羽，美丽至极，然后为女儿和顶呱呱的女婿干杯，并且高呼“鸡尾万岁”。自此，鸡尾酒便大行其道。

除此之外，关于鸡尾酒还有数之不尽的故事在流传着，这些故事的真假已不再重要，重要的是现今因色香味俱全鸡尾酒已广受世界各地欢迎，并成为了时尚和品位的象征。

事实上，将不同的酒液混合在一起饮用的调制方法很早就有了。在古老的酿酒生产过程中，已经萌发了调酒技术的雏形。虽然是酿造同一种酒，甚至是同一个牌子的酒，但由于酿酒原料质量的不稳定，气候、温度等生产条件的不同以及操作工人的技术差别，都影响到酒品的质量。当时，制造商就采用在酿酒的最后阶段将不同质量的酒液加以混合的方法，勾兑出口味一致，颜色、香味、浓度都符合标准的酒液。一般做法是：将不同地区的酒液混合；或是将不同品种的酒液混合；也可以是用不同年份的酒液混合；还有将几种方法合并使用的。实际上这一操作的师傅就是最早的调酒师（也称“勾兑师”）。他们调酒的配方和方法是保密的，而调出来的酒品的质量也同调酒师的经验有关。这些调酒师控制着酒厂生产的酒品的质量。好的调酒师，可以分辨出几百种不同酒品的味道。评定酒的品质的容器是水晶做的，有足够的透明度和光洁度，不容易沾染杂质。在调酒时，调酒师需要在安静的、没有干扰的环境下操作，有的甚至喜欢在温馨的古典音乐环境下调酒，以便激发创作灵感。这种调酒是在生产环节中对酒进行混合，当时的调酒师同我们现在酒店和酒吧中的调酒师是完全不同的。

真正的酒吧调酒是在晚一些时候出现的。1862 年，由 Jerry Thomas 出版了第一本关于鸡尾酒的专著《The Bon Yivant's Guide》，他是鸡尾酒发展的关键人物之一，他走遍欧洲大小城市，搜集配酒秘方，并用较大的玻璃杯开始配制混合饮料，从那时起鸡尾酒开始成为人们野餐和狩猎旅行的必备品。也因为托马斯（Thomas）先生，鸡尾酒成为了当时最流行的酒吧饮料。20 年之后的 1882 年，Hally Johnson（哈利·约翰逊）著有《Bartender's manual》一书，该书记载了当时最流行的鸡尾酒，如“曼哈顿”等，这些鸡尾酒至今还深受欢迎。到 20 世纪初的 1920 年，由于美国禁酒法规令施行，使鸡尾酒在美国很快流行起来。当时人们为了逃避政府检查，把金酒（Gin）倒在番茄汁里，装出只是在喝番茄汁的样子，当时这种混合饮料叫做“血腥萨姆”（Bloody Sam）。大约在 1940 年，金酒逐渐被伏特加酒（Vodka）代替，名字也改为“血玛丽”。

禁酒时代结束后，出现了许多地下酿酒作坊，生产私酒、劣酒。由于私酒、劣酒的酒精含量高，味道太烈，在酒吧出售时就要混合其他饮料或者清水，使酒的味道柔和一些，减轻一些劣酒的不良味道。从此，在酒吧欣赏调酒便成为一种时尚。

（二）鸡尾酒的发展

鸡尾酒在美国流行后被带到英国和世界各地，1920 ~ 1937 年被称为“鸡尾酒”的时代。二次世界大战期间，鸡尾酒的消费在西方军人和青年男女中已成风气。二战后，鸡尾酒成为人们休闲和社交的一种媒体。鸡尾酒之所以流行一是因为它所具有的特殊的色、香、味能吸引众多的消费者，二是稀释淡化后能被大多数人尤其是女士所喜爱。

鸡尾酒不仅具有酒的基本特性，能增强血液循环，使心情舒畅，摆脱疲劳，而且还具有一般饮料所具有的营养和保健作用。鸡尾酒以其多变的口味、华丽的色泽和美妙的名称，满足了现代人对浪漫世界的遐想。没有任何一种饮料能像鸡尾酒那样适合任何场所，并且为大多数人所喜爱。改革开放后，尤其是近几年来，鸡尾酒开始在我国流行起来。

早期的鸡尾酒缺乏严格的配方，有关书本的记载也很少，因此调制时常带有较大的随意性。随着鸡尾酒的流行和发展，各种研究鸡尾酒的书籍不断出现，使世界各地调制鸡尾酒的技术日臻完善，并逐步走上正规化。

1951 年 2 月 24 日，国际调酒师协会（简称“IBA”）在英格兰成立，并在世界主要地区和国家发展成员国，由各成员国在本地区建立各自相应的组织机构。该协会致力于发展国际调酒培训工作，组织了一系列的培训课程，为世界各地有志于从事调酒工作的年轻人提供了良好的学习机会，并通过培训规范了世界各地的调酒操作技术。

从 1976 年开始，国际调酒师协会每 3 年举行一次国际调酒师大赛（简称“ICC”），这一赛事使世界各国年轻的调酒师能够充分展现各自高超的技艺，达到了互相学习和交流的目的，大大地提高了世界调酒技术水平，促进了国际调酒业的发展。

调酒的目的在于调制出颜色、香气、味道俱佳的酒品。在酒吧成为现代酒店不可缺的组成部分之后，调酒这门技术受到了愈来愈多的重视，随着年代的推移，有些鸡尾酒的配方发生了变化，又有许多不断创新的配方出现，形成了一股后浪推前浪的热潮。目前，已经出版的鸡尾酒配方的书籍中，有一本载有多达 2001 种鸡尾酒的配方。

如今，鸡尾酒已从一种民间的饮料发展成为一种国际性的高品位的社交饮品。在西方世界，尤其是美国，鸡尾酒已成为人们生活中常见常用的饮料，上至高官显贵的酒宴，下至平民百姓的晚会，人们已习惯用鸡尾酒来作为一种礼仪交往的媒介。

在我国，调酒业是一门新兴的行业。过去只是在个别酒店中才设置酒吧，酒的品种不全，设备也简单，只供应很少几种鸡尾酒，鸡尾酒在人们的心目中是比较神秘的东西。自从改革开放以来，鸡尾酒逐渐在社交场合上出现，有关的书本不断发行，几个大城市均举办了不同层次的调酒培训班。1992 年在桂林举行的全国旅游系统技术大赛以及 1993 年全国奥林匹克青年工人技术大赛均将调酒列入赛程，这种大型赛事为我国调酒业的建设与完善奠定了坚实的基础。

随着各地的酒店蓬勃兴起，特别是独资、合资、合作酒店的兴起，带来了具有国际水准的酒吧设置和调酒技术的不断发展，许多酒店的酒吧不但能调制出国际流行的鸡尾酒，而且创造出自己的鸡尾酒；不但能用进口酒调制鸡尾酒，而且创造了以中国名酒为基酒所调制出来的“中华鸡尾酒”，并在世界上开始崭露头角，得到国际调酒界人士的高度赞扬。

目前，调酒已成为一门技术，酒吧也成了各阶层的人们乐意光临的地方。人们感到“纯饮”已经不能得到充分的享受，要把喝酒同营养、治病、个人爱好和适应多种品味结合起来欣赏，才能够领略到酒水的真谛。

二、鸡尾酒的特点及分类

(一) 鸡尾酒的特点

经过 200 多年的发展，现代鸡尾酒已不再是若干种酒及乙醇饮料的简单混合物。虽然种类繁多，配方各异，但都是由各调酒师精心设计的佳作，其色、香、味兼备，盛载考究，装饰华丽，除圆润、协调的味觉外，观色、嗅香，更有享受和快慰之感。其独特的载杯造型，简洁妥帖的装饰点缀，无一不充满诗情画意。总的来说，现代鸡尾酒应有如下特点。

1. 花样繁多，调法各异

用于调酒的原料有很多类型，各酒所用的配料种数也不相同，有两种、三种甚至五种以上。就算以流行的配料种类确定的鸡尾酒，各配料在分量上也会因地域不同以及人的口味各异而有较大变化，从而冠用新的名称。

2. 具有刺激性

鸡尾酒因具有一定的酒精浓度所以具有明显的刺激性，能使饮用者兴奋。不仅如此，因为鸡尾酒中酒精浓度是适当的，所以还能使饮用者紧张的神经得以和缓，肌肉得以放松。正因如此，鸡尾酒受到了世界各地人们的青睐。

3. 能够增进食欲，常作为开胃酒在餐前饮用

鸡尾酒是增进食欲的滋润剂。饮用鸡尾酒后，由于酒中含有的微量调味饮料如酸味、苦味等饮料的作用，使饮用者的胃口有所改善，对增进食欲有一定的作用。

4. 色泽优美

鸡尾酒应具有细致、优雅、匀称、均一的色调。常规的鸡尾酒有澄清透明和浑浊两种类型。澄清型鸡尾酒色应该是色泽透明，除极少量因鲜果带入固形物外，不应有其他任何沉淀物。

5. 口味优于单体组分

鸡尾酒必须有卓越的口味，而且这种口味应该优于单体组分。品尝鸡尾酒时，舌头的味蕾应该充分扩张，才能尝到刺激的味道。如果过甜、过苦或过香，就会影响味蕾品尝风味的能力，降低酒的品质，这是调酒时不允许的。

6. 冷饮性质

鸡尾酒需足够冷冻。但是像朗姆类混合酒，是以沸水调节器配制，自然不属

于典型的鸡尾酒。当然，也有些酒种既不用热水调配，也不强调加冰冷冻，但其某些配料是温的或处于室温状态，这类混合酒也应属于广义鸡尾酒的范畴。

7．盛载考究

鸡尾酒应由式样新颖大方、颜色协调得体、容积大小适当的载杯盛载。装饰品虽非必需，但是常有的，它们对于鸡尾酒犹如锦上添花，使之更有魅力，而且某些装饰品本身也是调味料。

（二）鸡尾酒的分类

1．按使用时间和地点分类

（1）餐前鸡尾酒

是以促进食欲为目的的鸡尾酒，口味分甜和不甜，甜味的饰以樱桃，不甜的饰以橄榄。例如马天尼（Martini）和曼哈顿（Manhattan）。

（2）俱乐部鸡尾酒

是在正餐（午晚餐）时，代替头盘和汤菜而上的具有丰富滋养成分的鸡尾酒，略带刺激性，色泽鲜艳，功能在于调和入口饭菜的味道。如：三叶草俱乐部（Colver Club）。

（3）餐后鸡尾酒

以甜味酒为主，用以促进消化。

（4）晚餐鸡尾酒

在晚餐时饮用的是辣口鸡尾酒。

（5）睡前鸡尾酒

在晚间睡觉前饮用，可促进睡眠，多用具有滋补性的茴香和鸡蛋等材料调配。

（6）香槟鸡尾酒

在庆祝宴会或节日里饮用，主要用香槟调配，香气清爽、典雅。

2．按所用的基酒分类

可分为金酒类、威士忌类、白兰地类、伏特加类、朗姆类、特基拉类等等。

3．按混合方法分类

（1）短饮类

酒精含量较高，香料味较重。如马天尼（Martini）和曼哈顿（Manhattan）。

（2）长饮类

用烈酒加果汁或汽水混合而成的，酒精含量较低，是一种温和的混合酒。如柯林斯、菲兹、宾治。

（3）热饮类

是一种用烈酒加沸水冲兑的酒精含量较低的鸡尾酒。如托地、高罗。

第二节 调酒师职业介绍

调酒是一项专业性和技术性很强又很独特的职业，与厨师、点心师的职业一样要求理论与实际操作相互结合，为人们提供味道与色彩的享受。

一、调酒师的工作内容

调酒师是在酒吧或餐厅专门从事酒水配制和酒水销售的人员，调酒师英语称为“bartender”或“barman”。

酒吧调酒师的工作任务包括：酒吧清洁、酒吧摆设、调制酒水、补充酒水、应酬客人和日常管理等。小规模的酒吧一般只有一个调酒师，所以要求调酒师具备较广泛的知识，能够应付客人提出的各类问题和处理各种突发事件。

在西餐厅中，还有一个类似调酒师的工作岗位——西餐厅餐酒推销员（wine steward)，他的工作是向客人推销各种餐酒。在香港有些餐厅中，餐酒推销员的工资比餐厅经理还高，因为他具备了专业性很强的餐酒（葡萄酒）知识和鉴定技术。餐酒推销员需要通晓各类葡萄酒的酿造技术、过程、产区和特征、存放年限和方法、饮用和配餐方式等各方面知识，能够为客人提供餐酒介绍、餐酒与食物的搭配、餐酒质量鉴定、餐酒开瓶等服务。

二、调酒师职业

在国外，调酒师需要受过专门的职业培训并领有技术执照。例如在美国有专门的调酒师培训学校，凡是经过专门培训的调酒师不但就业机会很多，而且享有较高的工资待遇。一些国际性的酒店管理集团内部也专门设立对调酒师的考核规则和标准。

调酒师最早的国际组织是英国调酒师协会（United Kingdom Baritender Guide，简称“U. K. B. G”)。1952 年 2 月，U. K. B. G 在英国 torquay 举办鸡尾酒调制比赛时，曾发柬邀请世界各国调酒师参加，并提议组织一个国际性的组织以保障会员的利益和经验交流。当时参加的有意大利、法兰西、瑞典、丹麦、荷兰、瑞士的代表，大家一致赞同，成立了国际调酒师协会（International Bartender Association，简称“I. B. A”)。英国的 U. K. B. G 会长被推选为 I. B. A 的首任会长。I. B. A 成立至今已有 20 多个国家的调酒师组织加入成为其会员。

香港的酒店业在世界上享有很高的声誉，在 19 世纪 80 年代，每年评出的全球 10 大最佳店（五星级，以服务质量为主）中，香港酒店业占 4 席。随着酒店业的发展，对调酒师的需要量越来越大，特别是受过专门培训、具有良好素质的调酒师就更加缺乏。据1990年香港《文汇报》报道，香港每年缺2000名左右的调酒人员。

在国内，早在1949年以前就有酒吧调酒师这一职业，但这一名词为大众所知晓不过是近几年的事情，有造诣的调酒师更是寥寥无几。随着我国的改革开放和旅游业的发展需要，不仅涉外酒店必须设立酒吧，民间私人开设的酒吧也渐渐多起来，但是调酒师仍然十分缺乏，当时国内还没有专门培训调酒师的学校。直到80年代后期，广东等沿海地区的一些开放城市中才出现业余性质的短期调酒师培训班，但培训质量和数量远远不能满足酒店和餐饮业的发展需求。

至今为止，各大酒店和宾馆还是十分缺乏素质好的调酒师，甚至一些已评为三星级或四星级的酒店中，都还没有受过正式培训的调酒师。

三、调酒师的素质要求

（一）对调酒师的文化水平及技能要求

1．文化水平要求

（1）要求具有高中以上的文化水平。

（2）在工作中能够管理酒吧内部的各项工作、填写各种表格、计算价格和成本，并能书写工作报告。

（3）具有较好的语言表达能力，能详细讲述各种酒水的味道和鸡尾酒的特点，并能推销各种酒水。

（4）调酒技术是由国外传入，目前使用的酒水和鸡尾酒配方绝大多数为外文，因此调酒师要有一定的外语基础才能掌握调酒技术。

2．技能要求

（1）要有自我表现能力。调酒师是直接与客人打交道的，调酒如同艺术表演，无论调酒动作还是调酒技巧都会给客人留下深刻印象，所以应做到轻松、自然、潇洒，操作准确熟练。

（2）调酒师除了做好调酒工作外，还应主动做好酒吧的卫生工作。例如擦洗酒杯、清洁冰柜、清理工作台面等，要自觉自愿地做。调酒师的晋升机会与这些工作表现直接有关。

（3）要勤奋好学。调酒师的酒水知识和技术是经过培训学习得来的，但也有些是从客人身上学来的，如酒名的读音、鸡尾酒知识等。有些客人点的鸡尾酒，调酒师不一定全部都会做，只需向客人请教就行了。

（4）调酒师必须对酒店的各部门及酒店设施有大概了解，以便在客人询问时给予介绍。

（5）要掌握基本的旅游知识和宗教知识。在酒吧的客人绝大多数是旅游观光者，调酒师对本地旅游景点、名胜古迹等知识要熟悉，并要对主要客源国的宗教信仰有所了解。

（二）仪容、仪表要求

仪容、仪表是指人们的精神面貌和着装表现。在酒店中，仪容和仪表体现了酒店的管理水平，在酒吧中也是如此。

1. 制服

调酒师的制服通常是背心、衬衣、领结和西裤，领班和经理是西装、领带和衬衣。制服必须保持干净、整洁、平整，衬衣要每天更换。

制服穿着必须按照酒店规定。穿西装不能不扣纽扣，穿背心、衬衣不能卷起衣袖，衬衣领部纽扣要扣好。

调酒师工作时只能穿黑色皮鞋和深色袜子（女调酒师可穿肉色袜子），鞋面保持清洁、干净、光亮。

2. 仪容要求

（1）头发梳理整齐，经常清洗。男调酒师不能留长发；女调酒师不能散发披肩，如果是长头发必须束起来。

（2）经常剪指甲，尤其女调酒师不准留长指甲。

（3）女调酒师要化淡妆，但不得涂指甲油。

（4）男调酒师要经常修面，每天刮胡子。

（5）不得佩戴过多的珠宝装饰品。

（6）经常洗澡，勤换内衣。

（7）工作时不准吃零食或嚼口香糖。

（8）勤洗脸、洗手，保持脸部和手的清洁。

3. 仪态要求

（1）工作时不能坐在酒吧中任何位置，只能站立。

（2）站立时两脚分开与肩同宽，双手自然下垂或放在背后，要站直。

（3）在酒吧中不能把手插进衣袋或裤袋中。

（4）不能靠墙或靠柱站立。

（5）不得在客人面前做挖鼻、挖耳等不雅动作。

（6）走路要轻快，但不能在酒吧中或酒店公共场所奔跑。

（7）禁止与客人抢道。

（8）在酒吧中不得大声说笑、打闹。

（9）与客人打交道时要脸带微笑。

4. 礼貌和礼节要求

礼貌是人与人之间在接触交往中，相互表示尊重和友好的行为。礼节是人们在日常生活中，相互表示尊敬、问候、慰问、致意以及给予必要协助和照料的惯用形式，是礼貌在语言、行为、仪态等方面的具体规定。

在酒吧中，调酒师的礼貌待客不仅对酒店的声誉有直接影响，而且体现了调酒师本身的修养和受教育水平。

在实际工作中需要做到以下几点。

（1）使用礼貌用语，见到客人光临先问候，如“您好”“晚上好”。说话时要注意多用“请”字，如“请坐”“请这边走”“请问您要喝点什么”。

（2）必须以“小姐”“夫人”“先生”等称呼客人，不能用“喂”称呼客人。

（3）女士优先，礼让妇女儿童。

（4）客人走时要说“再见”“晚安”“欢迎再次光临”“明天见”等礼貌用语。

第三节　调酒常用的器具

一、调酒常用器具

（一）玻璃器皿

玻璃器皿包括在酒吧内部使用的烟灰缸和酒杯等，数量最多的是酒杯。

酒杯是用来盛放酒水的容器，是直接供客人使用的。

酒杯有一般平光玻璃杯、刻花玻璃杯和水晶玻璃杯等，根据酒杯的档次、级别和格调选用。每一种杯都有许多不同的样式。

酒杯的容量习惯用盎司（OZ）计算，现在又统一按毫升（ml）来计算，1OZ＝28.4ml。

酒杯的主要类型有以下这些。

1．烈酒杯（Shot Glass）

其容量规格一般为56ml，用于各种烈性酒（喝白兰地除外），只限于在“净饮”（不加冰）的时候使用。

2．老式洛克杯（Old Fashioned Rock Glass）

又叫“古典杯”，其容量规格一般为224～280ml，大多用于喝加冰块的酒和净饮威士忌酒，有些鸡尾酒也使用这种酒杯。

3．果汁杯（Juice Glass）

容量规格一般为168ml，喝各种果汁用。

4．高杯（High Ball Glass）

容量规格一般为224ml，用于特定的鸡尾酒或混合饮料，有时果汁也用高杯。

5．柯林杯（Collins）

容量规格一般为280ml，用于各种烈酒加汽水等软饮料的混合饮料、各类汽水、矿泉水和一些特定的鸡尾酒（如各种长饮Long Drink）。

6．阔口香槟杯（Champagne Saucer）

容量规格一般为126ml，用于喝香槟酒和某些鸡尾酒。

7. 郁金香型香槟杯（Champagne Tulip）

容量规格一般为126ml，用于喝香槟酒。

8. 白兰地杯（Brandy Snifter）

容量规格为224～336ml，净饮白兰地时使用。

9. 水杯（Water Glass）

容量规格为280ml，喝冰水和一般汽水时使用。

10. 啤酒杯（Beer Mug）

容量规格为336～504ml，在酒吧中喝生啤时使用。

11. 啤酒杯（Pilsner）

容量规格为280ml，餐厅里喝啤酒用。在酒吧中女士们常用这种杯喝啤酒。

12. 鸡尾酒杯（Cocktail Glass）

容量规格为98ml，调制鸡尾酒以及喝鸡尾酒时使用。

13. 餐后甜酒杯（Liqueur Glass 或 Cordial Glass）

容量规格为35ml，用于喝各种餐后甜酒、“彩虹”鸡尾酒、“天使之吻”鸡尾酒等。

14. 白葡萄酒杯（White Wine Glass）

容量规格为168ml，用于喝白葡萄酒。

15. 红葡萄酒杯（Red Wine Glass）

容量规格为224ml，用于喝红葡萄酒。

16. 雪利酒杯（Sherry Glass）

容量规格为56ml或112ml，专门用于喝雪利酒。

17. 波特酒杯（Port Wine Glass）

容量规格为56ml，专门用于喝波特酒。

18. 特饮杯（Hurricane）

容量规格为336ml，用于喝各种特色鸡尾酒。

19. 酸酒杯（Whisky Sour）

容量为112ml，喝酸酒威士忌鸡尾酒时使用。

20. 爱尔兰咖啡杯（Irish Coffee）

容量规格为210ml，喝爱尔兰咖啡时使用。

21. 果冻杯（Sherbert）

容量规格为98ml，吃果冻和冰淇淋时使用。

22. 苏打杯（Soda Glass）

容量规格为448ml，用于吃冰淇淋。

23. 水罐（Water Pitcher）

容量规格为1000ml，用于装冰水、果汁。

24. 滤酒器（Decanter）

有几种规格，如168ml、500ml、1000ml等，用于过滤红葡萄酒或出售散装红葡萄酒与白葡萄酒。

（二）其他用具

酒吧工具很多，要根据酒吧的需要选用。

1. 酒吧开刀（Waiter's Knife，俗称 Waiter's Friend）

用于开启红葡萄酒瓶、白葡萄酒瓶的木塞，也可用于开汽水瓶或果汁罐头。

2. T 型起塞器（Cork Serew）

用于开启红葡萄酒瓶、白葡萄酒瓶的木塞。

3. 量杯（量酒器 Jigger）

用于度量酒水的分量。

4. 滤冰器（Strainer）

调酒时用于过滤冰块。

5. 开瓶器（Bottle Opener）

用于开启汽水或啤酒瓶盖。

6. 开罐器（Can Opener）

用于开启各种果汁、淡奶等罐头。

7. 酒吧匙（Bar Spoon）

分大、小两种，用于调制鸡尾酒或混合饮料。

8. 摇酒器（Shaker）

用于调制鸡尾酒，按容量分大、中、小 3 种型号。

9. 调酒杯（Mixing Glass）

用于调制鸡尾酒。

10. 砧板（Cutting Board）

切水果等装饰物。

11. 果刀（Fruit Knife）

切水果等装饰物。

12. 调酒棒（Stirrer）

调酒用。

13. 鸡尾酒签（Cocktail Pick）

穿装饰物用。

14. 挤柠檬器（Lemon Squeezer）

挤新鲜柠檬汁用。

15. 吸管（Straw）

客人喝饮料时用。

16. 杯垫（Coaster）

垫杯用。

17. 冰夹（Ice Tong）

夹冰块用。

18. 柠檬夹（Lemon Tongs）

夹柠檬片用。

19. 冰铲（Ice Container）

装冰块用。

20. 宾治盆（Punch Bowl）

装什果宾治或冰块用。

21. 酒桶（Ice Bucket 或 Wine Cooler）

客人饮用白葡萄酒或香槟酒时作冰镇用。

22. 漏斗（Funnel）

倒果汁或饮料用。

23. 香槟塞（Champagne Bottle Shutter）

打开香槟后，用作瓶塞。

二、常用器具的清洗与消毒

（一）器皿的清洗与消毒

器皿包括酒杯、碟、咖啡杯、咖啡匙、点心叉、烟灰缸、滤酒器等（烟灰缸用自来水冲洗干净就行了）。清洗时通常分为四个程序：冲洗→浸泡→漂洗→消毒。

1. 冲洗

用自来水将用过的器皿上的污物冲掉。这道程序必须注意冲干净，不留任何点状、块状的污物。

2. 浸泡

将自来水冲洗过但仍带有油迹或其他冲洗不掉的污物的器皿放入洗洁精溶液中浸泡，然后擦洗直到没有任何污迹为止。

3. 漂洗

把浸泡后的器皿用自来水漂洗，使之不带有洗洁精的味道。

4. 消毒

用开水、高温蒸汽或化学消毒法（也称“药物消毒法”）进行消毒。

常用的消毒方法有高温消毒法和化学消毒法。凡有条件的地方都要采用高温消毒法，其次才考虑化学消毒法。

（二）高温消毒法

1. 煮沸消毒法

是公认的简单而又可靠的消毒法。将器皿放入水中后，将水煮沸并持续 2 ~ 5 分钟就可以达到消毒目的。但要注意，器皿要全部浸没在水中；消毒时间从水沸腾后开始计算；水煮沸后中间不能降温。

2. 蒸汽消毒法

消毒柜（车）上插入蒸汽管，管中的流动蒸汽是过饱和蒸汽，一般温度在

90℃左右，消毒时间为10分钟，消毒时要尽量避免消毒柜漏汽。器皿堆放要留有一定的空间，以利于蒸汽穿透流通。

3．远红外线法

属于热消毒，使用远红外线消毒柜，在120～150℃高温下持续15分钟，基本可达到消毒目的。

一般情况下，不提倡采用化学消毒法，但在没有高温消毒的条件下，可考虑采用化学消毒法。常用的药物有氯制剂（种类很多，使用时用其1%溶液浸泡器皿3～5分钟）和酸制剂（如过氧乙酸，使用时用0.2%～0.5%溶液浸泡器皿3～5分钟）。

（三）用具的清洗与消毒

用具指酒吧常用工具，如酒吧匙、量杯、摇酒器、电动搅拌机、水果刀等。用具通常只接触酒水，不接触客人，所以只需直接用自来水冲洗干净就行了。但要注意：酒吧匙和量杯不用时一定要泡在干净的水中，水要经常换。摇酒器和电动搅拌机每使用一次需要清洗一次。消毒方法也采用高温消毒法和化学消毒法。

常用的洗杯机是将浸泡、漂洗和消毒3个程序结合起来的，使用时先将器皿用自来水冲洗干净，然后放入筛中推入洗杯机里就行了。但要注意经常换机内缸体中的水。旋转式洗杯机是由一个带刷子和喷嘴的电动机组成，把杯子倒扣在刷子上，一开机就有水冲洗。注意不要用力把杯子压在刷子上，只能轻轻压，否则杯子会被压破。

第四节　鸡尾酒的调制

一、鸡尾酒的基本结构

鸡尾酒的基本结构是基酒、辅料、配料和装饰物。

（一）基酒

基酒又称为鸡尾酒的“酒基”或“酒底”，以烈性酒为主，如伏特加（Vodka）、威士忌（Whisky）、白兰地（Brandy）、朗姆酒（Rum）、金酒（Gin）、特基拉（Tequila）等蒸馏酒，也有少量的鸡尾酒是以开胃酒、葡萄酒和利口酒等为基酒的。通常中式鸡尾酒以茅台、汾酒、五粮液、竹叶青等高度酒作为基酒。

基酒是鸡尾酒的主体，决定了鸡尾酒的口味和特点，其含量一般应不少于一杯鸡尾酒总量的1/3。

（二）辅料

辅料又称“调和料”，是指用于冲淡或调和基酒的原料。辅料一般有味美思、利口酒、红石榴汁、橙汁、柠檬汁、西柚汁、柳橙汁、菠萝汁、番茄汁、苹果汁、杨桃汁、椰子汁、小红莓果汁、汤力水、苏打水、七喜汽水、干姜水、雪碧、可口可乐、运动饮料等。

辅料能缓和基酒的刺激性，还可用来衬托或引导出基酒的韵味，增强鸡尾酒的品尝层次，使其成为更加可口的中性饮品。

（三）配料

配料是指一些用量较少但又能体现鸡尾酒特色的材料。鸡尾酒常用的配料有红石榴汁（Grenadine）、柠檬汁（Lenmon）、莱姆汁（Lime）、鲜奶油（Gream）、鲜奶（Milk）、椰奶（Pina Colada）、可尔必思（Calpis）、蓝柑汁（Blue Curacao Syrup）、蜂蜜（Honey）、薄荷蜜（Peppermint Syrup）、葡萄糖浆（Grape Syrup）以及糖、盐、奶油、豆蔻粉、月桂粉、鸡蛋杏仁露、豆蔻粉、芹菜粉、红樱桃、绿樱桃、香草片、洋葱粒、橄榄粒、辣椒酱、辣椒油等等。

（四）装饰物

装饰物主要对鸡尾酒起点缀和增色的作用，常用的装饰物可分为点缀型、调味型和实用型三大类。点缀型装饰物有红绿樱桃、橙皮、橄榄、柠檬、菠萝、西芹、鲜薄荷等；调味型装饰物是指有特殊风味的调料和水果等装饰饮品，如豆蔻粉、盐、糖、草莓、薄荷叶等；实用型装饰物是指吸管、酒签、调酒棒等装饰物。

装饰物的颜色和口味应与鸡尾酒酒液保持和谐一致，外观色彩缤纷，给人以赏心悦目的艺术享受。

二、鸡尾酒的调制原理

1. 鸡尾酒通常都用烈酒（金酒、威士忌、朗姆酒、伏特加、白兰地和特基拉酒等）作为基酒，再加入其他的酒或饮料如果汁、汽水和香料等配制而成。
2. 调制时烈酒可以与任何味道的酒或其他饮料相搭配调和成鸡尾酒。
3. 味道相同或近似的酒或饮料可以互相混合调制成鸡尾酒。
4. 味道不相同的酒或饮料例如药味酒与水果酒一般不宜互相混合。
5. 清淡、有汽的酒水在调制鸡尾酒时只采用兑和法与调和法。
6. 调制任何鸡尾酒时，应首先放入冰块，然后是基酒，最后放配料。

三、鸡尾酒的调制规则

（一）鸡尾酒调制的基本原则

1. 饮料混合均匀。
2. 调制前，杯应先洗净、擦亮。酒杯使用前需冰镇。
3. 按照配方的步骤逐步调配。
4. 量酒时必须使用量器，以保证调出的鸡尾酒口味一致。

5. 搅拌饮料时应避免时间过长，防止冰块融化过多而淡化酒味。

6. 摇晃时，动作要自然优美、快速有力。

7. 用新鲜的冰块。冰块大小、形状与饮料要求一致。

8. 用新鲜的水果装饰。切好后的水果应存放在冰箱内备用。

9. 使用优质的碳酸饮料。碳酸饮料不能放入摇壶里摇。

10. 水果挤汁时最好使用新鲜柠檬和柑橘，挤汁前应先用热水浸泡，以使能多挤出汁。

11. 装饰要与饮料要求一致。

12. 上霜要均匀，杯子不可潮湿。

13. 使用蛋清是为了增加酒的泡沫，加入蛋清后要用力摇匀。

14. 调好的酒应迅速服务。

15. 动作规范、标准、快速、美观。

（二）鸡尾酒调制的标准要求

1. 时间

调完一杯鸡尾酒的规定时间为 1 分钟。吧台的实际操作中要求一位调酒师在 1 小时内能为客人提供 80 ~ 120 杯饮料。

2. 仪表

必须是白衬衣、马夹和领结。调酒师的形象不仅影响酒吧的声誉，而且还影响客人的饮酒情趣。

3. 卫生

多数饮料是不需加热而直接为客人服务的，所以操作上的每个环节都应严格按卫生要求和标准进行。任何不良习惯如用手摸头发、脸部等都直接影响客人健康。

4. 姿势

动作熟练，姿势优美；不能有不规范动作。

5. 载杯

所用的杯与饮料要求一致，不能用错杯。

6. 用料

要求所用原料准确，少用或错用主要原料都会破坏饮品的标准味道。

7. 颜色

颜色深浅程度保持正常，不能偏重或偏淡。

8. 味道

调出的饮料味道正常，不能偏重或偏淡。

9. 调法

调酒方法与饮料要求一致。

10. 程序

要依次按标准要求操作。

11．装饰

装饰是饮料服务最后一环，不能缺少。装饰与饮料要求一致，要保证卫生。

（三）鸡尾酒调制方法

1．掺兑（漂浮）

把各种饮料成分依次放入杯中，掺兑完后即可服务。掺兑调制而成的混合饮料有“彩虹”、“漂漂酒”等。有时这类饮料还需要简单地搅拌，如海波饮料、果汁饮料等。

2．搅拌（兑和）

把各种饮料成分和冰块放进调酒杯中，然后搅拌混合物，调制鸡尾酒。搅拌的目的是在最少稀释的情况下，把各种成分迅速冷却混合，如马天尼。

3．摇混（摇晃）

饮料放进调酒壶中用手摇动混合。不能通过搅拌来混合的成分如糖、奶油、鸡蛋和部分果汁等饮料用这种方法调制。

4．电动调和（电动搅拌机搅拌法）

用电动果汁机或搅拌器调制混合而成，主要是用来混合固定食物和冰块饮料，如草莓、香蕉等。任何摇混饮料都可用这种方法，但用这种方法混合出来的饮料效果不如手摇的效果好。

从绝大多数饮料的调制来看，一般都使用以上的两种或两种以上的方法来完成。

（四）调制鸡尾酒的一般步骤

1．选择相应名称、形状和大小的酒杯。

2．杯中放入所需的冰块。

3．确定调酒方法及盛酒容器（调酒壶或酒杯）。

4．量入所需基酒（基酒的数量与载杯容量有关）。

5．量入少量的辅助成分。

6．调制。

7．装饰。

8．服务。

（五）鸡尾酒调制的规范动作

1．传瓶→示瓶→开瓶→量酒

（1）传瓶。把酒瓶从酒柜或操作台上传到手中的过程。传瓶一般有从左手传到右手或从下方传到上方两种情形。用左手拿瓶颈部传到右手上，用右手拿住瓶的中间部位。或直接用右手从瓶的颈部上提至瓶中间部位。要求动作快、稳。

（2）示瓶。把酒瓶展示给客人。用左手托住瓶下底部，右手拿住瓶颈部，呈45°把商标面向客人。注意从传瓶到示瓶是一个连贯动作。

（3）开瓶。用右手拿住瓶身，左手中指逆时针方向向外拉酒瓶盖，用力得当时可一次拉开，打开瓶盖后左手虎口即拇指和食指夹起瓶盖。开瓶是在酒吧没有专用酒嘴时使用的方法。

（4）量酒。开瓶后立即用左手中指和食指与无名指夹量杯（根据需要选择量杯大小），两臂略微抬起呈环抱状，把量杯放在靠近容器的正前上方约1寸处，量杯要端平。然后右手将酒倒入量杯，倒满后收瓶口，右手同时将酒倒进所用的容器中。用左手拇指顺时针方向盖盖，然后放下量杯和酒瓶。

2. 握杯、溜杯、温烫

（1）握杯。古典杯、海波杯、柯林杯等平底杯应握住杯子下底部，切忌用手掌拿杯口。高脚或脚杯应拿细柄部，白兰地杯用手握住杯身，通过手热使其芳香溢出（指客人饮用时）。

（2）溜杯。将酒杯冷却后用来盛酒。通常有以下几种情况。

① 冰镇杯。将酒杯放在冰箱内冰镇。

② 放入上霜机。将酒杯放入上霜机内上霜。

③ 加冰块。有些鸡尾酒可加冰在杯内冰镇。

④ 溜杯。杯内加冰块使其快速旋转至冷却。

（3）温烫。指将酒杯烫热后用来盛饮料。一般也分为以下几种情况。

① 火烤。用蜡烛来烤杯，使其变热。

② 燃烧。将高酒度烈酒放入杯中燃烧，至酒杯发热。

③ 水烫。用热水将杯烫热。

3. 搅拌

搅拌是混合饮料的方法之一。它是用吧勺在调酒杯或饮用杯中搅动冰块使饮料混合。具体操作要求用左手握杯底，右手按握“毛笔”姿势，使吧勺勺背靠杯边按顺时针方向快速旋转，搅动时只有冰块转动声。搅拌5～6圈后，用滤冰器在调酒杯口迅速将调好的饮料滤出。

4. 摇壶

这是使用调酒壶来混合饮料的方法。具体操作形式有单手和双手两种。

①单手握壶。右手食指按住壶盖，用拇指、中指和无名指夹住壶体两边，手心不与壶体接触。摇壶时，尽量使手腕用力。手臂在身体右侧自然上下摆。要求：力量要大、速度要快、节奏要快、动作要连贯。手腕可使壶按“S”形、三角形等方向摇动。

②双手握壶。左手中指按住壶底，拇指按住壶中间过滤盖处，其他手指自然伸开。右手拇指按壶盖，其余手指自然伸开固定壶身。壶头朝向自己，壶底朝外，并略向上方。摇壶时可在身体左上方或正前上方。要求两臂略抬起，呈伸曲动作，手腕呈三角形摇动。

5. 上霜

上霜是指在杯口边蘸上糖粉或盐粉。具体要求：用柠檬皮擦杯口中边，要求匀称。操作前要把酒杯空干。然后将酒杯放入糖粉或盐粉中，蘸完后把多余的糖粉或盐粉弹去。

6. 调酒全过程

（1）短饮。选杯→放入冰块→溜杯→选择调酒用具→传瓶→示瓶→开瓶→量酒→搅拌（或摇壶）→装饰→服务

（2）长饮。选杯→放入冰块→传瓶→示瓶→量酒→搅拌（或掺兑）→装饰→服务

四、鸡尾酒的色彩和口味配制

（一）鸡尾酒色彩的配制

鸡尾酒之所以如此具有诱惑力，是与它那五彩斑斓的颜色分不开的。色彩的配制在鸡尾酒的调制中至关重要。

1. 鸡尾酒原料的基本色

鸡尾酒是通过基酒和各种辅料调配混合而成的。这些原料的不同颜色是构思鸡尾酒色彩的基础。下面就原料的基本色彩作一下介绍。

（1）糖浆。糖浆是由各种含糖比重不同的水果制成的，颜色有红色、浅红色、黄色、绿色、白色等。较为熟悉的糖浆有红石榴糖浆（深红）、山楂糖浆（浅红）、香蕉糖浆（黄色）、西瓜糖浆（绿色）等。糖浆是鸡尾酒中的常用调色辅料。

（2）果汁。果汁是通过水果挤榨而成的，具有水果的自然颜色，且含糖量比糖浆要少得多。常见有橙汁（橙色）、香蕉汁（黄色）、椰汁（白色）、西瓜汁（红色）、草莓汁（浅红色）、西红柿汁（粉红）等。

（3）利口酒。利口酒颜色十分丰富，几乎赤、橙、黄、绿、青、蓝、紫全包括。有些利口酒同一品牌有几种不同颜色，如可可酒有白色和褐色，薄荷酒有绿色和白色，橙皮酒有蓝色和白色等。利口酒也是鸡尾酒调制中不可缺少的辅料。

（4）基酒。基酒除伏特加、金酒等少数几种无色烈酒外，大多数酒都有自身的颜色。这也是构成鸡尾酒色彩的基础。

2. 鸡尾酒颜色的调配

鸡尾酒颜色的调配需按色彩配比的规律调制。

（1）在调制“彩虹”酒时首先要使每层酒为等距离，以保持酒体形态最稳定的平衡；其次应注意色彩的对比，如红与绿、黄与蓝是接近补色关系的一对色，白与黑是色明度差距极大的一对色；第三是将暗色和深色的酒置于酒杯下部（如红石榴汁），明亮或浅色的酒放在上部（如白兰地、浓乳），以保持酒体的平衡。只有这样调出来的彩虹酒才会给人观感美。

（2）在调制有层色的部分海波饮料或果汁饮料时，应注意颜色的比例配搭。

一般来说暖色和纯色的诱惑力强，应占面积小一些，冷色和浊色面积可大一些。如特基拉日出，红石榴汁用量3/4盎司，小沉杯底，上面大部分为淡橙色。这样才能保持视觉平衡，产生一种美感。

（3）在鸡尾酒家族中绝大部分鸡尾酒都是将几种不同颜色的原料进行混合从而调制成某种颜色的鸡尾酒。在调制的过程中，有几点需要特别注意。

①要事先了解不同两种或两种以上的颜色混合后将会产生的新颜色。如黄与蓝混合成绿色，红与蓝混合成紫色，红与黄混合成橘色，绿色与蓝色混合成青绿色。

②在调制鸡尾酒时，应把握好不同颜色原料的用量。颜色原料用量过多则色深，量少则色浅，酒品都达不到预想的效果。如“红粉佳人”，主要用红石榴汁来调出粉红色的酒品效果，在标准容量鸡尾酒杯中一般用量为1吧匙，多于1吧匙，颜色为深红；少于1吧勺，颜色成淡粉色，都体现不出“红粉佳人”的魅力。

③注意不同原料对颜色的作用。冰块是调制鸡尾酒不可缺少的原料，不仅对饮品起冰镇作用，对饮品的颜色和味道也起稀释作用，冰块在调制鸡尾酒时的用量与时间长短直接影响到鸡尾酒颜色的深浅。另外，冰块本身具有的透亮性，使得在古典杯中加冰块的饮品更具有光泽，更显晶莹透亮，如君度加冰、金巴利加冰、加拿大雾酒。

④乳、奶、蛋等均具有半透明的特点，且不易同饮品的颜色混合。调制中用这些原料的目的是奶起增白效果，蛋清增加泡沫，蛋黄增强口感，同时这些原料都能使调出的饮品呈朦胧状，增加饮品的诱惑力，如青草蜢、金色菲士。

⑤碳酸饮料配制饮品时，一般在各种原料成分中所占比重较大，并且酒品的颜色都较浅或味道较淡，这是因为碳酸饮料对饮品有稀释作用。

⑥果汁原料因其所含色素的关系，本身具有颜色，调制时注意颜色的混合变化。如日月潭库勒，是将绿薄荷和橙汁一起搅拌，使其呈草绿色。

3．鸡尾酒的情调创造

酒吧是最讲究氛围的场所，在酒吧中调制鸡尾酒就是要通过鸡尾酒的不同色彩来传达不同的情感以创造特殊的酒吧情调。

红色鸡尾酒和混合饮料，表达一种幸福和热情、活力和热烈的情感；紫色饮品，给人高贵而庄重的感觉；粉红色饮品，传达浪漫、健康的情感；黄色饮品，给人一种辉煌和神圣的象征；绿色饮品，使人联想起大自然，产生平静和希望的感觉；白色饮品，给人纯洁、神圣、善良的感觉。

（二）鸡尾酒的口味调配

人们对味道的感受是通过鼻（嗅觉）和舌（味觉）来体验的，鸡尾酒味道是由具有各种天然香味的饮料成分来调配的，所以它的味道调配过程不同于食品的烹调。食品一般需要在烹调过程中通过煎、炒、熏、炸等加热方法，使不同风味的物质挥发，而酒和果汁如果温度过高，芳香物质会很快挥发，香味就会消失。所以不同于食物烹调，鸡尾酒需加冰块并在最佳的保持芳香味的温度下完成调制。鸡尾酒调出的味道一般都不会过酸或过甜，所以它是一种味道较为适中、能满足人们各种口味需要的饮品。

1. 原料的基本味

酸味：柠檬汁、青柠汁、西红柿汁等。

甜味：糖、糖浆、蜂蜜、利口酒等。

苦味：金巴利苦味酒、苦精及新鲜橙汁等。

辣味：辛辣的烈酒，以及辣椒、胡椒等辣味调料。

咸味：盐。

香味：酒及饮料中有各种香味，尤其是利口酒中有多数水果和植物的香味。

2. 鸡尾酒口味调配

将以上不同味道的原料进行组合调制出具有不同风味和口感的饮品。

(1) 绵柔香甜的饮品。用乳、奶、蛋和具有特殊香味的利口酒调制而成的饮品。如白兰地亚历山大、金色菲士。

(2) 清凉爽口的饮品。用碳酸饮料加冰与其他酒类配制的长饮，具有清凉解渴的功效。

(3) 酸味圆润滋美的饮品。以柠檬汁、西柠汁和利口酒、糖浆为配料与烈酒调配出的酸甜鸡尾酒，香味浓郁，入口微酸，回味甘甜。这类酒在鸡尾酒中占有很大比重，酸甜味比例根据饮品及各地人们的口味不同而有所改变，并不完全一样。

(4) 酒香浓郁的饮品。基酒占绝大多数比重使酒体本味突出，只配少量辅料增加香味，如马天尼、曼哈顿。这类鸡尾酒辅料含量少，口感甘洌。

(5) 微苦香甜的饮品。以金巴利或苦精为辅料调制出来的鸡尾酒，如亚美利加诺、尼格龙尼。这类饮品入口虽苦，但持续时间短，回味香甜，并有清热的作用。

(6) 果香浓郁丰满的饮品。新鲜果汁配制的饮品，酒体丰满，具有水果的清香味。

不同地区的人们对鸡尾酒口味的要求各不相同，在调制鸡尾酒时，应根据顾客的喜好来调配。一般欧美人不喜欢含糖或含糖量高的饮品，为他们调制鸡尾酒时，糖浆等甜物要少放，碳酸饮料最好用不含糖的。对于东方人，如日本和港台顾客，他们喜欢甜口，调制时可使饮品甜味略突出。在调制鸡尾酒时，还应注意世界上各种流行口味的鸡尾酒，如酸甜类鸡尾酒或含苦味鸡尾酒是目前较流行的饮品。对于有特殊口味要求的顾客可征求客人意见后调制。

3. 不同场合的鸡尾酒口味

鸡尾酒种类五花八门，尽管在鸡尾酒酒吧中鸡尾酒的品种应有尽有，但是某一特定的场合对鸡尾酒的品种和口味也有特殊的要求。

（1）餐前鸡尾酒。餐前鸡尾酒是指在餐厅正式用餐前或者是在宴会开始前提供的鸡尾酒。这类鸡尾酒首先要求酒精含量较高，是具有开胃作用的酸味、辣味饮品，如马天尼、吉姆莱特。

（2）餐后鸡尾酒。在正餐后饮用的鸡尾酒品，要求口味较甜，具有助消化、收胃功能，如“黑俄罗斯”。

（3）休闲场合鸡尾酒。主要是游泳池旁、保龄球场以及台球厅等场所提供的鸡尾酒，要求酒精含量低或者无酒精的饮料，以清凉、解渴的饮料为佳，一般为果汁混合饮料、碳酸混合饮料。

五、鸡尾酒的品尝

作为调酒师，特别是有经验的调酒师，不但要懂得调制鸡尾酒，而且要会品尝鉴别调制好的鸡尾酒品种。

品尝分为三个步骤：观色、嗅味、尝试。调好的鸡尾酒都有一定的颜色，观色可以断定配方分量是否准确，例如“红粉佳人”调好后呈粉红色，青草蜢调好后呈奶绿色，干马天尼调好后清澈透明如清水一般。如果颜色不对，整杯鸡尾酒就要重新做，不能出售给客人，也不必再去试味了。更明显的如彩虹鸡尾酒，只从观色便可断定是否合格了，任意一层混浊了都不能再出售。

嗅味是用鼻子去闻鸡尾酒的香味，但在酒吧进行时不能直接拿起整杯酒来嗅味，要用酒吧匙。凡鸡尾酒都有一定的香味，首先是基酒的香味，其次是所加进的辅料酒或饮料的香味如果汁、甜酒、香料等各种不同的香味。变质的果汁会使整杯鸡尾酒报废。

品尝鸡尾酒不能像喝开水那样，要一小口一小口地喝，喝入口中要停顿一下再吞咽，如此细细地品尝，才能分辨出多种不同的味道。

六、常见鸡尾酒配方

各国调制鸡尾酒的度量单位不太一样，通常英美配方中用盎司（oz），德国用厘升（cl），其他国家用毫升（ml），它们之间的换算关系是：

1 厘升（cl） = 10 毫升（ml）

美制 1 盎司（oz） = 29.6 毫升（ml）

英制 1 盎司（oz） = 28.4 毫升（ml）

1 茶匙（Tea Spoon） = 1/8 盎司（oz）

1 品脱（pt） = 16 盎司（oz）

1 夸脱（qt） = 32 盎司（oz）

● 小贴士

调酒技能大赛评分表

选手姓名：　　　　　　　　　　　　得分：

项目	要求细则	定分	扣分
仪容仪表	略	5	
操作技能	按配方制作	7	
	加料顺序正确	5	
	调制方法正确	5	
	倒酒时不洒酒	3	
	酒量合适	3	
	装饰物制作	2	
	台面整洁	2	
	使用量酒器	1	
	调酒器具不掉地	4	
	酒瓶、酒具复位	2	
	使用杯垫	1	
抽签酒品评	整体造型：符合所调鸡尾酒款式要求	6	
	载杯：使用正确	4	
	颜色：正确、无偏差	8	
	口味：正确、无偏差	12	
自创酒品评	整体造型：整体搭配合理	3	
	颜色：协调	4	
	口味：口味纯正、口感舒适	8	
	创意：符合调配原则，利于成本控制，易于操作，酒品与酒名相符	15	
操作时间		100	超时：
		实际得分：	合计：

注：操作时间为 3 分钟，超时每 30 秒扣 10 分，不满 30 秒按 30 秒计算，超时 1 分钟不予计分。

第五节　鸡尾酒的创作艺术

鸡尾酒自诞生以来，经过人们不断地创作和发展，已形成30多种类型，几千个配方。这些配方不仅体现了调酒师精湛的调制技术，也融合了其最初创造者丰富的调酒创造艺术。因此，鸡尾酒创作不仅是调酒师调制技术的体现，更是最初创造者创作灵感、创作意念和艺术修养的完美结晶。

一、鸡尾酒的创作原则

鸡尾酒是一种自娱性很强的混合饮料，它不同于其他任何一种产品的生产，它可以由调制者根据自己的喜好和口味特征来尽情地想象、尽情地发挥。但是，如果要使它成为商品，在酒店、酒吧中进行销售，那就必须符合一定的规则，它必须适应市场的需要，并能满足消费者的需求。因此，鸡尾酒的调制必须遵循一些基本的原则。

1．新颖性

任何一款新创鸡尾酒首先必须突出一个“新”字，即在已流行的鸡尾酒中没有记载。此外，创作的鸡尾酒无论在表现手法还是在色彩、口味等方面，以及酒品所表达的意境等，都应令人耳目一新，给品尝者以新意。

鸡尾酒的新颖，关键在于其构思的奇巧。构思是人们根据需要而形成的设计导向，这是鸡尾酒设计制作的思想内涵和灵魂。鸡尾酒的新颖性原则，就是要求创作者能充分运用各种调酒材料和各种艺术手段，通过挖掘和思考，来体现鸡尾酒新颖的构思，创作出色、香、味、形俱佳的新酒品。

鸡尾酒集多种艺术特征为一体，并形成了自己的艺术特色，从而给消费者以视觉、味觉和触觉等的艺术享受。因此，在鸡尾酒创作时，要将这些因素综合起来进行思考，以确保鸡尾酒的新颖和独特。

2．易于推广

任何一款鸡尾酒的设计都有一定的目的，要么是设计者自娱自乐，要么是在某个特定的场合为渲染或烘托气氛进行的即兴创作，但更多的是一些专业调酒师为了酒店、酒吧经营的需要而进行的专门创作。创作的目的不同，决定了创作者的设计手法也不完全一样，作为经营所需而设计创作的鸡尾酒，在构思时必须遵循易于推广的原则，即将它当作商品来进行创作。此种鸡尾酒的创作需注意以下几点。

（1）鸡尾酒的创作不同于其他商品，它是一种饮品，它首先必须满足消费者的口味需要。因此，创作者必须充分了解消费者的需求，使自己创作的酒品能适应市场的需要，易于被消费者接受。

（2）既然创作的鸡尾酒是一种商品，就必须要考虑其盈利性质，必须考虑其创作成本。鸡尾酒的成本由调制的主料、辅料、装饰品等直接成本和其他间接成本构成。成本的高低尤其是直接成本的高低会直接影响到酒品的销售价格，价格过高，消费者接受不了，会严重影响到酒品的推广。因此，此类型的鸡尾酒在进行创作时应当选择一些口味较好、价格又不是很昂贵的酒品作基酒进行调配。

（3）配方简洁是鸡尾酒易于推广和流行的又一因素。从以往流行的鸡尾酒配方来看，绝大多数配方都很简洁，易于调制，即使以前比较复杂的配方，随着时代的发展和人们需求的变化，也变得越来越简洁。如“新加坡司令”，当初发明的时候调配材料有十多种，但由于其复杂的配方很难记忆，制作也比较麻烦，因此，在推广过程中被人们逐步简化，变成了现在的配方。所以，在设计和创作新鸡尾酒时，必须使其配方简洁，一般每款鸡尾酒的主要调配材料尽量控制在五种或五种以内，这样既利于调配又利于流行和推广。

（4）遵循基本的调制法则，并有所创新。任何一款新创作的鸡尾酒，要能易于推广，易于流行，还必须易于调制，在调制方法的选择上也不外乎摇和、搅和、兑和等方法。当然，创新鸡尾酒在调制方法上也是可以创新的，如将摇和与漂浮法结合，将摇和与兑和法结合。

3. 色彩鲜艳、独特

色彩是表现鸡尾酒魅力的重要因素之一，任何一款鸡尾酒都可以通过赏心悦目的色彩来吸引消费者，并通过色彩来增加鸡尾酒自身的鉴赏价值。因此，鸡尾酒的创作者们在创作鸡尾酒时，都特别注意酒品颜色的选用。

鸡尾酒中常用的色彩有红、蓝、绿、黄、褐等几种。在以往的鸡尾酒中，出现得最多的颜色是红、蓝、绿以及少量黄色，而在鸡尾酒创作中，这几种颜色也是用得最多的，使得许多酒品在视觉效果上不再有什么新意，缺少独创性。因此，创作时应考虑到色彩的与众不同，以增加酒品的视觉效果。

4. 口味卓绝

口味是评判一款鸡尾酒好坏以及能否流行的重要标志，因此，鸡尾酒的创作必须将口味作为一个重要因素加以改进。

口味卓绝的原则是，要求新创作的鸡尾酒在口味上，首先必须诸味调和，酸、甜、苦、辣诸味必须相协调，过酸、过甜或过苦都会掩盖人的味蕾对味道的品尝能力，从而降低酒的品质。其次，新创鸡尾酒在口味上还需满足消费者的口味需求，虽然不同地区的消费者在口味上有所不同，但作为流行性和国际性很强的鸡尾酒，在设计时必须考虑其广泛性要求，在满足绝大多数消费者共同需求的同时，再适当兼顾本地区消费者的口味需求。

此外，在口味方面还应注意突出基酒的口味，避免辅料“喧宾夺主”。基酒是任何一款酒品的根本和核心，无论采用何种辅料，最终形成何种口味特征，都不能掩盖基酒的味道，造成主次颠倒。

二、鸡尾酒的创作基本要素

鸡尾酒的创作过程实际是一件艺术品的创造过程。在设计创作它之前应当先明确和考虑以下几个方面。

1. 鸡尾酒创作的目的

通常，人们创作设计鸡尾酒时都包含着两种目的：一种是自我感情的宣泄；一种是刺激消费。要达到自我感情的宣泄的目的，只要不违背鸡尾酒的调制规律，能借助各种酒在混合过程产生前所未有的精神力量，在调制创新鸡尾酒的过程中看到自我的存在，得到快感的诱发和移情，便可以了。而要达到刺激消费的目的，则要把这款新设计的鸡尾酒看成是商品，那就要求设计者更好地认识与把握消费者的心理需求，善于发现人们潜在的需求因素，从而有效地促进消费。

2. 鸡尾酒创作的创意

创意，是人们根据需要而形成的设计意念。意念，是一款新型鸡尾酒设计的思想内涵和灵魂。鸡尾酒创意对能否创作出具有非凡艺术感染力的作品有重大的影响，创意一定要新颖，创作时创作者的思路一定要清楚，并善于思考和挖掘，善于想象，不断形成新的意念。

3. 鸡尾酒创作的个性与特点

鸡尾酒创作要突出个性，突出特点，一杯好的鸡尾酒的调制需要多方面相互联系、相互作用的个性成分。每个人的个性都具有无限的丰富性和巨大的差异性，因此，虽然在设计新款鸡尾酒时面对的材料都是有限的，即便酒的种类再繁多，载杯款式再不断翻新，装饰物再层出不穷，但其终究是有极限的，但是一旦将其通过人的设计，在调制过程中分类组合，设计出款款不同的鸡尾酒，便有无限种可能性。所以，应积极发挥设计者的主观能动性，展现个人风格，在遵循基本规则的基础上不断标新立异，才能创造出优秀的新品鸡尾酒。

4. 创造的联想

联想，是内在凝聚力的爆发和情感的释放，是激发感染力的动力。鸡尾酒所以能超出酒的自然属性，以其艺术魅力扩大了消费者的范围，很重要的原因是鸡尾酒凝聚了设计者的联想。由于一款鸡尾酒的设计要通过色彩、形体、嗅觉、口感为媒介来表现深藏在设计者内心中的各种情感，所以如果失去联想力，也就丧失了鸡尾酒的价值，又回复到它的原始属性。饮一杯彩虹鸡尾酒，便会联想到色彩绚丽的舞衣和舞台上旋转的舞步，也就达到了设计彩虹鸡尾酒的预期目的。如果在鸡尾酒的设计过程中排除了联想，就会失去美的诱惑力，所以在设计鸡尾酒时，一定要设法增强创造性的联想效果。一个美好的幻想、一个美丽的梦都可以成为一个新鸡尾酒的最佳创意。

三、设计寻求的侧面

基于上述鸡尾酒设计应当考虑的 4 个要素，在设计鸡尾酒时，就可以从多方位、多层次，从很多侧面，去体现创造的需要，反映创造的意念，渲染创造的个性，扩散创造的联想。

1. 时间侧面

时间伴着人生，丰富人生，充实季节，编织年轮。时间与生命紧紧地交织在一起，与人类生存息息相关。透过这个侧面，任何人都会有所思、有所想，也就为新款鸡尾酒的设计带来取之不尽的素材与灵感。

2. 空间侧面

空间给我们无限的遐想，结构和材料构成空间，色彩体现空间，人的心灵只有在空间中自由飞翔，才可能真正体会空间中的天、地、日、月、朝、暮、风、云、雨、露，从而设计出表现空间美的鸡尾酒。

3. 博物侧面

世界万物都有其美丽、神奇的方面，无论是日、月、水、土还是风、霜、雨、雪，无论是绿草还是鲜花，对万千事物的各种理解，都可以赋予鸡尾酒设计者以美丽、神奇的联想，从而创造出独具魅力的新款鸡尾酒。

4. 典故侧面

精彩的典故，仅凭片言只语，就能形象地点明历史事件，揭示出耐人寻味的人生哲理。巧妙运用典故，会形成鸡尾酒内涵丰富的意念，在外国也多运用这种手法。如“古巴自由军”这款鸡尾酒，就是源于古巴挣脱西班牙统治，争取独立时的口号——“自由古巴万岁”这样一个典故。据说当时美国有一艘名叫“缅因”号的战舰因故沉没，美军便趁此机会登陆古巴，于是美、古战争爆发了。在8月一个炎热的午后，一位美军少尉走进哈瓦那一家由美国人经营的酒店，向服务员点叫朗姆酒。此时，刚好有位同僚在喝可乐，于是少尉灵机一动，将可乐掺在朗姆酒中并举杯说：“自由古巴！”一款新型鸡尾酒就这样产生了。另外，在设计鸡尾酒时，设计者还可以从诸如人物、文字、历史、军事、伦理等一系列方面展开联想，创作新的鸡尾酒。

四、鸡尾酒的命名方法

认识鸡尾酒的途径因人而异，从其名称入手，可作为认识鸡尾酒的一条捷径。鸡尾酒的命名五花八门、千奇百怪，有植物名、动物名、人名，从形容词到动词、从视觉到味觉等等，而且，同一种鸡尾酒叫法可能不同；反之，名称相同，配方也可能不同。不管怎样，它的基本划分可分以下6种。

（一）以鸡尾酒的基本结构与调制原料命名

1. 金汤力（Gin Tonic）

即金酒加汤力水兑饮。19世纪晚期，英军在印度为预防热带地区的疟疾，在英式干金酒中加入味苦的药液奎宁混合饮用。如今酒吧所采用的奎宁水（即汤力水）中奎宁的含量已很少，而且作为一种碳酸饮料已无药效，只是作为金酒的调缓剂，使酒液显示出清爽的苦味。

2. B&B

B&B 是由白兰地和 16 世纪法国诺曼底地区班尼狄克汀修道院所生产的香草利口酒（Benedictine DOM）混合而成，其命名采用两种原料酒名称 Brandy 和 Benedictine DOM 的缩写而合成。

3. 香槟鸡尾酒（Champagne Cocktail）

该类鸡尾酒主要以香槟和葡萄汽酒为基酒，添加苦精、果汁、糖等调制而成，其命名较为直观地体现了酒品的风格。

4. 宾治（Punch）

宾治类鸡尾酒起源于印度，“Punch” 一词来自印度语中的 “Panji”，有 “五种原料混配调制而成” 之意。根据鸡尾酒的基本结构与调制原料来命名鸡尾酒，范围广泛，直观鲜明，能够增加饮用者对鸡尾酒风格的认识。除上述列举之外，诸如特基拉日出（Tequila Sunrise）、葡萄酒冷饮（Wine Cooler）、爱尔兰咖啡（Irish Coffee）等均采用这种命名方法。

（二）以时间、季节命名

用创作的时间或季节来命名鸡尾酒是一种常用的方法。如：九月的早晨（September Morning）、六月玫瑰菲兹（Rose in June Fizz）、七月四日（Fourth of July）。用此法来命名常表示某个时间场景的特点，作者通过丰富的生活经历和创作的灵感来抒发自己真实的情感。

（三）以地名命名

鸡尾酒是世界性的饮料，许多流行的鸡尾酒都以地名来命名。饮用各具地域和民族风情的鸡尾酒，犹如环游世界。

1. 马天尼（Martini）

命名由来是 1867 年美国旧金山一家酒吧的领班汤马士为一名酒醉将去马天尼滋（Martinez）的客人解醉而即兴调制的鸡尾酒，并以 “马天尼滋” 这一地名命名。

2. 曼哈顿（Manhattan）

据说，这一款经典的鸡尾酒是英国前首相丘吉尔的母亲杰妮创制，她在曼哈顿俱乐部为自己支持的总统候选人举办宴会，并用此酒招待来宾。该酒以黑麦威士忌、甜苦艾酒、苦精等调制而成并以地名 “曼哈顿” 命名。

以地名命名鸡尾酒典型的还有：环游世界（Around the World）、布朗克斯（Bronx）、横滨（Yokohama）、长岛冰茶（Long Is - and Iced Tea）、新加坡司令（Singapore Sling）、阿拉斯加（Alaska）、再见！东方之珠（Bye - bye My Love）等。

（四）以自然景观命名

以自然景观命名的鸡尾酒数量多，表现内容广，内涵丰富，名称优雅，富有吸引力。如蓝色夏威夷（Blue Hawaiian）、加勒比日落（Caribben Sunset）、热带黎明（Tropical Dawn）、牙买加之光（Jamaica Glow）等，这种鸡尾酒的名称常被冠上地名并加上当地的景观特点，容易联想，方便记忆。

（五）以人名命名

以人名命名鸡尾酒等混合饮料，是一种传统的命名法，它反映了一些经典鸡尾酒产生的渊源，使人产生一种归属感。

1. 基尔（Kir，又译为“吉尔”）

该酒是1945年法国勃根第地区第戎市（Dijon）市长诺－菲利克斯·基尔先生创制，是以勃根第阿利高（Aligote，白葡萄品种）白葡萄酒和黑醋粟利口酒调制而成。

2. 血玛丽（Bloody Mary）

血玛丽这一鸡尾酒产生的一个说法是该酒是对16世纪中叶英格兰都铎王朝为复兴天主教而迫害新教徒的玛丽女王的蔑称而作。虽然该酒诞生于20世纪20年代美国禁酒时期，但该酒双重含义相结合，使神与形都注入了层出不穷的内涵，耐人寻味。

3. 汤姆·柯林士（Tom Collins）

该酒是19世纪在伦敦担任调酒师的约翰·柯林士（John Collins）首创，最初使用的是荷兰金酒，并用自己的姓名命名该酒，称为“约翰·柯林士”（John Collins），后逐渐采用英国的老汤姆干皇酒加糖、柠檬汁、苏打水调制而成，所以称之为汤姆·柯林士（Tom Collins）。

（六）以颜色命名

这种命名方法占鸡尾酒的很大部分，它的基酒可以是伏特加、金酒、威士忌等，配以带色的溶液，就能像画家一样调出五颜六色的鸡尾酒。

1. 红色最常见的是艳红欲滴的石榴榨汁而成的石榴糖蜜、樱桃白兰地、草莓白兰地等，常用于红粉佳人（Pink Lady）等酒的调制。

2. 绿色用的是薄荷酒，薄荷酒分绿色、透明色和红色三种，尤以绿色和透明色使用居多，常用于调制蚱蜢（Grasshopper）等鸡尾酒。

3. 蓝色采用的是透明宝石蓝的蓝色柑橘酒，常用于调制蓝焰（Blue Blazer）等酒。

4. 黑色是用各种咖啡酒调制而成，其中最常用的是一种叫“甘露”（也称“卡鲁瓦”）的墨西哥咖啡酒。其色浓黑如墨，味道极甜，带浓厚的咖啡味，专用于调配黑色的鸡尾酒，如黑俄罗斯（Black Russian）等。

5. 褐色用的是可可酒，由可可豆及香草做成，由于欧美人对巧克力异常偏爱，所以配酒时常常大量使用，一般用透明色淡的或用褐色的，常用来调制天使之吻（Angle's Kiss）等鸡尾酒。

6. 金色用带茴香及香草味的加里安奴酒，或用蛋黄和橙汁等调配而成，常用于“金色的梦”（Gold Dream）等带金黄色鸡尾酒的调制。

带色的酒多半具有独特的风味。只知道调色而不知调味，可能调出一杯中看不中喝的手工艺品；反之，只重味道而不讲色泽，也可能成为一杯无人问津的杂色酒。此中分寸，需经耐心细致的摸索和实践来寻求，不可操之过急。

除上述六种常用方法以外，鸡尾酒还有很多命名方法，例如：威士忌酸（Winsky Sour）等鸡尾酒是根据主要口味来命名；马颈（Horses Neck）等鸡尾酒是根据装饰的特点来命名；品那可拉达（Pina Colada）等鸡尾酒是根据饮品的典故来命名；雾酒（Misa）等鸡尾酒是根据酒品的某些特征来命名。总之，鸡尾酒的命名方法并没有特别规定和约束，各种方法均可采用，但必须讲究思想内容和艺术品位。

五、鸡尾酒的创作步骤

（一）确定创作意图和内容

鸡尾酒的创作内容非常广泛，作者可以根据自己的兴趣爱好、生活经历、艺术特长、思维特点去确定。通过观察思考、触景生情、联想发挥等方法去寻找创作的灵感。可以选择几个创作内容，再进行筛选，最后确定。在实际调制过程中，还可根据具体情况作适当的调整。

（二）选择主题原材料

创造意图和内容明确后，关键是选择何种基酒和辅料来表现作品的内容。原则上，基酒必须为创意和内容服务；辅料要与基酒相辅相成，不能喧宾夺主；所有原材料的选择要考虑成本核算。

（三）确定酒品名称

可根据创造意图确定作品名称，然后选择主辅原料，亦可先根据创作内容和选定的主辅原料再确定作品的中英文名称。中文名称要简练含蓄，英文则需准确易懂。根据中文来确定英文名称时，最好用意译，以避免英文生硬别扭。如果先确定英文名称，则中文意思与英文要一致。

（四）选择载杯和装饰物

载杯的大小和形状必须为创意和内容服务，酒品的分量与载杯的容量要一致，装饰物与创意、内容要相符，酒品的口味与装饰物必须协调。总之，鸡尾酒是一种完整的艺术品，每一个细节都应给予认真的考虑。

（五）制定配方

每一款鸡尾酒都应有一个完整的配方，其中包括：酒品的中英文名称、原材料的中英文名称及分量、调制方法、载杯、装饰物等。如果是以比赛为目的，还要增加创意说明；以商业为目的，要写出成本核算分析；以教学和考试为目的，则需要写出比较全面的分析说明。

（六）实际调制

制定配方后必须进行调制试验，尤其酒品的口感和口味，需要通过品尝才能确定。同时，基酒与辅料在混合过程中，有时颜色会产生变化，达不到所预期的效果。因此，必须进行实际调制以检验真实效果。另外，装饰物也需要现场试制，才能看出实际效果。总之，在实际调制过程中容易发现作品的缺点和不足，并从中得到启发和思考，只有通过不断地修改和完善，才能使作品臻于完美。

● **小贴士**

鸡尾酒创新实例

2008年港中旅维景杯全国鸡尾酒大赛冠军作品

参赛品名：同舟共济

参赛选手：南航明珠大酒店　　颜旺彪

指导老师：广东省旅游职业技术学校　　徐明

基酒：1盎司剑南春　　辅料：适量冰块、雪梨汁、红糖水、雪碧

装饰物：柠檬片、船形碟　　载杯：特饮杯

方法：摇晃法及漂浮法

背景及喻意说明：

我国汶川大地震，造成了极大的人员伤亡，举国上下无比悲痛。

选用产于重灾区之一——绵竹的“剑南春”为主要基酒，用其代表灾区；雪梨汁，取“梨”的谐音“离”，意指无数家庭妻离子散，痛失亲人；最后倒入的红糖水，渐渐上浮，表示拨开乌云见天；挂在杯口的柠檬片象征冉冉升起的红日，意指全国人民万众一心，抗震救灾，灾后重建工作蒸蒸日上；船形装饰碟意指大灾有大爱，风雨同舟。

此款酒品既具剑南春的芳香浓郁，又有雪梨汁的甜洌净爽和雪碧的清凉口感，是夏天的理想饮品，属典型的中华鸡尾酒。

第六节　花式调酒技法

花式调酒是在传统鸡尾酒调制的基础上逐渐演变发展起来的一种调酒形式，它是调酒师为营造酒吧气氛，在调制鸡尾酒过程中，利用酒瓶、酒杯、摇酒壶等器具以及斟酒、摇酒的姿势，伴随着激情的音乐，做出一系列连贯并具有观赏性的表演动作。由于表演者动作快，花样多，变幻莫测，故被称为“花式调酒”。

花式调酒给酒文化注入了时尚元素，让酒吧的气氛骤然热烈起来。做一个调酒师首先需要激情，调酒界盛传的一句话如是说：好的调酒师既会调酒又会“调情”。一个合格的调酒师一定要记得所有的调酒配方；要在感官上取悦客人就要合理地搭配颜色；然后是性格，作为调酒师要性格开朗，善于沟通。

一、概述

花式调酒最早起源于美国的“Friday”（星期五餐厅），在20世纪80年代开始盛行欧美各国，后来广传世界各地，深受调酒师和年轻人的喜爱。早期的调酒不仅配方简单，而且调制方法和动作比较单一。随着世界各国酒吧业的发展以及调酒从业人员水平的提高，酒吧不仅成为饮酒和休闲的场所，而且融入了歌舞、演唱、奏乐等娱乐项目以及调酒师魔术般的调酒表演，这些娱乐和表演为繁荣酒吧、推动世界调酒业的发展起到了重要的作用。

目前，世界各国均有一大批调酒师，其中不乏花式调酒高手。他们不仅能熟练地表演一些常见的花式动作，而且能结合本地的人文特点及个人的创意，表演出许多高难度的花式动作，使花式调酒技术不断得到充实和完善，花式动作变幻无穷，观赏性更强。

和国外相比，我国的调酒师的培养相对滞后。尽管调酒师培养已经开始了十多年，但是在很长一段时间内，调酒专业都是与相应的酒店合作开办，有兴趣学习的青年人很多，但能坚持下来的人并不多，优秀的就更少，花式调酒人才培养尚处于起步阶段。随着全国大中城市酒吧的遍地开花，对调酒师的需求也日趋旺盛，不少年轻人都想方设法渴望学到这样的一技之长，于是各种形式的调酒培训班也相继诞生。近年花式调酒逐渐流行起来，尤其在北京、上海、广州等大城市，一些花式调酒师崭露头角，并在世界大赛上获得较好的名次。如代表亚洲最高水准的“2002芝华士飞来国际调酒师金杯赛”，我国选手王裴获得了第二名；由必富达洋酒商赞助和发起的“必富达金酒国际调酒师大赛”，曾于2000年和2001年连续两年在全国主要省份开展了调酒师选拔赛，推选出各省的第一、二名选手前往北京进行总决赛，并让最优秀选手参加在伦敦举行的世界调酒师大奖赛。连续两届的北京总决赛场面之壮观，调酒高手之多，可谓空前。这些比赛无疑加快了世界调酒文化的传播力度，对普及花式调酒艺术起到了积极的作用。

二、基本动作技法

花式调酒主要是手部的动作表演，辅以身体姿势的变换及脚步的移动。因此，根据抛瓶的位置和手部的动作可归纳为以下15种技法。

1. 上抛

上抛法就是上抛酒瓶，让其随重心滚动式翻转下落。操作时，右手指捏住瓶颈上端，向上后勾抛起，使瓶子向后翻转下落后，再用右手接住。这是花式调酒的一项基本动作，难度小，成功率高，容易学。

2. 侧抛

侧抛酒瓶，让其随重心滚动式翻转下落。操作者右手四个指头合拢并与大拇指分开，握住瓶颈中部，然后向左侧上方勾抛，使瓶子从右向左弧线形滚动下落后，用左手接住瓶颈。如用左手握瓶侧抛，则必须改右手接瓶。侧抛与上抛方法相似，只是瓶子移动的方向不同，但必须注意左手接瓶能力的训练。

3．背抛

背后抛瓶。右手捏住瓶颈，绕往背部向左侧上方斜抛，并迅速用左手接住瓶身，或使瓶子停立于手背之上。如果用左手持瓶，则改为右手接瓶。此法因操作者难以用眼睛观察，全凭手部控制抛动的力度，所以难度相对较大，成功率也相对低一些。

4．后勾

后勾抛瓶。右手捏住瓶颈上部，顺右臂腋下向后勾抛，瓶子绕过右侧肩部上方后，用右手迅速接住瓶颈或使瓶子停立于右手背上。此法应注意利用手腕的力气，上下臂不要过多地摆动，整体保持相对的稳定。

5．直立

酒瓶直立于手背之上。即将瓶子抛起，自由落下后瓶底朝下停立于手背之上。操作者可通过各种手法抛动瓶子，使其下落后停立于手背上。接瓶时，手臂和手要做出缓冲的动作，使瓶子轻巧地停立于手背上，以防碰伤手背。

6．倒立

酒瓶倒立于手背之上。即将瓶子抛起，自由落下后瓶口朝下，停立于手背上。操作者可通过各种手法抛动瓶子，使其下落后倒立于手背上。由于瓶口面积很小，停立难度很大，通常在瓶子瞬间停立后，可立即转变做其他动作。

7．胯下抛

胯下抛瓶。右手捏住瓶颈，右小腿弯曲并上抬，将瓶子绕右腿胯下向上方抛起，并迅速用左手接瓶。如用左手抛，则方向相反。胯下抛要注意不要斜抛，应尽量把瓶子往上直抛，以方便接瓶。

8．滚动

让瓶子在身体上滚动，即让瓶子在操作者的手臂、肩部、背部上自然滚动。操作时，右手四个手指合拢并与大拇指分开，握住瓶身中部，抬高并伸直手臂，利用手指提拉、卷动，使瓶子沿着右手背、右手臂、右肩等方向滚动至背部，最后左手绕至背部后面接住瓶子。此法的各个动作应一气呵成，自然流畅，如行云流水一般。

9．轮转

轮转酒瓶。操作者右手握瓶颈，四个指头合拢，并与大拇指分开，利用手指和手腕转动之力，将瓶子紧贴着手指自然翻转两圈后，右手再握住瓶身下部，然后依此法不停地翻转。

回转时，右手握住瓶颈，并以右手虎口为支点向靠身体内侧转动一圈后用右手握住瓶身。可正反来回轮转，反复不断操练，以提高手部的灵巧性。此法有如“车轮滚滚”，使人感到流畅自如。操作时要连续不断，速度略快，节奏感要强烈。

10．画圆圈

手持瓶画圆圈。左右手各持一个酒瓶，左手保持在胸部前面并握住瓶身中部，右手捏住瓶颈上端，并以左手为圆心，挥瓶画圆圈。每画一圈左手必须松开瓶子，让瓶子腾空后再迅速握瓶，与此同时，操作者双脚以弓步向右侧移动两步。操作时，动作要有力，步伐与手臂的动作要协调一致。

11．抛瓶入壶

抛瓶入壶，即让瓶子落入调酒壶内。操作者一手持摇酒壶，一手采用任何方法上抛瓶子，使瓶子翻转滚动，最后让瓶子底部朝下，准确落入摇酒壶内。此法要点在于持摇酒壶的手要主动提前去接住瓶子，瓶子下落的时间要把握准确，并做到手脚协调，动作优美。

12．抛壶盖瓶

盖瓶，即抛动摇酒壶，使之倒盖在瓶颈上。操作者一手持摇酒壶，一手握住瓶身中部，然后上抛摇酒壶，使壶体翻转滚动落下，并准确倒扣住瓶颈。

13．双指夹瓶

用食指和中指夹住瓶颈上端，掌心向上，然后利用两个手指扭转的力气，把瓶子向外侧上方转动绕一圈后，变成中指和无名指夹住瓶颈，并且掌心呈向下的姿势。然后再将瓶子向身体内侧方向勾起，180°转动后，使食指和中指夹住瓶颈上端，掌心向上。按此法往返操作，使人感到瓶子好像粘在指头上似的。

14．击旋酒瓶

左手握住瓶身中部，右手击打瓶身下部，使瓶子翻转一圈后，用右手握住瓶颈中部。

15．双手轮转抛瓶

右手握住瓶颈，侧抛180°后，用左手轻按瓶身底部，使瓶子翻转一圈后，再用左手握住瓶颈。

三、如何学习花式调酒

学习花式调酒技术是一项艰苦的工作，学习者必须打好扎实的基础，掌握动作的操作方法，刻苦训练，持之以恒，才能获得良好的学习效果。具体学习方法应注意以下四点。

1．练好基本功

花式调酒技术重点在双手的动作和双脚的步伐。因此，要练好双手和双脚的基本功夫。学习时要遵循由易到难、由慢到快的原则，先领会动作操作方法，然后分解动作步骤，再连贯操作，并不断重复操练，以达到熟练灵巧，准确无误。

2．动作连贯流畅

花式调酒技术的难点在于动作的连贯流畅。要达到动作连贯流畅，就必须分解练好各单项手法，并科学合理地串连各个动作，使之成为一种有层次、有节奏、有内涵的表演艺术。要避免动作之间衔接时出现停顿、犹豫、掉瓶等不协调的现象。

3. 调酒与花式动作相辅相成

花式动作表演与实际调酒操作不能机械地分开，应边调酒边做动作，使花式动作表演融入实际调酒过程之中，并且在操作过程中要以调酒表演为主，花式动作为辅，不宜“喧宾夺主”。花式动作与实际调酒两者必须相辅相成，最终成为一个完整的调酒艺术过程。

4. 背景音乐与动作表演协调一致

花式调酒表演必须有音乐伴奏，因为音乐不仅可以渲染气氛，还能激发调酒师的表演激情。伴奏乐曲的节奏要明快，旋律与动作要协调，乐曲风格与调酒表演内容要一致，并且音乐必须有前奏过渡，有主题展开，有高潮起伏，有收尾结束，要与调酒动作表演形成一个完美的艺术整体。

本章小结

对于我国人民来说鸡尾酒既熟悉又陌生，听说过而没见过的大有人在。本章详细介绍了鸡尾酒的背景、调酒师职业特点以及专业性比较强的鸡尾酒的调制，文字通俗易懂，给学习鸡尾酒的相关知识带来了很多趣味性。读者通过阅读本章内容，不仅可以增加对鸡尾酒的认识，也增加了在社交场合中品尝鸡尾酒的乐趣，同时还可以自己动手按照配方调制鸡尾酒，享受调酒的快乐。尤其是对于有志从事调酒师这个行业的读者，不仅能学习到鸡尾酒调制的各方面内容，还可以根据调酒师的职业素质要求不断努力去完善自己，从而拥有一份自己喜爱的职业。

● 思考与练习

1. 口头讲述两个关于鸡尾酒由来的故事。

2. 鸡尾酒的基本结构包括哪些？请分别举实例说明。

3. 运用所学知识，并结合自己的认识，讲述调酒师岗位的素质要求有哪些。

4. 选一款鸡尾酒进行调制，在调制过程中说出鸡尾酒调制的基本原理、一般步骤及其规范要求。

5. 鸡尾酒调制的方法一般有哪几种？请说出各种调制方法需要用到的设备、载杯和用具。

6. 对市场上的酒水进行了解，自行设计一款鸡尾酒进行调制，为其命名，并说明其中寓意。

第八章
酒吧知识

导语 ★★★★★

1. 酒吧的发展历史。
2. 酒吧的设计。
3. 酒吧的组织结构及岗位职责。
4. 酒吧的分类及其特点。
5. 酒吧的常用设备。
6. 酒吧的服务程序及技巧。
7. 酒吧的人员配备及工作安排。
8. 酒吧的质量管理和成本控制。

酒吧（Bar/Bar Room/Barroom）是指提供各种酒水服务的营业场所。它包括：经营酒水的场所；酒吧中的吧台；提供酒水服务的设施。

第一节　酒吧概述

一、酒吧的起源与发展

（一）酒吧的由来

酒吧是酒馆的代名词，英文名叫“Bar”，最早起源于美国西部大开发时期。最初，在美国西部，牛仔和强盗们很喜欢聚在小酒馆里喝酒，由于他们都是骑马而来，所以酒馆老板就在馆子门前设了一根横木，用来拴马。后来，汽车取代了马车，骑马的人逐渐减少，这些横木也多被拆除。有一位酒馆老板不愿意扔掉这根已成为酒馆象征的横木，便把它拆下来放在柜台下面，没想到却成了顾客们垫脚的好工具，受到了顾客的喜爱。其他酒馆听说此事后也纷纷效仿。后来，柜台下放横木的做法便普及起来。由于横木在英语里念“bar”，所以人们后来就把酒馆称为“Bar”，中文的“酒吧”源自“Bar”的英译，就跟把糕饼“Pie”译成“派”一样。

（二）酒吧在我国的发展

酒吧最初源于欧洲大陆，但 Bar 一词也还是到 16 世纪才有“卖饮料的柜台”这个义项，后又经美洲进一步地变异、拓展，才于大约 10 年前进入我国，“泡吧”一词更是近年的事。酒吧进入我国后，得到了迅猛的发展，尤其在北京、上海、广州等地，更是得到了极大的繁荣，各地酒吧也各有特色：北京的酒吧粗犷开阔，上海的酒吧细腻伤感，广州的酒吧热闹繁杂，深圳的酒吧最不乏激情。现代都市的夜空已离不开酒吧，都市人更离不开酒吧，人们需要在这里把繁忙遗忘，需要在这里沉醉。北京是全国城市中酒吧最多的一个地方，总共有 400 家左右，酒吧的经营方式更是形形色色，生意也有好有坏。上海的酒吧已出现基本稳定的三分格局：校园酒吧、音乐酒吧和商业酒吧。三类酒吧各有自己的鲜明特色，各有自己的特殊情调，也各有自己的基本常客。

酒吧当年在我国的确是以一种很“文化”、很反叛的姿态出现的，是城市对深夜不归的一种默许，虽然它悄无声息但却越来越多地出现在中国大都市的每一个角落，成为年轻人的天下，亚文化的发生地。以新新人类自居的酷男辣妹，对于“泡吧”更是情有独钟，因为在酒吧里可以欣赏歌舞、听音乐、扎堆聊天、喝酒品茶甚至蹦迪，无所不包，既能玩到尽兴，又显出时尚派头，自然成了流行的消闲娱乐方式。

酒吧文化在中国兴起不过十几年的历史，但是发展迅速，可以称得上是适时而生。多年前在茶馆和酒楼听传统戏曲是当时大众最为重要的文化生活，随着时代的变迁，大众对音乐取向的变换和选择也是必然。由于1980年代外资与合资酒店在内地大规模的发展，相当一部分富有开拓精神的人对酒店内的酒吧发生了兴趣，同时追求发展和变化的心态促使一部分原来开餐厅和酒馆的人做起了酒吧生意，将酒吧这一形式从酒店复制到城市的繁华街区和外国人聚集的使馆、文化商业区。

随着改革开放在中国的进一步深化，酒吧产业在中国得到迅猛发展。目前，国内几乎所有星级宾馆和酒店都设有酒吧，很多大中城市都相继开辟了酒吧一条街，大多数高级写字楼、大型商场等都专为酒吧开辟了场地，并且国内许多大中城市都设有酒吧休闲服务场所。

据国家有关统计数据表明，中国的咖啡馆和酒吧数量每年以20%左右的速度在增长。目前，酒吧业全年的消费额为231.5亿元，占全国餐饮服务业消费额5000亿元的4.63%，发展速度比同业高出3.63个百分点。按这个速度，在未来的5年内，中国的酒吧服务业市场份额将达到500亿元，酒吧产业市场将呈现出巨大的发展潜力。

二、酒吧的分类及特点

最早的酒吧数量少而且设备简陋，随着时间的推移和社会需求的发展，酒吧数量日渐增多，服务功能和设备不断增加，各种类型和名称的酒吧也应运而生，尤其是世界上一些发达的国家，酒吧数量不计其数，种类纷繁复杂。酒吧分类是以其经营项目、服务功能、营业形式、环境设施等条件来划分。以下仅列出9种类型的酒吧。

（一）主酒吧

主酒吧也称“鸡尾酒吧”和“英式酒吧”，在国外称作“English Pub”或“Cash Bar”。主酒吧的装修一般都非常注意个性的表现，为突出酒吧的主题，常常会装饰一些特有的设施设备，如台球、沙壶球、飞镖等。在主酒吧还设有吧凳，通常吧凳紧挨着吧台摆放，这样，可以给客人与调酒师面对面交流的机会，使客人得到充分的放松，调酒师富有艺术性的表演也可尽收眼底。在此类酒吧中，经营的品种齐全，有葡萄酒、开胃酒、烈性酒、餐后甜酒、啤酒、软饮料、茶、果汁和鸡尾酒等。在此类酒吧工作的调酒师一般要求必须具备较全面的业务知识及服务技巧、推销技巧。

（二）立式酒吧

是最为常见的吧台酒吧，也是最典型、最有代表性的酒吧设施。“立式”并非指宾客必须站立饮酒，也不是因服务员或调酒员皆站立服务而得名，它实际上只是一种传统的习惯称呼而已。在这种酒吧里，宾客或是坐在高凳上靠着吧台，或在酒吧间的桌椅和沙发上享受饮料服务，调酒员则是站在吧台里边，面对宾客进行操作。立式酒吧的服务员，在一般情况下是单独工作，因此，他不仅要负责酒类和饮料的调制、服务及收款等工作，而且还必须掌握整个酒吧的营业情况。

（三）服务酒吧

常见于酒店餐厅及较大型的社会餐馆中。我国诸多酒店餐厅中的酒柜实际上也是服务酒吧，因为宾客不直接在吧台上享用饮料，虽然他们有时从那里购买饮料，但通常是通过餐厅服务员开票并提供饮料服务。在大多数酒店中，服务酒吧的服务员不负责酒类饮料的收款工作，这项工作通常都由餐厅收款员进行。

（四）鸡尾酒廊

较大型的酒店中都有鸡尾酒廊这一设施。鸡尾酒廊通常设于酒店门厅附近，或是门厅的延伸或利用门厅周围空间，一般设有墙壁将其与门厅隔断。鸡尾酒廊一般比立式酒吧宽敞，常有钢琴、竖琴或者小乐队为宾客演奏，有的还有小舞池，以供宾客随兴起舞。鸡尾酒廊还设有高级的桌椅和沙发，环境较立式酒吧优雅舒适，气氛较立式酒吧安静，节奏也较缓慢，宾客一般都逗留较长时间。鸡尾酒廊的营业过程与服务酒吧大致相同，即由酒廊招待员为宾客开票送酒，如果酒廊规模不大，则由招待员自行负责收款。但在较大的鸡尾酒廊中，一般多设有专门收款员，并有专门收拾酒杯、桌椅并负责原料补充的服务人员。

（五）宴会酒吧

宴会酒吧是酒店和餐馆为宴会业务专门设立的酒吧设施，其吧台可以是活动结构，能够随时拆卸移动，也能永久地固定安装在宴会场所。这种酒吧一般为宴会、冷餐会、酒会等提供饮料服务，客人多采用站立式，不提供座位，其服务方式既可以是统一付款，随意饮用饮料，也可以是客人为自己所喝的每种饮料付款。宴会酒吧的业务特点是营业时间较短，客人集中，营业量大，服务速度相对要求快，它通常要求酒吧服务人员每小时能够服务100人左右，因而宴会酒吧的服务人员必须头脑清晰，工作有条理，具有应付大批客人的能力。除此之处，宴会酒吧还要求服务人员事前做好充分的准备工作，各种酒类、原料、配料、酒杯、冰块、工具等必须有充足的储备，不至于营业中途缺这少那而影响服务。

（六）演艺酒吧

演艺酒吧，顾名思义是以娱乐表演为主要元素的酒吧。这类酒吧往往根据地域的不同以及当地文化的不同再结合客人的口味来制作节目，赢得客人的喜欢，同时在酒吧中体现了时尚，引导时尚的概念，因此深得少男少女的喜爱。

（七）俱乐部、沙龙型酒吧

这类酒吧是由具有相同兴趣爱好、职业背景以及社会背景的人群组成的松散型社会团体。一般是某一特定群体的人在某一特定酒吧定期聚会，谈论共同感兴趣的话题，交换意见及看法，同时有饮品供应，比如在城市中可看到的“企业家俱乐部”、“股票沙龙”、“艺术家俱乐部”、“单身俱乐部”等等。

（八）池畔酒吧

池畔酒吧一般设在酒店内的游泳池旁，有的还特意设立在游泳池的中间，为客人提供运动前后的饮品，一般以软饮料为主，亦提供低酒精度的饮品，如啤酒和鸡尾酒。

（九）啤酒屋

在英国，啤酒屋一般只供应啤酒，不得出售烈性酒，并提供部分烧烤食品。与啤酒屋有所不同的是“啤酒店”（Beer Hall），啤酒店除了供应啤酒外，还附设小型舞池，提供音乐表演节目。

第二节 酒吧的设计和设备

一、酒吧的设计

目前，在酒店内的酒吧，从风格上可分为美式酒吧和英式酒吧两大类。

（一）美式酒吧

一般来说，美国人生性豪爽，喜欢聚会和开怀畅饮，在吧台设计上都为直线形，吧台前配以高椅，让宾客肩并肩地坐着，毫无拘束地开怀畅饮。

这种形式的酒吧，最大的优点是服务员在任何地方都能面对宾客，有利于服务宾客。吧台设备要求集中和尽可能自动化，四周环境要求色彩浓烈，有热烈的气氛。

（二）英式酒吧

英式酒吧在吧台设计上多为椭圆形或马蹄形，吧台前配以直身高椅，一排排酒水杯倒吊在吧台上方，显得典雅和谐，四周环境要求体现出欧陆色彩和气派。

这种形式的酒吧环境优雅，很适合喜欢清净高雅以及独处的宾客，但当宾客较多时，很难从四面八方都能服务到，因此容易使某些宾客受到冷落。

（三）吧台的设计

无论采取哪种形式的酒吧，都要求吧台的装饰显出华贵。通常吧台的高度为120厘米左右，最高不超过125厘米；吧凳高度为80~90厘米，并且可调节高度；吧台的宽度为60~70厘米，厚度为4~5厘米，吧台与它身后酒柜的距离约为100厘米。吧台外面用高级的皮塑材料装饰包装，外侧距地面19厘米处安置不锈钢管制的踏脚杆。吧台内侧操作台最好用不锈钢制成，以便于清洗，高度为90厘米，宽为70厘米左右。操作台上的设备应有三种洗涤槽（冲洗槽、刷洗槽、消毒槽）、自动洗杯机、水池、储冰槽、酒瓶架等。

二、酒吧常用设备

（一）制冷设备

1. 冰箱（雪柜、冰柜）

是酒吧中用于冷冻酒水饮料，保存适量酒品和其他调酒用品的设备，大小型号可根据酒吧的规模、环境等条件选用。柜内温度要求保持在4~8℃。内部分层、分隔以便存放不同种类的酒品和调酒用品。通常白葡萄酒、香槟、玫瑰红葡萄酒、啤酒需放入柜中冷藏。

2. 立式冷柜（wine cooler）

专门存放香槟和白葡萄酒用。其材料全部是木制的，里面分成横竖成行的格子，香槟及白葡萄酒横插入格子内存放，温度保持在4~8℃。

3. 制冰机（Ice Cube Machine）

酒吧中制作冰块的机器，可自行选用不同的型号。冰块形状也可分为四方体、圆体、扁圆体和长方条等多种。四方体形的冰块使用起来较好，不易融化。

4. 碎冰机（Crushed Ice Machine）

碎冰机也是一种制冰机，但制出来的冰为碎粒状。

5. 生啤机（Draught Machine）

生啤酒为桶装，一般客人喜欢喝冰啤酒，生啤机专为此设计。生啤机分为两部分：气瓶和制冷设备。气瓶装二氧化碳用，输出管连接到生啤酒桶，有开关控制输出气压。工作时输出气压保持在25个大气压（有气压表显示）。气压低表明气体已用完，需另换新气瓶。制冷设备是急冷型的。整桶的生啤酒无需冷藏，连接制冷设备后，输出来的便是冷冻的生啤酒，泡沫厚度可由开关控制。生啤机不用时，必须断开电源并取出插入生啤酒桶口的管子。生啤机需每15天由专业人员清洗一次。

（二）清洗设备

洗杯机（Washing Machine）。洗杯机中有自动喷射装置和高温蒸汽管。较大的洗杯机可放入整盘的杯子进行清洗。一般将酒杯放入杯筛中再放进洗杯机里，调好程序按下电钮即可清洗。有些较先进的洗杯机还有自动输入清洁剂和催干剂的装置。洗杯机有许多种，型号各异，可根据需要进行选用，如一种较小型的旋转式洗杯机，每次只能洗一个杯，一般装在吧台的边上。

在许多酒吧中因资金和地方限制，还得用手工清洗。手工清洗需要有清洗槽盘。

（三）其他常用设备

1. 电动搅拌机（Blender）

调制鸡尾酒时用于较大分量原料的搅拌或搅碎某些食品。

2. 果汁机（Juice Machine）

果汁机有多种型号，主要作用有两个：一是冷冻果汁；二是自动稀释果汁（浓缩果汁放入后可自动与水混合）。

3. 榨汁机（Juice Squeezer）

用于榨鲜橙汁或柠檬汁。

4. 奶昔搅拌机（Blender Milk Shaker）

用于搅拌奶昔（一种用鲜牛奶加冰淇淋搅拌而成的饮料）。

5. 咖啡机（Coffee Machine）

煮咖啡用，有许多型号。

6. 咖啡保温炉（Coffee Warmer）

将煮好的咖啡装入大容器放在炉上保持温度。

7. 电源设施

8. 收款机

9. 其他

有舞池、演出台、视听设备、台球设施、游戏机、简便的烹调设备、酒水服务车、酒水展示架等。

第三节　酒吧组织结构及各岗位职责

由于各酒店和宾馆中的餐饮规模和星级不同，酒吧的组织结构可根据实际需要而制定或改变。有些四星级或五星级大酒店会设立酒水部，管辖范围包括舞厅、咖啡厅和大堂酒吧等。在国外或香港，酒吧经理通常也兼管咖啡厅。

一、酒吧的人员构成

酒吧的人员构成通常由酒店中酒吧的数量决定。在一般情况下，每个服务酒吧配备调酒师及实习生4~5人，主酒吧配备领班、调酒师、实习生5~6人。酒廊可根据座位数来配备人员，通常10~15个座位配1人。以上配备为两班制需要人数，一班制时人数可减少。例如，某酒店共有各类酒吧5个，其人员配备如下：酒吧经理1人，酒吧副经理1人，酒吧领班2~3人，调酒师15~16人，实习生4人。人员配备可根据营业情况不同而作相应的调整。

二、酒吧各岗位职责

（一）酒吧经理的职责范围

1. 保证各酒吧处于良好的工作状态和营业状态。

2. 正常供应各类酒水，制定销售计划。

3. 编排员工工作时间表，合理安排员工休假。

4. 根据需要调动和安排员工工作。

5. 督促下属员工努力工作，鼓励员工积极学习业务知识，积极上进。

6. 制定培训计划，安排培训内容，培训员工。

7. 根据员工工作表现做好评估工作，提升优秀员工，并且执行各项规章和纪律。

8. 检查各酒吧每日工作情况。

9. 控制酒水成本，防止浪费，减少损耗，严防失窃。

10. 处理客人投诉或其他部门的投诉，调解员工纠纷。

11. 按需要预备各种宴会酒水。

12. 制定酒吧各类用具清单，定期检查补充。

13. 检查食品仓库酒水存货情况，填写酒水采购申请表。

14. 熟悉各类酒水的服务程序和酒水价格。

15. 制定各项鸡尾酒的配方及各类酒水的销售标准。

16. 定出各类酒吧的酒杯及玻璃器皿清单，定期检查补充。

17. 负责解决员工的各种实际问题，例如制服、调班、加班就餐、业余活动等。

18. 沟通上下级之间的联系，向下传达上级的决策，向上反映员工情况。

19. 完成每月工作报告，向餐饮部经理汇报工作情况。

20. 监督完成每月酒水盘点工作。

21. 审核、签批酒水领货单、百货领货单、棉织品领货单、工程维修单、酒吧调拨单。

（二）酒吧副经理的职责范围

1. 保证酒吧处于良好的工作状态。

2. 协助酒吧经理制定销售计划。

3. 编排员工工作时间，合理安排员工假期。

4. 根据需要调动、安排员工工作。

5. 负责各种酒水销售服务，熟悉各类服务程序和酒水价格。

6. 协助经理制定培训计划，培训员工。

7. 协助并制定鸡尾酒以及各类酒水的销售分量标准。

8. 控制酒水成本，防止浪费，减少损耗，严防失窃。

9. 检查酒吧日常工作情况。

10. 根据员工表现做好评估工作，执行各项纪律。

11. 处理客人投诉和其他部门投诉，调解员工纠纷。

12. 负责各种宴会的酒水预备工作。

13. 协助酒吧经理制定各类用具清单，并定期检查补充。

14. 检查食品仓库的酒水存货情况。

15. 检查员工考勤，安排人手的调配。

16. 负责解决员工的各种实际问题，例如制服、调班、加班、业余活动等。

17. 监督酒吧员工完成每月盘点工作。

18. 协助酒吧经理完成每月工作报告。

19. 加强上下级之间的联系。

20. 酒吧经理缺席时代理酒吧经理行使其各项职责。

（三）酒吧领班的职责范围

1. 保证酒吧处于良好的工作状态。

2. 正常供应各类酒水，做好销售记录。

3. 督导下属员工努力工作。

4. 负责各种酒水服务，熟悉各类酒水的服务程序和酒水价格。

5. 根据配方鉴定混合饮料的味道，熟悉其分量，并能够指导下属员工完成工作。

6. 协助经理制定鸡尾酒的配方以及各类酒水的分量标准。

7. 根据销售需要使酒吧的酒水存货数量维持在一定标准。

8. 负责各类宴会的酒水预备和各项准备工作。

9. 管理及检查酒水销售时的开单和结账工作。

10. 控制酒水损耗，减少浪费，防止失窃。

11. 根据客人需要重新配制酒水。

12. 指导下属员工做好各种准备工作。

13. 检查每日工作情况，如酒水存量、员工意外事故、新员工报到等。

14. 检查员工报到情况，安排人手的调配，防止岗位缺人。

15. 分派下属员工工作。

16. 检查食品仓库的酒水存货状况。

17. 向上司提供合理化建议。

18. 处理客人投诉，调解员工纠纷。

19. 培训下属员工，根据员工表现作出鉴定。

20. 自己处理不了的事情及时转报上级。

（四）酒吧调酒师的职责范围

1. 根据销售状况每日从食品仓库领取所需酒水。

2. 按每日营业需要从仓库领取酒杯、银器、棉织品、水果等物品。

3. 清洗酒杯及各种用具，擦亮酒杯，清理冰箱。

4. 清洁酒吧各种家具，拖抹地板。

5. 将清洗盘内的冰块加满以备营业需要。

6. 摆好各类酒水及所需用的饮品以便工作。

7. 准备各种装饰水果，如柠檬片、橙角等。

8. 将空瓶和空罐送回管事部清洗。

9. 补充各种酒水。

10. 营业过程中为客人更换烟灰缸。

11. 从清洗间将干净的酒杯取回酒吧。

12. 将啤酒、白葡萄酒、香槟和果汁放入冰箱保存。

13. 在营业过程中保持酒吧的干净和整洁。

14. 把垃圾送到垃圾房。

15. 补充鲜榨果汁和浓缩果汁。

16. 准备白糖水以便调酒时使用。

17. 在宴会前摆好各类酒杯。

18. 供应各类酒水，调制鸡尾酒。

19. 使各项出品达到酒店的要求和标准。

20. 每日盘点酒水。

（五）酒吧实习生的职责范围

1. 每天按照提货单到食品仓库提货，取冰块，更换棉织品，补充各种器具。

2. 清理酒吧的设施，如冰柜、制冰机、工作台、清洗盘、冰车和酒吧的工具（搅拌机、量杯等）。

3. 经常清洁酒吧内的地板及所有用具。

4. 做好营业前的准备工作，如兑橙汁，将冰块装到冰盒里，切好柠檬片和橙角等。

5. 协助调酒师放好陈列的酒水。

6. 根据酒吧领班和调酒师的指导补充酒水。

7. 用干净的烟灰缸换下用过的烟灰缸并将用过的清洗干净。

8. 补充酒杯，工作空闲时用干布擦干擦亮酒杯。

9. 补充应冷冻的酒水到冰柜中，如啤酒、白葡萄酒、香槟及其他软饮料。

10. 保持酒吧的整洁和干净。

11. 清理垃圾并将客人用过的杯、碟等送到清洗间。

12. 帮助调酒师清点存货。

13. 帮助调酒师在楼面摆设酒吧。

14. 熟悉各类酒水、各种杯子的特点及酒水价格。

15. 酒水入仓时，用干布或湿布抹干净所有的瓶子。

16. 摆好货架上的瓶装酒，并分类存放整齐。

17. 在酒吧领班或调酒师的指导下制作一些简单的饮品或鸡尾酒。

18. 整理并放好酒吧的各种表格。

19. 在营业繁忙时，帮助酒吧调酒师招呼客人。

（六）酒吧服务员的职责范围

1. 在酒吧范围内招呼客人。

2. 根据客人的要求填写酒水供应单，到酒吧领取酒水，并负责取单据给客人结账。

3. 按客人的要求供应酒水，提供令客人满意的服务。

4. 保持酒吧的整齐和清洁，包括开始营业前及客人离去后摆好台椅等。

5. 做好营业前的一切准备工作，准备咖啡杯、碟、点心（西点）、茶壶和杯等。

6. 协助放好陈列的酒水。

7. 补足酒杯，空闲时擦干擦亮酒杯。

8. 用干净的烟灰缸换下用过的烟灰缸。

9. 清理垃圾及客人用过的杯、碟等并送到清洗间。

10. 熟悉各类酒水、各种杯子的类型及酒水的价格。

11. 熟悉服务程序和要求。

12. 能用正确的英语与客人应答。

13. 营业繁忙时，协助调酒师制作各种饮品或鸡尾酒。

14. 协助调酒师清点存货，做好销售记录。

15. 协助填写酒吧用的各种表格。

16. 帮助调酒师和实习生补充酒水或搬运物品。

17. 清洁酒吧内的设施，如台、椅、咖啡机、冰车和酒吧工具等。

以上是各职务的基本工作范围，根据各酒店的实际环境不同可按需要作补充。调酒师、酒吧服务员和实习生的直属上级是酒吧领班。

第四节 酒吧服务知识

酒吧服务是指调酒师和服务员在酒吧从事的各项服务工作。酒吧服务包括服务程序和服务技巧。服务程序是酒吧服务中一套标准的工作程序；服务技巧则是一些长期积累的经验，是酒吧服务的诀窍。

一、酒吧的服务程序

（一）班前准备工作程序

1. 整理酒吧卫生

每天正式营业前按卫生标准整理。整理时应按下列步骤操作。

（1）清——清理吧台内外杂物和废弃包装物，并将清理出的垃圾倒入垃圾箱。

（2）擦——用干湿布擦拭吧台、吧柜及酒水间桌椅。按从上到下、从左到右、从里到外顺序擦拭。

（3）整——整理吧柜、陈列架上的酒水，按规定位置摆好，商标朝外；倒放、竖放的酒瓶要整齐；整理酒台上的酒具，擦拭干净；整理调酒用具，摆放整齐。

（4）观——观察整理效果。确保符合卫生标准，不留卫生死角。

2. 检查营业准备

主管或领班查看酒水柜台的各种饮料、进口酒、国产酒是否备齐，各种调酒器具准备情况，吧台布置、环境卫生、酒吧设备是否达标和齐全完好，并签单补充当日需要的酒水。

3. 查看营业报表

主要是看前一天的营业报表，检查当天销售情况。

4. 做好餐厨联系

与中餐厅、西餐厅、宴会厅联系，掌握当日各餐厅主要活动对酒水的需要量和要求，并与厨房联系，做好酒水和小吃的准备。

5. 召开班前会

传达餐饮部经理有关指令，布置当天工作，检查员工仪容仪表与个人卫生，记录员工出勤，提醒注意事项，准备迎接客人。

（二）酒水补充领用程序

1. 每日班前由调酒员根据酒水销售情况开领料单，清点领用品种名称、数量及交酒吧经理审批签字。

2. 酒吧经理签字后请餐饮部经理签字，然后到酒水库房领取。

3. 领用的酒水由当班经理和调酒员复核检查并确认签字后，按固定酒吧冰柜或储酒架固定位置存放。

4. 调酒所需要的配料由调酒员开单到厨房或餐饮部领取，以保证营业需要。

（三）酒吧服务程序

开始正式营业时按下列程序操作。

1. 客人到来

（1）领位员主动问好，引导客人进入酒吧。

（2）拉椅让座，递送酒单，请客人点酒。

（3）喜欢坐吧台高凳的客人可直接引到吧台就座。

2. 点酒服务

（1）客人点酒时，主动介绍酒水的特点和口味。

（2）开好点酒单后，询问客人是否用小吃，如果客人点了小吃，要将所点酒水和小吃再复述一遍。

（3）坐吧台高凳上的客人点酒，也要开点酒单，做好记录。

3. 调酒服务

（1）按客人所点鸡尾酒或混合酒，确定酒水名称和配方。

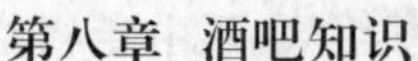

（2）拿出酒杯，按配方要求配酒，量度准确，步骤合理。

（3）调酒时面向客人，酒瓶上的商标要让吧凳上的客人能看见。

（4）鸡尾酒需要的配料或装饰要配齐。冰块用量要适当。

4. 开瓶服务

（1）按客人所点酒水取来酒瓶，将酒瓶放在左手口布中间。

（2）将口布拉起，商标露在外面，请客人确认。

（3）先倒入1/5杯，请客人品评。

（4）客人认可后，按先宾后主、女士优先的原则倒酒，请客人饮用。

（5）每倒一杯酒，将瓶子转动一下，用口布擦瓶口。

5. 递酒服务

（1）调好的鸡尾酒或混合饮料用托盘送至客人桌上。

（2）从宾客右侧上酒，拿住杯子下部，轻拿轻放，不可用手触握杯口和瓶口。

（3）递酒时将客人点的小吃一起送上。

6. 添加巡视

（1）客人酒水剩下少量时询问客人是否添加酒水，并按客人意愿添加。

（2）随时撤掉客人用过的盘子和空瓶。

（3）注意巡视酒吧，随时应客人要求提供服务。

7. 酒水结账

（1）客人要求结账时，从收款台取来账单。

（2）将账单反面朝上放在客人右手桌上，小声告诉客人。

（3）如果客人付现金，当面点清；客人挂账，请客人签字。

（4）客人用信用卡结账，先检查刷卡，再开单请其签字。

（5）恭送客人离去，并表示感谢。

8. 结束工作

（1）当天营业结束，整理好酒吧，将剩余酒水放回原处。

（2）检查酒水和食品销售情况，并作酒吧营业总结报告。

（四）酒吧服务注意事项

1. 积极推销。服务员要始终坚持微笑，要主动介绍酒水的特点和口味，根据客人爱好提出建议。

2. 上酒水、上饮料和小吃时一律使用托盘，不得直接用手拿取。

3. 开瓶前要先切掉金属薄片，用布巾按软口塞及瓶口。开红葡萄酒时，切忌用力晃动防止沉淀物上浮；开有汽的酒水时必须轻拿轻放，切忌瓶口对着客人。

4. 为单个客人服务，可适当陪客人说几句话，使其开心；为成双成对的客人服务时不要乱插话，也不要侧耳细听。

5．服务酒水时必须掌握好温度。红酒以15～17℃为宜，白酒以10～12℃为宜，啤酒和香槟酒以6～8℃为宜。

6．需要加冰块的酒水，必须按定量加冰，客人若要添加冰块，可随时添加。

7．酒吧客人消遣时间较长，客人饮酒消遣慢，不应有催促客人的举动。

8．若有客人醉酒，不能有轻慢态度，更不可取笑。醉酒客人暂时离开，要使桌面食物保持原样。

二、酒吧的服务技巧

服务技巧是整个酒水服务过程中最引人注目的地方，许多操作需要面对着客人，因此必须动作准确、优雅。酒水服务通常包括以下八种基本技巧。

（一）示瓶

如果客人点整瓶酒，则在开启之前应让客人先过目，以示对客人的尊重，同时证明酒品质量可靠无差错。示瓶的方法是：服务员站在点酒人的右侧，左手托住瓶底，右手握瓶颈，酒标朝向客人并做示瓶动作，以便客人查看鉴定。

（二）冰镇

瓶装酒大都采用冰镇的处理方法。如果用冰桶装酒，需用托盘托住冰桶，以防凝结水滴玷污台布。桶中放入新鲜冰块，酒瓶插入冰块中，酒标向上，再用一块白色餐巾搭在瓶身上，连冰桶一起送至客人餐桌上。

（三）溜杯

溜杯是冰镇酒杯的一种方法，当场操作时具有表演性。溜杯时服务员手持杯脚，杯中放一块冰块，然后顺时针方向摇转酒杯，使冰块产生离心力在杯壁上溜滑，从而降低杯子的温度。某些酒品的载杯，溜杯要求很严格，要直至杯壁上凝结一层薄霜为止。此外，还可以采用冰箱冷藏杯具的处理方法。

（四）温烫

温烫一般有三种方法：一是水烫法，即将酒水先倒入烫酒器，然后将烫酒器置于热水中升温；二是火烤法，即将酒液装入耐热器皿中，置于火上升温；三是燃烧法，即将酒液斟入杯中，点燃酒液以升温（或点燃一小勺酒液，然后将这勺燃烧的酒液倒入盛酒的杯具中，以引燃整杯酒液达到升温的目的）。其中，水烫法和燃烧法通常需服务员即席当众操作。

（五）开瓶

因酒瓶包装各异，开瓶方法一般有五种：一是直接拉开罐装酒封口；二是用开瓶器打开瓶装啤酒或饮料；三是拧开蒸馏酒的金属帽；四是采用开塞钻打开葡萄酒瓶；五是香槟酒或其他葡萄汽酒的开启。无论采用哪种开瓶方法，一般应遵循三个原则：瓶身瓶口干净，开瓶时尽量减少晃动瓶体，开瓶声越轻越好。

（六）滗酒

陈年红葡萄酒有沉淀物沉淀于瓶底，为避免斟酒时产生浑浊现象，事先应剔除沉渣以确保酒液纯净。一般使用“滤酒器”滗去沉渣，在没有滤酒器时，亦可用玻璃水罐代替。操作方法为：先提前将酒瓶竖立若干小时，使沉渣沉淀瓶底，然后慢慢将酒液滗入滤酒器，当接近含有沉渣的酒液时，必须沉着果断，争取滗出尽可能多的酒液。

（七）斟酒

各种酒水特点不同，斟倒服务方法也不一样。无论斟倒何种酒水，都要掌握分寸。斟酒时不要说话，以免口水飞溅；动作不可粗鲁，不得将脚踩在椅架上，或者将手搭在椅背上。凡有损于礼貌、雅观和卫生的做法都要摒弃。

（八）添酒

酒吧服务中，当客人出现空杯时，服务员应适时为客人添加酒水或推销第二杯酒。

第五节　酒吧管理知识

一、酒吧的人员配备及工作安排

（一）酒吧的人员配备

酒吧的人员配备需根据两项原则：一是酒吧工作时间，二是营业状况。酒吧的营业时间多为上午 11 点至凌晨 2 点，上午很少有客人到酒吧喝酒的，下午时间客人也不多，所以从傍晚直至午夜是营业高峰时间。酒吧的营业状况主要看每天的营业额及供应酒水的杯数，一般的主酒吧（座位在 30 个左右）每天可配备调酒师 4～5 人。酒廊或服务酒吧可按每 50 个座位每天配备调酒师 4～5 人，如果营业时间短可相应减少人员配备。营业状况繁忙时，可按每日供应 100 杯饮料配备调酒师 1 人的比例，如某酒吧每日供应饮料 450 杯，可配备调酒师 5 人。其他可以此类推。

（二）酒吧的工作安排

酒吧的工作安排是指按酒吧日工作量的多少来安排人员。通常上午时间只是开吧和领货，可以少安排人员；晚上营业繁忙，要多安排人员。在交接班时，上下班的人员必须有半小时至一小时的交接时间，以清点酒水和办理交接班手续。酒吧采取轮班制，节假日可取消休息，在生意清闲时补休。工作量特别大或营业超计划时可安排调酒员加班加点，同时要给予足够的补偿。

二、酒吧的质量管理

（一）每日工作检查表（Check List）

用以检查酒吧每日工作状况及完成情况。可按酒吧每日工作的项目列成表格，还可根据酒吧实际情况列入维修设备、服务质量、每日例会、晚上收吧工作等。由每日值班的调酒师根据工作完成情况填写签名（见表8－1）。

表8－1　酒吧日常工作检查表　　____年____月____日

项目	完成状况	分析说明	签名
清洁卫生			
领取货物			
早班清点酒水			
杯具准备			
调味品准备			
装饰物准备			
冰块准备			
稀释果汁			
调酒器具准备			
餐桌摆台			
水电气供应状态			
其他方面			

（二）酒吧的服务与供应

酒吧经营能否成功，除了本身的装修格调外，主要靠调酒师的服务质量和酒水的供应质量。服务要求礼貌周到，脸带微笑。微笑的作用很大，不但能给客人以亲切感，而且能解决许多本来难以解决的麻烦事情。调酒师必须训练有素，对酒吧的工作和酒水牌的内容都要熟悉，还要操作熟练，能回答客人提出的有关酒吧及酒水牌的问题。酒吧服务要求热情主动，按服务程序去做。除了服务质量，供应质量也是一个关键，所有酒水都要严格按照配方要求，绝不可以任意替换配方或减少分量，更不能使用过期或变质的酒水。特别要留意果汁的保鲜时间，保鲜期一过便不能使用。所有汽水类饮料在开瓶（罐）两小时后都不能用来调制饮料，凡是不合格的饮品一定不能出售给客人，例如调制彩虹鸡尾酒，任何两层有相混情形时都不能出售，要重新做一杯。这样做虽然有些浪费，但这会使客人对酒吧产生信任和好感同时也能为酒吧树立良好的声誉。

（三）日常工作报告

调酒师要完成每日工作报告。每日工作报告可登记在一本记录簿上，每日一页。其内容有四项：营业额，客人人数，平均消费，操作情况及特殊事件。营业额可以看出酒吧当天的经营情况及盈亏情况，客人人数可看出酒吧座位的使用率与客人来源，平均消费可看出酒吧成本同营业额的关系以及客人的消费标准。酒吧里发生的特殊事件也很多，经常有许多意想不到的情况，要及时记录并上报，处理好之后要登记，有些需要报告上级的还要及时上报。

三、酒水的成本控制

（一）酒水采购控制

酒水采购控制是指依据酒水采购标准程序，以合理价格进货，确保所需各种主辅原料的库存量，并保证主辅原料符合质量要求。每个酒吧都有自己的客源市场和目标客源，因此，酒吧管理者必须通过市场调研，仔细分析客源市场和目标客源情况，从而确定酒吧采购的品种。在选择酒水供应商时，应充分考虑其生产经营能力、信用度、交货周期及价格等因素，以保证货源与价格的稳定。一般酒水贮存保质时间较长，因此采购时可以批量购进，以节约采购成本，但采购数量也应适当控制，以免造成浪费和资金占用。

（二）酒水验收控制

酒水验收控制是指依据订货单，核实到货的品种、数量、质量、价格是否与订单一致，避免短缺或多余现象的发生。具体操作是核对订货单和送货单上的记录是否相符；核对发票上的价格与订货单、送货单上的记录是否相符；通过检查酒水的度数、保质期、色泽、沉淀物、破损、瓶口拆封、瓶盖松动等情况，来检查酒水的质量是否符合要求。验收完毕后，验收员盖章签名收单，并填写验收日报表，然后报送财务部以便入账。

（三）酒水贮存控制

酒水极易被空气中的细菌渗入导致变质，因此购进的酒水应当妥善放置，防止损耗。酒品的特殊性质决定了贮存酒品的酒窖必须符合6个条件，即：足够的贮存空间，良好的通风设备，避免外界光线照射，防止震动和干扰，保持环境干燥，保持恒温。

酒品的堆放方式也要讲究，凡有软木塞的酒瓶要横放，使酒液浸润软木塞，起到隔绝空气的作用；蒸馏酒大多竖立存放，以防酒液挥发，降低酒精含量。另外，同类酒水应存放在一起，并使用存货卡，便于领取发放酒水和了解存货量。

（四）酒水发放控制

酒吧服务员在领取原料之前，须将空酒瓶与经过审批的领料单，一起报送酒水仓库管理员，仓管员根据空瓶核对领料单上的数据，用酒瓶替换空瓶。

酒水仓管员应坚持“先进先出”的准则，同时必须严格遵守“四不发放原则”，即：没有酒水领料单不发放；没有空瓶不发放；领料单没有签名或涂改不清的不发放；手续不全的不发放。另外，酒水仓管员在发放之前应在酒瓶上做标记。酒瓶标记是一种背面有胶黏剂的标签或不易擦去的油墨戳记，标记上有不易仿制的标志、符号或代码。

(五) 酒水生产控制

标准化管理是酒水生产控制的最佳方法，即实行配方、用量、载杯、操作程序和酒水品牌的标准化。实行生产标准化管理后，调酒师不得更改配方或随意调制鸡尾酒。这样既能确保向客人提供质量稳定的酒品，又能有效地控制酒水成本。

四、员工的行为控制

酒吧服务几乎都是手工操作，机械化生产非常少，绝大多数原材料为液体，难以管理控制。因此，必须努力提高调酒师的职业道德素质，加强对酒吧员工行为的控制，以防止舞弊行为发生。常见员工舞弊行为及其防范措施有以下几种。

(一) 减少分量

调酒师故意少斟酒，把克扣酒水的销售收入装入自己的腰包。对此，管理人员要求调酒师使用标准量酒器或采用自动化设备（如挂墙式量酒器等）。

(二) 稀释烈酒

调酒师稀释烈酒，使每瓶酒多斟几杯，从而私吞额外的收入。管理人员应经常检查酒水，可观其色、闻其香、尝其味，是否不一样，还可征询客人的意见，以发现和分析问题。

(三) 化零为整

调酒师将整瓶酒分作数次零售，但却当作“整瓶出售”记账，私吞差额款项。针对这种现象管理人员应实行有效的现金收入管理制度和酒水成本控制管理。

(四) 偷梁换柱

调酒师自带瓶装酒在酒吧内出售。酒吧应使用酒瓶标记以防止员工偷梁换柱。

(五) 以次充好

调酒师在客人点指定品牌的酒水时，只提供质量较差的同类型酒水，却向客人收取指定品牌酒水的价格，贪污差额。出现这种情况时，管理人员应当要求在点单时写清楚客人点叫的酒水品牌名称档次，严格凭点酒单收费。

(六) 假公济私

调酒师随意将酒水赠送亲友。为防止这种假公济私的情况，酒吧应严格执行无免费提供酒水的规定。

(七) 私分钱款

调酒师与服务员串通勾结，售酒不入账，私分钱款。针对此种现象，应实行员工轮班制，并严格实施酒水成本控制管理制度。

(八) 谎报情况

调酒师向管理者谎报不慎倒翻饮料或客人退货等情况。对此，酒吧应规定：

客人退回的酒水必须在管理人员检查后方可处理。对经常报告倒翻酒水或遭客人退货的调酒师，应加强培训和教育。

（九）更改账单

调酒师更改客人的账单，或在客人点饮料时再次使用点过同样饮料的账单。为杜绝这种现象，管理人员应严格执行点单制度，注意核对账单联。

（十）私饮酒水

调酒师工作时，私自饮用酒吧内的饮料。对此，管理人员应严格执行《员工手册》中的规定，并严加检查和管理。

本章小结

随着人民生活水平的提高，人们对社交越来越重视，酒吧作为现代社交中不可缺少的一部分，逐渐受到人们的喜爱。普及酒吧的知识及其操作的技巧，能增加人们对酒吧的认识，同时也能为从事酒吧工作的人员提供专业知识和帮助，因此对我国酒吧行业的发展有很大的积极意义。

● 思考与练习

1．请说说你知道的酒吧有哪些。它们属于什么类型的酒吧？分别有什么特点？

2．谈谈美式酒吧和英式酒吧的区别。如果让你设计一个酒吧，你将从哪方面进行考虑？如何设计？

3．请说出5种酒吧常用设备的名称并说明它们的作用。

4．酒吧一般设置了哪些岗位？说说酒吧的服务员的主要职责是什么。

5．如果让你管理一个酒吧，你将如何进行成本控制？

附录 IBA国际标准鸡尾酒配方（部分）

1. 蜜月（Honeymoon）

原料：苹果白兰地　　1.5盎司
香橙利口酒　　0.5盎司
当酒　　3/4盎司
柠檬汁　　0.5盎司
红樱桃　　1个

调法：将原料放入调酒壶中摇匀后滤入冰镇过的鸡尾酒杯中。

载杯：鸡尾酒杯

装饰物：红樱桃

2. 白兰地宾治（Brandy Punch）

原料：白兰地　　1盎司
柠檬汁　　1茶匙
菠萝汁　　1茶匙
酸橙汁（莱姆汁）　　10滴
砂糖　　1茶匙
朗姆酒　　10滴
苏打水　　适量
菠萝片　　1块

调法：将碎冰加入载杯至半满，量入酒、果汁、糖后搅匀，将苏打水加至杯满即可。

载杯：古典杯或海波杯

装饰物：菠萝片

3. 玛格丽特（Margarita）

原料：特基拉酒　　2盎司
君度橙皮利口酒　　0.5盎司
莱姆汁　　1茶匙
细盐　　少许
香橙　　1片

调法：用香橙片擦拭杯口后上盐霜，将其余原料摇匀后过滤到鸡尾酒杯中。

载杯：鸡尾酒杯

装饰物：香橙片

4. 冰冻日出（Ice Sunrise）

原料：特基拉酒　　1.5盎司
莱姆汁　　0.5盎司

石榴糖浆　　0. 5 盎司
碎冰　　0. 5 盎司
香橙　　1 片

调法：将以上原料（除香橙片外）放入果汁机中搅碎后倒入古典杯中，然后加冰块至杯满。

载杯：古典杯

装饰物：香橙片

5. 红粉佳人（Pink Lady）

原料：金酒　　1. 5 盎司
石榴汁　　1 茶匙
蛋清　　1 个
柠檬汁　　1 盎司
柠檬　　1 片

调法：摇匀后倒入鸡尾酒杯即可。

载杯：4. 5 盎司的鸡尾酒杯

装饰物：柠檬片

说明：传统红粉佳人的基酒中有苹果白兰地，而现代饮品中可去掉柠檬汁和白兰地后加浓乳。

6. 旁车（Side Car）

原料：白兰地　　1. 5 盎司
香橙利口酒　　0. 5 盎司
柠檬汁　　1 盎司

调法：将原料放入调酒壶中摇匀后过滤到鸡尾酒杯。它是酒吧中常见的鸡尾酒之一。

载杯：鸡尾酒杯

7. 金汤力（Gin Tonic）

原料：金酒　　1 量杯
汤力水　　加至八成满
柠檬　　1 片

调法：在放有半杯方冰的海波杯中先倒入金酒，然后倒入汤力水至八成满。

载杯：8 盎司海波杯

装饰物：柠檬片，放入吸管或搅棒。

特点：是低酒精度的餐前鸡尾酒，为传统标准鸡尾酒。

8. 马颈（Horses Neck）

原料：威士忌　　1. 5 量杯
干姜水　　加至八成满

柠檬　　1片

调法：先在哥连士杯中倒入干姜水至八成满。

载杯：10盎司~12盎司哥连士杯

装饰物：柠檬片

特点：是中酒精度的长饮鸡尾酒，为传统标准鸡尾酒。此酒的装饰物创造了该饮品的意境。

9．教父（Godfather）

原料：方冰块　　3~4块

苏格兰威士忌或波本威士忌　　1量杯

亚马度利口酒　　半量杯

柠檬皮　　1条

调法：摇匀后倒入古典杯即可。

载杯：古典杯

装饰物：柠檬扭条

说明：是中酒精度的餐后甜味饮品，为传统标准鸡尾酒。

10．青草蜢

原料：绿薄荷　　3/4盎司

白色可可酒　　3/4盎司

浓乳　　1盎司

草莓　　1个

调法：摇匀后倒入香槟杯或鸡尾酒杯中即可。

载杯：香槟杯或鸡尾酒杯

装饰物：草莓

11．天使之吻

原料：浓乳　　1/4盎司

白兰地　　1/4盎司

紫色利口酒　　1/4盎司

白色可可酒　　1/4盎司

调法：用吧匙将含糖量高低不同的酒顺次倒入高脚酒杯中，要求慢而稳，最后将浓乳漂在酒液上。

载杯：直筒形高脚酒杯

12．六色彩虹（Rainbow）

原料：石榴糖浆　　0.5盎司

白色樱桃酒　　0.5盎司

绿色薄荷酒　　0.5盎司

蓝色利口酒　　0.5盎司

黄色修道院酒　　0.5 盎司

白兰地　　0.5 盎司

香橙　　1 片

调法：将含糖量高低不同的酒顺次倒入高脚酒杯中。

载杯：直筒形高脚酒杯

装饰物：香橙片

13. 香槟鸡尾酒（Champagne Cocktail）

原料：苦精　　1/3 或 1/6 茶匙

方糖　　1 块

冷香槟　　4 盎司

柠檬皮　　1 条

调法：将苦精和糖放在香槟酒杯内溶化，再倒入香槟酒。摇匀后倒入鸡尾酒杯即可。

载杯：香槟酒杯

装饰物：柠檬皮

14. 螺丝刀（Screwdriver）

原料：方冰　　半杯

伏特加　　1 量杯

鲜橘汁　　加至八分满

红樱桃　　1 个

调法：在放有半杯方冰的杯中倒入伏特加酒，然后再倒入鲜橘汁至八成满。

载杯：8 盎司海波杯或古典杯

装饰物：红樱桃

15. 曼哈顿（Manhattan）

原料：六分威士忌酒

一分甜味味美思酒

樱桃　　1 个

调法：在玻璃调酒杯中搅拌后过滤到鸡尾酒杯中即可。

载杯：4 盎司的鸡尾酒杯

装饰物：樱桃

16. 马天尼（Martini）

原料：金酒　　2 盎司

干味美思酒　　1/2 盎司

橄榄或柠檬皮　　1 条

调法：在玻璃调酒杯中搅拌后过滤到鸡尾酒杯中即可。

载杯：鸡尾酒杯

装饰物：橄榄或柠檬条

17．飓风（Hurricane）

原料：淡质朗姆酒　1盎司
　　金黄朗姆酒　1盎司
　　番莲果糖浆　0.5盎司
　　莱姆汁　2茶匙

调法：将以上原料放入调酒壶中摇匀后过滤到鸡尾酒杯中即可。

载杯：鸡尾酒杯

18．伊丽莎白女王（Queen Elizabeth）

原料：金酒　1.5盎司
　　当酒　0.5盎司
　　干味美思　0.5盎司
　　柠檬或香橙　1片

调法：将以上原料放入调酒壶中摇匀后过滤到鸡尾酒杯中即可。

载杯：鸡尾酒杯

装饰物：柠檬片或香橙片

19．红妆（Red Adornment）

原料：竹叶青酒　1.5盎司
　　王朝干白葡萄酒　2盎司
　　莱姆汁　0.5盎司
　　石榴汁　0.5盎司
　　苏打水　适量

调法：将除苏打水以外的原料放入调酒壶中，再加适量的冰块，摇匀后倒入加有冰块的哥连士杯中，再加苏打水至八成满。

载杯：哥连士杯

20．红莓（Red Strawberry）

原料：五加皮酒　2盎司
　　草莓汁　2盎司
　　柠檬汁　1茶匙
　　鲜草莓　1个
　　鲜柠檬　1片

调法：将酒与草莓汁、柠檬汁放入加冰块的古典杯中摇匀，以草莓和柠檬片作装饰。

载杯：古典杯

主要参考书目

1. 吴玲. 调酒与酒吧服务. 中国商业出版社，2007 年 3 月.

2. 徐维恭. 饮酒识酒趣谈. 金盾出版社，1999 年 11 月.

3. 吴克祥. 吧台酒水操作实务. 辽宁科学技术出版社，1997 年 1 月.

4. 吴克祥. 酒水管理与酒吧经营. 东北财经大学出版社，2003 年 11 月.

5. 刘雨沧. 调酒技术. 高等教育出版社，2004 年 1 月.

6. 国家旅游局人事教育司. 酒水知识与服务. 旅游教育出版社，2006 年 8 月.

7. 李晓东. 酒水知识与酒吧管理. 高等教育出版社，2005 年 6 月.

8. 蒋雁峰. 中国酒文化研究. 湖南师范大学出版社，2004 年 4 月.

9. 徐明. 茶与茶文化. 中国物资出版社，2009 年 2 月.